OS RISCOS

Yvette Veyret
(organizadora)

OS RISCOS

o homem como agressor e vítima do meio ambiente

Tradução
Dilson Ferreira da Cruz

Revisão técnica
Wagner Costa Ribeiro
Simone Scifoni
Camila Pacheco Lomba

editoracontexto

Les risques, editado por Yvette Veyret

Armand Colin é marca registrada de Dunod Editeur –
11, rua Paul Bert – 92240 Malakoff

Direitos de publicação no Brasil adquiridos pela
Editora Contexto (Editora Pinsky Ltda.)

Foto de capa
Emerson Carregosa/CEDOC-UESC.
Enchente do rio Cachoeira, Itabuna, BA.

Montagem de capa e diagramação
Gustavo S. Vilas Boas

Preparação de textos
Lilian Aquino

Revisão
Daniela Marini Iwamoto

Dados Internacionais de Catalogação na Publicação (CIP)
(Câmara Brasileira do Livro, SP, Brasil)

Os riscos: o homem como agressor e vítima do meio ambiente / Yvette Veyret (organizadora); [tradutor Dilson Ferreira da Cruz]. – 2. ed., 1ª reimpressão. – São Paulo : Contexto, 2019.
Título original : Les risques.

Bibliografia
ISBN 978-85-7244-354-8

1. Ambientes geográficos perigosos 2. Catástrofes – Avaliação de risco 3. Catástrofes naturais – Avaliação de risco 4. Risco – Administração 5. Risco – Avaliação I. Veyret, Yvette

07-0586 CDD-910

Índice para catálogo sistemático:
1. Riscos : Tratamento geográfico 910

2019

EDITORA CONTEXTO
Diretor editorial: *Jaime Pinsky*

Rua Dr. José Elias, 520 – Alto da Lapa
05083-030 – São Paulo – SP
PABX: (11) 3832 5838
contato@editoracontexto.com.br
www.editoracontexto.com.br

SUMÁRIO

INTRODUÇÃO

O risco, objeto social, define-se como a percepção do perigo, da catástrofe possível. Ele existe apenas em relação a um indivíduo e a um grupo social ou profissional, uma comunidade, uma sociedade que o apreende por meio de representações mentais e com ele convive por meio de práticas específicas. Não há risco sem uma população ou indivíduo que o perceba e que poderia sofrer seus efeitos. Correm-se riscos, que são assumidos, recusados, estimados, avaliados, calculados. O risco é a tradução de uma ameaça, de um perigo para aquele que está sujeito a ele e o percebe como tal.

Risco e geografia

O risco, os acidentes, as catástrofes, não constituem em si um novo campo científico e especificamente geográfico. Não se trata de uma nova disciplina, mas de uma abordagem global que integra os aportes provenientes das ciências ditas "duras" (geologia, meteorologia, química, física) e da sociologia, do direito, da economia.

A geografia pode pretender um lugar nessa abordagem multidisciplinar? Em que lhe diz respeito essa problemática do risco? A resposta é evidente: questão social, o risco interroga necessariamente a geografia que se interessa pelas relações sociais e por suas traduções espaciais.

Uma parte dos riscos se inscreve no quadro das relações natureza/sociedade que, em geografia, fundam a abordagem ambiental. Os riscos naturais impõem o reconhecimento da álea,* da dinâmica, da epiderme da terra (litosfera, atmosfera, hidrosfera e biosfera) como fatores geradores de perigos percebidos pela sociedade como riscos. Os riscos industriais implicam às vezes uma análise socioeconômica, uma abordagem espacial e uma dimensão ambiental; seus efeitos afetam também os solos, o ar, a água. A gestão dos riscos, sejam eles ambientais, industriais, econômicos (na verdade, sociais), traduz as escolhas políticas e as decisões finais de organização dos territórios. Esse saber, esses métodos de análise da geografia, devem ser confrontados com outras disciplinas: a abordagem do direito é fundamental; a da história, essencial; a das ciências econômicas ou da física, absolutamente importante. Ora, para trabalhar de forma complementar ou multidisciplinar são necessárias, inicialmente, a correta definição do objeto estudado e a determinação exata de um vocabulário comum, compreensível por todos.

O objeto tratado é o risco; a saber, a percepção de uma potencialidade de crise, de acidente ou de catástrofe, o que não é, portanto, o acontecimento catastrófico propriamente dito. Muitos trabalhos confundem riscos e catástrofes e tomam um pelo outro. É verdade que o desencadeamento de uma crise frequentemente conduz as sociedades a uma reflexão sobre a prevenção de um novo acontecimento do mesmo tipo e, consequentemente, as leva a pensar no risco em termos de proteção dos bens e das pessoas. Mas a crise ou a catástrofe deve ser gerenciada na urgência pelos serviços de socorro, no contexto de planos às vezes definidos de antemão, ao passo que o risco exige ser integrado às escolhas de gestão, às políticas de organização dos territórios, às práticas econômicas. Nesse caso, a prevenção constitui o coração da análise.

Para o geógrafo, a tradução espacial do risco constitui um tema de estudo indispensável. No domínio nuclear, por exemplo, o risco ligado a uma nuvem radioativa não se detém diante das fronteiras dos países, mas afeta vastos espaços (como no caso de Chernobyl). As zonas de risco podem ser definidas, portanto, de formas e superfícies variáveis, mapeáveis em diferentes escalas espaciais e temporais. O espaço sobre o qual pairam as ameaças não é neutro, ele constitui a "componente extrínseca" do risco.

As interações espaciais entre os riscos de qualquer natureza e outros fatos ou agentes estruturadores do território, tais como os transportes e a organização administrativa, são fonte de uma grande complexidade.

* Nota da revisão técnica (N. R. T.): O conceito de álea aqui é novo e mais amplo do que o seu sentido usual. Álea é o acontecimento possível (natural, tecnológico, social ou econômico) e sua probabilidade de realização. Para mais detalhes, veja a tabela da p. 24.

A onipresença do risco

O risco, percebido e definido há muito tempo, desde a Renascença na Itália, adquiriu recentemente um lugar de destaque nas sociedades dos países ricos. Por que esse objeto teve tal evolução? Por que esse sucesso? O êxito evidente do termo e de seu conteúdo manifestou-se nos países ricos paralelamente ao aumento do nível de vida que levou as populações a demandar mais e mais segurança e a recusar a incerteza e o risco. Essa preocupação com a segurança máxima é onipresente em nossas sociedades ocidentais, onde às vezes é definido como risco aquilo que é, afinal, normal (a saber, a velhice e o desfile de doenças a ela relacionadas). Isso ocorre menos nos países em desenvolvimento, em que, em muitos casos, a luta pela vida é ainda a regra, e o risco, como a morte e a doença, é aceito com certo fatalismo.

Assim, o que hoje entra na categoria dos riscos não era necessariamente considerado como tal no passado, quando os homens tinham que afrontar numerosos perigos (frio, seca, inundações) que davam à sua existência um gosto de precariedade perpétua, com as populações, predominantemente rurais, suportando as "calamidades agrícolas" como uma fatalidade. As catástrofes, as fomes, as epidemias "eram, então, percebidas como signos de danação" (Lagrange, 1993).

As sociedades modernas parecem finalmente muito vulneráveis. Por exemplo, são mais sensíveis que no passado às "flutuações" meteorológicas que se traduzem em efeitos sobre o turismo, no custo dos produtos agrícolas, no transporte. Nas planícies da Europa ocidental, uma nevasca na cidade pode bloquear o tráfego por muitas horas e ser percebida como um importante fator de perturbação e de risco para a população; a neve sobre as vias de acesso às estações de esporte de inverno é mal recebida porque ela reduz a velocidade de trânsito e pode contribuir para aumentar o número de acidentes. Em contrapartida, a ausência de neve nas estações de esporte de inverno também não é bem-vinda pelos turistas que pagaram para esquiar. Essa erupção brutal e generalizada do risco nas nossas sociedades deve-se à existência de áleas mais frequentes e de maior intensidade que no passado? Tal análise convém a certos atores que atribuem à natureza uma responsabilidade que, na verdade, cabe aos homens, o que evita que se ressalte a culpa destes últimos e faz com que o risco ou a crise sejam aceitos como uma fatalidade diante da qual nada se pode fazer.

Doravante, em nossas sociedades, o risco está em toda parte, prevalece um sentimento de insegurança que parece alimentado pelo próprio progresso da segurança, pelo desenvolvimento das ciências e de técnicas cada vez mais sofisticadas. O risco é inicialmente individual; a cada instante da vida podem sobrevir ameaças ou perigos; ele está associado às diversas atividades executadas pelo homem, aos empreendimentos em geral, cujo próprio funcionamento se apoia mais e mais em uma busca pela segurança dos sistemas e em cenários de acidentes.

O risco geopolítico assumiu uma posição de destaque quando sobrevieram as grandes crises nos anos 1960, notadamente a dos mísseis de Cuba que colocou as armas nucleares em jogo; o acidente de Three Miles Island (1979) e a catástrofe de Chernobyl* (1986) contribuíram ainda para fazer do risco nuclear uma das maiores preocupações do fim do século XX. Os acidentes tecnológicos (Seveso, Bophal**) aumentam a inquietude, já amplificada pela erupção de riscos sanitários, como a aids, a doença da vaca louca. Grandes temores coletivos se materializam em torno da saúde, de certos efeitos das ciências e da tecnologia, dos atentados terroristas, das crises financeiras ou da violência urbana. De igual modo, os perigos, alguns dos quais percebidos em escala planetária, fazem pensar mesmo na destruição da humanidade.

Riscos e ciências

Os progressos científicos dos séculos passados produziram a crença na possibilidade de se atingir a segurança total, com o desaparecimento da incerteza e do risco. Graças às ciências e às técnicas em grande evolução no século XVIII,

* Nota do tradutor (N.T.): Em 28 de março de 1979, o segundo reator da usina de Three Miles Island fundiu-se parcialmente. Embora potencialmente devastador, o acidente não causou vítimas ou danos maiores ao meio ambiente. O acidente na usina ucraniana de Chernobyl ocorreu em 26 de abril de 1986, quando um de seus reatores explodiu, produzindo uma nuvem radioativa que cobriu todo o centro-sul da Europa. Os danos ao meio ambiente e à economia foram imensos e até hoje são objeto de disputa (estima-se que 20% das terras da Bielorrússia tornaram-se incultiváveis). Além dos 31 mortos e 200 feridos no momento do acidente, há milhares de vítimas indiretas, que nos anos seguintes têm sido afetadas por doenças decorrentes da radiação.

** N.T.: Em 10 de julho de 1976, um vazamento de dioxina contaminou a cidade de Seveso, na Itália. Não houve vítimas fatais, mas 193 pessoas foram contaminadas. A incidência de tumores e os casos de má-formação fetal aumentaram significativamente. Na madrugada de 3 de dezembro de 1984, uma nuvem de gás altamente tóxica vazou das instalações da Union Carbide na cidade de Bophal, Índia. O saldo inicial apontou quatro mil mortos e milhares de feridos. Levantamentos posteriores indicaram um número de vítimas ainda maior.

admitia-se que as catástrofes de origem natural, tais como a ligada ao terremoto de Lisboa, em 1755, poderiam ser evitadas. A geologia, a matemática, a física, em plena evolução no século XIX, notadamente, deviam permitir previsão e prevenção dos acontecimentos dramáticos que a natureza inflige ao ser humano: o conhecimento devia necessariamente desembocar no domínio dos fenômenos perigosos.

Hoje, a natureza é globalmente percebida como benevolente, "protetora", ainda que ela registre algumas convulsões antes mal aceitas (terremotos, inundações...), ao passo que a ciência parece doravante ameaçadora e maléfica. Por oposição aos perigos percebidos no passado como exclusivamente gerados pela natureza, o risco hoje supõe uma ação antrópica, voluntária ou não, indo desde a instalação de grandes complexos industriais ou nucleares até a extensão da *Caulerpa taxifolia* no Mediterrâneo,* passando pelos transgênicos.

Para os antípodas do otimismo da Idade das Luzes, os avanços científicos não são mais percebidos como progresso. Agora o mito do aprendiz de feiticeiro está bastante divulgado. Não é mais somente a natureza que engendra riscos maiores, é, em primeiro lugar, a ciência e a técnica. É verdade que pela primeira vez na história a humanidade conheceu e realizou meios de sua própria destruição (bomba atômica...). É igualmente verdade, ao menos em parte, que os usos e os efeitos da ciência moderna fogem ao controle e que certos riscos são tão ameaçadores quanto globalizados. Eles às vezes superam a competência dos Estados ou decorrem de efeitos difusos em longo prazo, anteriormente ignorados, mas que hoje são mensuráveis graças ao progresso técnico (concentração de poluentes ao longo das cadeias tróficas, poluição persistente dos solos muito tempo depois do fim da exploração industrial...). Passa-se, portanto, de uma análise orientada no passado para a eliminação do risco (poluição, epidemia...) para novas concepções fundadas em seu caráter irredutível e em sua necessária integração às diferentes práticas de gestão.

Assim, os trabalhos atuais sublinham que o "risco zero" não existe e que é preciso, portanto, gerenciar o risco. Numerosos colóquios e obras testemunham essa nova abordagem, como prova o trabalho coletivo dirigido por Dourlens e Vidal-Naquet (1988), que se intitula *La conquête de la sécurité, gestion des risques* (*A conquista da segurança, gestão de riscos*) e o colóquio mais recente (1999), organizado pelo INERSC (Instituto Nacional de Estudos da Segurança Civil), *Risque zéro?*.

* N.T.: Trata-se de uma alga verde de origem tropical que em 1984 foi acidentalmente lançada por um aquário de Mônaco no Mediterrâneo, onde passou a agir como espécie invasora, tornando-se uma praga que ameaça diversas espécies locais.

A história recente do risco, a construção do risco: a "conversão em risco"

Se seguirmos as análises do célebre sociólogo alemão Beck (1986), o risco é o conceito central do século XX, uma das componentes maiores da estruturação das sociedades desenvolvidas, mas sua posição no campo social varia ao longo desse período.

Em meados do século, esse conceito se expande: passa a estar associado à ideia de crise, então relacionada a aspectos ecológicos (poluição, degradações relacionadas à industrialização e ao crescimento demográfico "excessivo") e econômicos (relativos à alta do preço do petróleo, à aparição do desemprego). Ele é em grande medida fruto de concepções de ecologistas que denunciam o impacto das sociedades sobre a natureza, deploram um crescimento demográfico muito intenso e se inquietam com a industrialização e a urbanização.

Em um segundo momento, no início dos anos 1980, os técnicos e as mídias se apossaram do conceito de risco, mais especificamente associado à segurança ambiental e ao perigo das instalações industriais. É o período em que aparece a "cindínica" ou ciência do perigo, e no qual se desenvolve o aspecto técnico do risco.

O terceiro momento assiste a um recuo do campo técnico em prol da gestão do risco. Agora as "fantasias científicas" dão a entender que uma vez que o risco pode ser eliminado, que ele não existe mais, é preciso gerir o risco residual. Tanto as seguradoras quanto os juristas evocam o risco "não eliminável globalmente". Esse não é mais uma "exterioridade ameaçadora" (Lascoumes, 1993), mas a "implantação comum e negociada de uma segurança coletiva que permite a estruturação dos elos sociais".

Nessa abordagem do risco, coloca-se a questão da comunicação e da informação que acompanham medidas negociadas. Como informar? O que deve ser privilegiado, precisão técnica e científica ou a compreensão pelo grande público? Como apresentar as dúvidas e as incertezas, sabendo que certas campanhas de informação têm consequências negativas e que conduzem ao oposto do que era desejado?

Muitas abordagens do risco são possíveis e permitem concebê-lo como um sistema que articula práticas de gestão, atores e espaços segundo lógicas diversas. Evoquemos diferentes aspectos da definição do risco, da "conversão em risco".

O primeiro aspecto consiste em identificar e calcular os danos eventuais considerados controláveis graças à articulação entre especialistas e decisão. Nesse tipo de "conversão em risco", dois atores principais estão associados, os especialistas e os políticos – figura 1. Os políticos estão no coração do dispositivo; de fato, eles devem fornecer respostas à sociedade civil apoiando-se no conhecimento dos especialistas. Nessa abordagem, sempre existe uma defasagem entre o grau de gravidade estabelecido pelos especialistas, o reconhecido pelas autoridades políticas e o percebido pelo público.

Figura 1
A articulação entre especialistas e decisão

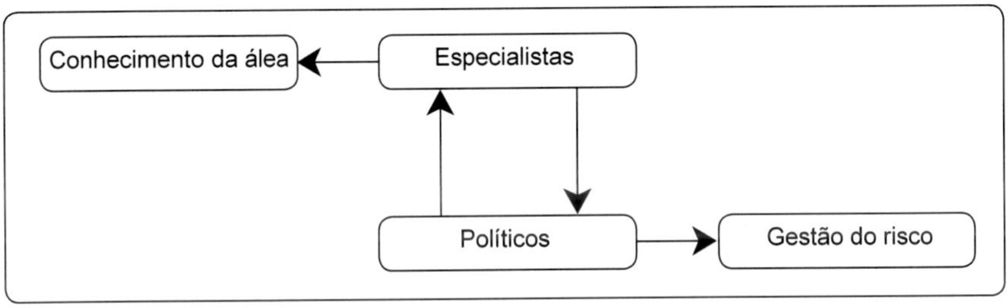

O segundo aspecto se traduz na intervenção dos atores da sociedade civil que obrigam os atores gestores dos riscos a realizar estudos especializados, como testemunha o exemplo do amianto. Os atores da sociedade civil têm, então, um papel preponderante: desencadear alertas, denunciar os perigos para fazer nascer os debates públicos, fazer emergir os negócios. Seu objetivo é também estabelecer responsabilidades. Trata-se, portanto, da emergência de uma nova cidadania, de novas definições do bem comum, mas pode também se tratar de um peso excessivo das percepções, do efeito de rumores dos impactos midiáticos, da procura por compensação abusiva. Essa concepção da "fabricação" dos riscos repousa sobre uma clivagem entre sociedade civil e autoridades. Cada uma enfocada como um grupo homogêneo, ainda que a regra seja a heterogeneidade de cada "bloco" e que existam, na verdade, diferentes situações de conflito no interior de cada um dos grupos. Os atores principais utilizam os conselhos dos especialistas, dos atores econômicos. Entre os dois grupos principais (sociedade civil e gestores), posicionam-se as mídias, que desempenham um papel importante e ativo para construir o risco uma vez que delas dependem, em larga medida, certas percepções tais como a amplitude das mobilizações e dos alertas – figura 2.

O terceiro aspecto é uma construção que está associada aos jogos dos atores, à natureza e à amplitude de suas relações. Essa construção do risco acontece em função das ferramentas, das fontes de informação que os atores utilizam: séries estatísticas, probabilidades, mapas, pesquisas de opinião, relatórios de seguradoras, programas de rádio e televisão. O grau de definição, de apreensão

Figura 2
A intervenção dos atores da sociedade civil

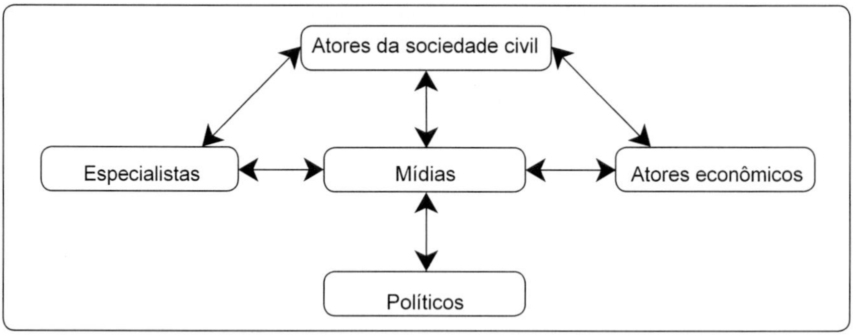

de um risco é, portanto, nesse caso, resultado da quantidade de dados disponíveis. Assim, os riscos naturais que se apoiam sobre um conhecimento abundante das áleas e sobre pouquíssimos dados relativos aos aspectos socioeconômicos formam um campo de conhecimento ainda "fracamente constituído".

Nessa última abordagem, é necessário estabelecer um *corpus* de dados mobilizáveis por atores de motivações variadas. Nem os atores nem os elos que os unem em um dado momento são totalmente fixos.

Esses três tipos de "conversão em risco", de construção do risco, marcam três períodos na história recente desse conceito. A primeira, mais antiga, refere-se exclusivamente a um saber técnico; a segunda, mais recente, integra numerosos elementos de análise para explicar a confrontação entre sociedade civil e Estado; já a terceira, bastante atual, caracteriza-se por uma ruptura com as duas outras, ao insistir sobre a complexidade do jogo dos atores.

Construir o risco para geri-lo implica fazê-lo no quadro agora onipresente do desenvolvimento sustentável. O debate internacional passou de uma visão que opunha o desenvolvimento e a proteção da natureza para uma visão que tenta conciliar desenvolvimento, gestão dos riscos e sustentabilidade por meio de normas de governança que frequentemente ainda estão por ser definidas.

Paradoxalmente, o risco onipresente na sociedade mundial pode às vezes tornar-se um fator de crescimento econômico de primeira ordem. Ele suscita pesquisas científicas e técnicas e o desenvolvimento de certos setores econômicos. Os fundos convergem para os laboratórios de pesquisa. O sistema econômico aproveita assim dos abusos e das disfunções que ele faz nascer. Novos mercados se desenvolvem. Podemos, às vezes, nos perguntar se, à semelhança das doenças autoimunes, não existiriam, de alguma forma, riscos autoimunes.

Os riscos podem ser, às vezes, boas "causas" a serem defendidas: Gilbert (2003) mostra que a atenção dedicada aos riscos tecnológicos nos anos 1980 deve muito ao uso que o jovem Ministério do Meio Ambiente francês fazia deles para desenvolver as problemáticas ambientais e para posicionar-se, ele próprio, em relação a outros ministérios.

Quais medidas privilegiar no estudo dos riscos?

O risco pode, portanto, ser analisado em três níveis:

- É necessário interrogar-se sobre o estatuto da representação implicado por ele; essa questão remete à sociologia, à história, à geografia, assim como às ciências "duras"; tanto é verdade que o estudo do risco questiona o pensamento "estanque e valoriza as proximidades e as interdependências" (Blancher, 1997).
- O risco privilegia a análise dos atores em que cada um tem sua própria representação, seus próprios limites de aceitação, seus próprios objetivos, sua ideologia, sua metodologia. Esse trabalho com os atores interroga o geógrafo que analisa as relações entre eles e os territórios.
- O risco é também uma poderosa alavanca para a ação. Ele deve ser integrado às práticas de gestão e de organização em diversas escalas. Hoje, certos riscos são enfocados no quadro da globalização. Beck (op. cit.) evoca, ainda, "a comunidade mundial do risco" para destacar que os perigos não são mais uma questão interna de um só país frequentemente incapaz de combatê-los de forma isolada. O risco é também parte integrante da reflexão sobre o desenvolvimento sustentável; ainda a esse título, ele entra em cheio na pesquisa geográfica.

A reflexão se apoia sobre uma grande variedade de riscos: riscos ambientais, riscos industriais e tecnológicos, riscos sociais, riscos econômicos, que ocupam, todos, em graus variados, um lugar crescente nas decisões políticas. Esses riscos são inúmeros; da violência nas estradas ao efeito estufa e à ameaça nuclear. Hoje se enfatizam os riscos globais, sistêmicos, inscritos nas atividades mais e mais difíceis de serem isoladas. Cada tipo de risco pode gerar outras tipologias, os riscos ambientais podem se decompor em riscos naturais (áleas vulcânicas, sísmicas...) e em riscos naturais agravados por certas práticas antrópicas (erosão dos solos, desertificação, poluição...). Todos devem ser analisados com seus efeitos induzidos e com as interações que às vezes os caracterizam.

A governança dos riscos está fundada em três elementos: a precaução, a prevenção e a indenização. Esta, baseada na ideia de que o dano é reparável e pode ser compensado em termos financeiros, faz com que, às vezes, o risco se torne aceitável na medida em que pode ser segurado em lugar de empenhar-se em prevenir a crise. Esse tipo de efeito perverso, ligado à implantação de medidas de reparação eficazes, fica bem evidenciado no sul da França, quando inundações torrenciais recorrentes destroem as vinhas.

Entretanto, a esse vasto campo de estudos constituído pelos riscos corresponde um campo científico de contornos mal definidos. O que há em comum entre os riscos de incêndios e os riscos econômicos ou os relacionados à violência urbana? O conjunto denota uma "objetividade" científica ou ela está por ser constituída? A abordagem do geógrafo e suas ferramentas de análise são capazes de fazer emergir pontos em comum ou, ao contrário, de destacar a existência de fronteiras temáticas, espaciais, dinâmicas?

Na verdade, se esse vasto domínio não está unificado, algumas passarelas podem ser construídas entre os diferentes riscos e os olhares híbridos que concorrem para mostrar as interações que unem a maioria deles desde que a escala de análise seja pertinente. A manutenção de escalas espaciais e temporais coloca nesse momento o geógrafo no coração dessas problemáticas. Assim, o risco climático global pode ter consequências sobre a economia e sobre a área financeira.

> O aumento dos prêmios de seguro pesará sobre o desempenho econômico; se a cobertura dos riscos diminuir, a atividade industrial, e mais largamente econômica, se tornará cada vez mais frágil e tal fragilidade poderá, por sua vez, frear os projetos que criam empresas ou limitar a vontade dos bancos de financiar esse tipo de investimento.
>
> (GIEC – Grupo de Especialistas Intragovernamentais para a Evolução do Clima)

Trabalhar com o risco faz com que sejam invocadas as noções de ruptura e de descontinuidade? O risco que se transforma em crise leva a uma reflexão sobre a ruptura, "descontinuidade brutal e às vezes definitiva" ou "passagem de um equilíbrio dinâmico a um outro" (Péguy, 1989). O risco e a situação de crise exacerbam as divisões entre atores ou reforçam os elos sociais? "A fratura brutal", escreve Dourlens (1988), "que a catástrofe provoca no sistema técnico é também uma fratura do sistema social que o suporta", mas outros autores (Lagadec, 1989) consideram que a crise ajusta o elo social ou constitui para todos os efeitos um elemento do equilíbrio de um sistema (Péguy, op. cit.).

A estrutura do livro

Este livro foi concebido estritamente em torno do tema do risco. A crise ou a catástrofe e seu modo de gestão não foram enfocados de maneira deliberada. Em contrapartida, para certo número de países, entre os quais os Estados Unidos, é às vezes difícil distinguir a gestão do risco da gestão da crise.

O livro é composto de quatro partes:

• A primeira parte (Veyret e Meschinet de Richemond) trata dos riscos e dos tipos de riscos.
• A segunda parte se interessa por alguns aspectos dos riscos nos países em desenvolvimento: na América Latina (Thouret); na África, em que a escolha recaiu sobre o risco alimentar (Cambrézy e Janin); em Bangladesh (Glemarec), onde será examinado o papel dos grandes organismos internacionais na gestão dos riscos.
• A terceira parte enfoca o caso dos países ricos. Riscos naturais e tecnológicos são tratados a partir de países ou de conjuntos geográficos: a França, riscos naturais (Veyret e Meschinet de Richemond) e riscos tecnológicos/industriais (Donze); a Europa (Veyret e Meschinet de Richemond); o Japão (Pelletier); os Estados Unidos (Heude).
• A quarta parte trata dos riscos econômicos (Bost) e dos riscos sociais (Vieillard-Baron).

Referências bibliográficas

BECK U. (2001), *La société du risque, sur la voie d'une autre modernité*, Paris, Aubier.

BLANCHER Ph. (1997), « Risques et densité », *Annales de la recherche urbaine*, n° 67, Paris, ministère de l'Équipement.

DOURLENS Ch. (1988) Villes, risques et périls, *Annales de la recherche urbaine*, n° 40, Paris, ministère de l'Équipement.

DOURLENS Ch. *et al.* (1991), *La conquête de la sécurité, gestion des risques*, Paris, L'Harmattan. (article de B. de Vanssay « Les leçons tirées de l'expérience des plans d'exposition aux risques pilotes).

GILBERT Cl. (2003), « La fabrique des risques », *in* « Faut-il une sociologie du risque ? » *Cahiers internationaux de sociologie*, vol. CXIV.

LAGADEC P. (1989), *La civisilation du risque : catastrophes technologiques et responsabilité sociale*. Paris, Le Seuil, coll. « Science ouverte ».

LASCOUMES P. (1993), « Construction sociale des risques et contrôle du vivant ? » *Prévenir*, n° 24.

PÉGUY Ch-P. (1989), *Jeux et enjeux du climat*, Paris, Masson.

O RISCO, OS RISCOS

O risco é uma construção social. A percepção que os atores têm de algo que representa um perigo para eles próprios, para os outros e seus bens, contribui para construir o risco que não depende unicamente de fatos ou processos objetivos. Nada de espantoso, ainda que o risco, tal como acabamos de defini-lo, não exista em todas as culturas. Pelletier mostra, por exemplo, que essa noção, no modo como ela é concebida na França, não existe no Japão (ver capítulo "Um Japão sem riscos?").

Viver equivale a assumir o risco de morrer de doença, de acidente ao sair de casa ou em qualquer outra ocasião. Os fatores de risco são numerosos, podem ser processos naturais (terremotos, ciclones...) ou consequências das atividades humanas: agricultura (poluição, erosão...), indústria (poluição, explosão, incêndio), transportes. Os riscos industriais compõem a família complexa dos riscos ambientais, que também podem ser analisados sob a perspectiva da saúde das populações. As estratégias econômicas podem gerar riscos econômicos, financeiros. As escolhas políticas estão na origem dos riscos geopolíticos, que se exprimem em escalas variadas. As imigrações, o crescimento urbano, as desigualdades sociais, fazem nascer os riscos sociais: insegurança, violência urbana. Uma tipologia como essa é forçosamente esquemática e muito incompleta. Os diferentes fatores de risco evocados interagem uns com os outros, de forma que alguns pertencem simultaneamente a várias categorias.

Do risco à catástrofe: algumas definições	
Risco	Percepção de um perigo possível, mais ou menos previsível por um grupo social ou por um indivíduo que tenha sido exposto a ele. Um jogador percebe sua decisão de jogar como risco quando conhece os acontecimentos que podem se produzir, assim como a probabilidade de ocorrerem.
Incerteza	Esse termo define a possibilidade de ocorrer um acontecimento perigoso sem que se conheça sua probabilidade. Fala-se então, em sociologia, de "probabilidade subjetiva".
Indeterminação	Trata-se da situação em que um acontecimento desconhecido poderia acontecer. É, por exemplo, a situação de um homem de negócios que investe em uma inovação tecnológica sem avaliar todas as implicações de sua decisão.
Álea	Acontecimento possível; pode ser um processo natural, tecnológico, social, econômico, e sua probabilidade de realização. Se vários acontecimentos são possíveis, fala-se de um conjunto de áleas. O equivalente em inglês é *hazard* (para definir a álea natural). Alguns autores utilizam o termo "perigo", especialmente quando se trata de riscos tecnológicos (ver capítulo "O risco industrial na França").
Perigo	Esse termo é, às vezes, empregado também para definir as consequências objetivas de uma álea sobre um indivíduo, um grupo de indivíduos, sobre a organização do território ou sobre o meio ambiente. Fato potencial e objetivo.
Cindínica (do grego *kindunos*, perigo)	Termo empregado a partir dos anos 1980 por Kerven. Designa uma abordagem do risco que se pretende multidisciplinar e sistêmica.
Alvo	Elementos ou sistemas que estão sob a ameaça de áleas de natureza variada. Os alvos são pessoas, bens, equipamentos, meio ambientes. Ameaçados pela álea, esses diferentes elementos são suscetíveis de sofrer danos e prejuízos.
Vulnerabilidade	Magnitude do impacto previsível de uma álea sobre os alvos. A vulnerabilidade mede "os impactos danosos do acontecimento sobre os alvos afetados" (*Dictionnaire de l'environnement*, 1991). A vulnerabilidade pode ser humana, socioeconômica e ambiental.
Crise	Realização concreta, material de uma álea cuja amplitude excede a capacidade de gestão espontânea da sociedade que sofre esse evento (de acordo com a revista *Métropolis*, nº 78/79, 1987)
Catástrofe (do grego *katastrophê*, devastação)	A catástrofe é definida em função da amplitude das perdas causadas às pessoas e aos bens. Não há necessariamente correlação entre importância de uma álea e a magnitude dos danos.

DEFINIÇÕES E VULNERABILIDADES DO RISCO

A noção de risco é complexa. Discute-se a origem do termo "risco", presente em todas as línguas europeias (inglês: *risk*, italiano: *rischio,* espanhol: *riza*). Ela pode ser oriunda tanto dos termos latinos como *rixare*, significando "brigar", ou *resecare*, "extirpar, suprimir", quanto do grego *rhizikon* ou, ainda, do árabe, *risk*. Muito cedo na Itália o termo designa escolho, depois naufrágio e, em seguida, um perigo possível do qual o armador pode ser vítima. De fato, a palavra designa, ao mesmo tempo, tanto um perigo potencial quanto sua percepção e indica uma situação percebida como perigosa na qual se está ou cujos efeitos podem ser sentidos.

A dimensão histórica na análise do risco

O recuo histórico parece necessário para colocar em perspectiva a emergência dos novos riscos do século XXI. Exemplos de riscos surgidos ou desaparecidos nos permitem, por exemplo, melhor compreender o risco alimentar na Europa. Nos séculos XVII e XVIII, a peste ou "a passagem dos soldados em direção à guerra" (Favier, 2002) eram consideradas uma calamidade comparável ao granizo ou às inundações. Lembremos que a Peste Negra, de 1348, matou a metade ou um terço da população da Europa ocidental e que os acontecimentos climáticos de 1693 a 1695, responsáveis por fomes e epidemias, acarretaram perdas equivalentes às da guerra de 1914-1918 para uma população francesa então duas vezes menor (Le Roy Ladurie in Favier, 2002, p. 22). A análise histórica também permite compreender melhor as percepções e os diversos modos de aceitação do risco pelos diferentes atores ou pelos grupos sociais atuais por meio da variabilidade passada dessas percepções e da colocação em evidência dos mecanismos da "memória do risco e das catástrofes": a escolha dos acontecimentos retidos pela memória coletiva não é neutra. Analisar como e por que a lembrança de uma catástrofe é perpetuada ou esquecida frequentemente faz com que se evidencie a complexidade de suas consequências. Ela pode também desempenhar um papel de acontecimento aglutinador, identitário para um grupo social que foi sua vítima. Ao contrário, os atores locais podem ocultar de modo deliberado um acontecimento maior caso este não sirva a seus interesses imediatos.

O papel do contexto histórico na construção do risco

O risco e a percepção que se tem dele não podem ser enfocados sem que se considere o contexto histórico que os produziu e, especialmente, as relações com o espaço geográfico, os modos de ocupação do território e as relações sociais características da época (ver quadro).

O risco em montanha: uma longa história

Nas primeiras pesquisas [realizadas em Grenoble, na França] sobressai claramente a necessidade de refletir sobre o fatalismo atribuído às sociedades antigas diante dos riscos. Convém relativizar essa visão urbana e técnica das sociedades antigas, principalmente quando se trata de sociedades rurais de áreas montanhosas. Muito cedo as comunidades se preocuparam com o real perigo representado pelas inundações e avalanches e com as consequências negativas que elas acarretam para a gestão dos territórios [...]. Tratando-se da gestão de riscos, as pesquisas fazem com que se questione a transferência do controle das comunidades para uma intervenção crescente das administrações mais distantes, a qual implica também a substituição de uma política de reconstrução por uma política de prevenção (nesse enfoque, os meados do século XIX aparecem como um momento em que o papel das administrações regionais parece se impor na gestão do risco e na aceitação ou não pelos habitantes). Os vales franceses de Vallorcine e de Chamonix, notadamente, aparecem como verdadeiros laboratórios para uma pesquisa global sobre os diferentes riscos e sobre as reações das comunidades ao longo dos dois últimos séculos: papel crescente do Estado na gestão desses riscos, transformação das expectativas e práticas das populações em uma zona solidamente urbanizada por um turismo pregnante e antigo, mas no qual a velha base rural continua a ocupar determinado lugar.

Fonte: Favier, Granet Abisset, 2000.

A prevenção e a proteção contra os riscos não podem ser compreendidas fora de uma dimensão temporal. No que concerne à proteção, as escolhas técnicas e as modalidades de instalação das obras de proteção antigas, tais como os diques e as barragens, explicam as situações atuais e orientam, às vezes ainda hoje, as escolhas técnicas de financiamento e de controle da obra. Na região de Grenoble, Dessailly (1990) e Roussillon e Coeur (in Favier, Grasnet Abisset, 2000) mostram bem a importância das escolhas passadas e, ao mesmo tempo, destacam a emergência da cultura técnica e o papel dos engenheiros de fortificações na gestão dos riscos na segunda metade do século XVII.

Por outro lado, os trabalhos de Miranda (in Favier, Granet Abisset, 2000) a propósito das erupções do Vesúvio colocam em evidência o fosso criado, ao longo da história, entre o tempo da catástrofe e de sua gestão e o tempo atual. Esse autor lembra que as erupções e as destruições decorrentes são colocadas pelos napolitanos sobre um eixo espaço-temporal específico que não é o do cotidiano. Tal constatação permite compreender melhor as dificuldades sociais encontradas em nossos dias para a instalação de sistemas de proteção e de alerta. Miranda evoca a construção de uma relação de "intermitência com o risco", graças a um mecanismo de seleção e de lembranças transmitidas por meio das gerações.

Risco, história e território

Os territórios dos riscos contemporâneos, tanto naturais quanto tecnológicos ou sociais, são, por outro lado, tributários de um passado nem sempre bem conhecido e, notadamente, de escolhas políticas ou econômicas cuja pertinência não pode ser compreendida senão em um contexto de uma dada época (por exemplo, a implantação de indústrias ligadas a imperativos técnicos atualmente superados, mas que estabeleceram certo número de sítios ainda ativos hoje).

A relação do território com o risco tem variado de acordo com a época e com as culturas. Assim, enquanto nos séculos XVIII e XIX o campo estava associado à estabilidade (a ordem eterna dos campos, conforme

Rousseau), à sabedoria, ao trabalho, a um espaço em que os riscos, especialmente os sociais, são reduzidos, a cidade era vista por meio de uma dupla percepção: como lugar de riscos e de devassidão, de perdição. A história da cidade é a das grandes catástrofes que a marcaram, das guerras, das grandes endemias, peste, lepra... que alimentaram o imaginário dos sobreviventes (danças macabras da Idade Média) e que marcaram fortemente o inconsciente coletivo. A percepção da cidade como um espaço de perigo é ainda alimentada pelos grandes incêndios (Londres, 1666) ou por outros acontecimentos naturais (o terremoto de Lisboa, 1755).

Por sua própria existência, a cidade compromete a ordem social e os valores familiares, deixando o indivíduo fora do tecido familiar. As obras concernentes à educação dos meninos e, em particular, das meninas de famílias de boa condição social são extremamente reveladores desse ponto de vista (Constant, 1987, citado por numerosos escritos femininos, de Mme. de Staël à condessa de Ségur): é uma refinada educação no campo que melhor pode garantir a moralidade dos jovens e a perenidade dos valores familiares. As revoluções sociais e industriais e a aparição de um proletariado urbano levaram ao enriquecimento da simbologia negativa da cidade. As classes trabalhadoras, perigosas, são reagrupadas em novos bairros muitas vezes próximos das fábricas e na periferia dos velhos centros urbanos. A cidade torna-se antro dos "socialistas", das revoltas de trabalhadores (os tecelões de seda em Lion no século XIX*),do ateísmo, a devassidão se transforma em revolução.

Essa concepção negativa da cidade perdura ainda hoje em certos discursos que emanam dos ecologistas que denunciam o caráter artificial, construído, da cidade e sua ruptura com a "mãe" natureza... A cidade é um espaço particular no qual se inscrevem as catástrofes.

O risco hoje

Em economia e nas sociedades liberais, assumem-se, às vezes, riscos visando ao objetivo perseguido e à obtenção dos bens comuns e pessoais desejados; nesse caso, o termo *risco* é empregado no sentido positivo do século XVI. Permanece nessa abordagem uma dose de incerteza que pertence ao modelo do jogo; assim, Ewald e Kesseler (1998), para os quais o risco se refere "a uma visão do mundo comandada pelo modelo do jogo", mostram que se comprar

* N.T.: Entre novembro e dezembro de 1831, os tecelões de seda da cidade de Lion revoltaram-se e reivindicaram o aumento dos valores que recebiam pelas peças produzidas. Um exército comandado pelo duque de Orleans esmagou o movimento.

um bilhete de loteria não é perigoso, tal ação se traduz seja em uma perda que revela uma má escolha, seja em um ganho.

O jogo, fonte de perda, confere à aceitação do risco uma dimensão negativa. Em muitos trabalhos, essa abordagem é privilegiada e o risco se exprime em termos de perigos, de danos potenciais. Os trabalhos do sociólogo alemão Beck (1986) dão testemunho disso ao insistir nos riscos ambientais e, especialmente, na degradação recente do meio ambiente e da floresta alemã causada pelos efeitos das chuvas ácidas.

Sob esse ângulo, o risco ocupa uma posição central na sociedade pós-industrial ou pós-moderna, que contribui, se seguirmos Giddens (1991), para produzir disfunções e para gerar perigos.

Se o desenvolvimento da ciência e da técnica está na origem de numerosos progressos perceptíveis por certos indicadores que compõem um índice de desenvolvimento humano (IDH), como esperança de vida ou mortalidade infantil, se ele contribui amplamente para melhorar a compreensão das áleas, ele pode também engendrar novos riscos para a sociedade. Estes resultam da complexidade crescente dos sistemas que caracterizam essa sociedade (sistemas urbanos, de transportes, sobreposição de redes de água, de eletricidade, de telefonia). Assim, a complexidade do sistema econômico mundial justifica a existência crescente dos riscos financeiros e econômicos que pesam sobre as empresas e sobre a sociedade em geral.

Os riscos são, portanto, onipresentes para o indivíduo, para a sociedade civil, para aqueles que tomam decisões e mais largamente para os políticos. É isso que faz Ewald (1996) escrever que "hoje em dia a política não é nada mais que a gestão dos riscos", que o risco torna-se um dos fundamentos da análise política global.

Tal concepção não é, entretanto, nova. O risco é desde sempre indissociável da política: tomar as decisões concernentes à organização do território, à repartição dos bens, ao uso dos recursos, equivale, ao menos em parte, a fazer apostas sobre o futuro, a construir cenários que encerram sempre uma dose de riscos. O risco justifica as escolhas políticas pelo viés das regulamentações – quer sejam as que antigamente diziam respeito à proteção das florestas contra os excessos de utilização (ordenança de 1219 editada por Philippe Auguste e ordenança de Brunoy de 29 de maio de 1346 tomada por Philippe VI de Valois para proteger a floresta francesa), quer sejam as que levam em consideração os perigos de origem industrial. Isso ocasionou a criação da Seguridade Social e, mais recentemente, a adaptação de diversas diretrizes europeias (diretivas Seveso).

Hoje tudo pode se traduzir em termos de risco e as sociedades europeias aparecem mais e mais "judiciarizadas", e nisso seguem o modelo dos Estados Unidos.

O risco nasce da percepção de um perigo ou de uma ameaça potencial que pode ter origens diversas e que denominamos uma álea. Esta é sentida pelos indivíduos e pode provocar, ao se manifestar, prejuízos às pessoas, aos bens e à organização do território. À luz dos acontecimentos que podem desencadear uma crise, a análise dos prejuízos remete ao que se denomina vulnerabilidade.

Pode-se, portanto, definir o risco como a representação de um perigo ou álea (reais ou supostos) que afetam os alvos e que constituem indicadores de vulnerabilidade.

O risco, um perigo calculável

Para ser considerado pelos políticos, e dentro dos objetivos de uma gestão adaptada, o risco deve ser "calculável", avaliável. A partir do momento em que o cálculo probabilístico atinge seu limite, a noção de risco perde sua pertinência e entra-se no domínio da incerteza.

Um acontecimento que se produz de maneira totalmente imprevisível e excepcional não pode ser integrado a uma política de prevenção, é um acidente que é gerado subitamente (impacto de um grande meteorito atingindo a Terra, por exemplo). Um processo potencialmente perigoso pode ser definido como um risco para as populações afetadas a partir do momento em que se torna previsível, seja porque a álea emite sinais prévios, seja em razão da repetição do processo que permite o estabelecimento de uma frequência. Ao contrário, em matéria de seguros, um acontecimento cuja ocorrência é muito frequente não é mais segurável, pois o custo das indenizações seria bastante elevado. De alguma forma, deixa de ser um risco. A informação estatística ocupa, portanto, um lugar de destaque na definição do risco; ela deve ser suficiente, fundada em dados homogêneos e confiáveis.

Os dados para a definição das áleas

A informação sobre a álea e sua definição ativam a memória das catástrofes, a qual deve ser utilizada com muita prudência na medida em que remete à noção de atualismo, que é, lembremos, o postulado segundo o qual o atual permite compreender o passado porque os processos hoje são considerados idênticos aos de outrora.

A difícil coleta dos dados

O risco está situado antes da álea, sendo ele próprio analisável graças à sua especificidade dinâmica, ao seu modo de intervenção, à sua frequência, à sua intensidade. No caso dos riscos naturais, a análise das áleas é efetuada com base em uma quantificação (o débito fluvial de um curso de água, a velocidade do vento, a magnitude e a intensidade de um terremoto). Trata-se de trabalhar sobre acontecimentos de grande intensidade que marcaram as populações e afetaram o meio; ora, em tais condições, as coletas de dados são frequentemente complicadas. Durante a passagem de um ciclone, o anemômetro pode quebrar em razão da violência dos ventos e a estação meteorológica é muitas vezes danificada. É o caso também das fortes chuvas ao longo das quais o pluviômetro pode transbordar várias vezes, como o Aiguat* de outubro de 1940 em Roussilon, na França (anais do colóquio de Vernet-les-Bains, 1990): a confiabilidade dos dados encontra-se, assim, comprometida.

As medições devem ser examinadas com a indicação da maneira como foram obtidas; ora, a pertinência dos números (velocidade do vento em um ciclone, débito de uma enchente...) depende muito da maneira como foi efetuada a leitura.

O uso de dados extremos como referência para estabelecer a ocorrência das áleas demanda, portanto, uma crítica rigorosa, adaptada às suas características. Assim, pode-se obter um *corpus* original cujas relações com dados regulares, diários ou anuais nem sempre são facilmente estabelecidas. Em muitas ocorrências, especialmente as antigas, não é possível dispor de dados quantificados, oriundos de relatórios diretos, por não existir um controle ou por ele ser deficiente. É preciso, portanto, reconstituir esses valores *a posteriori* e, frequentemente, utilizar métodos de diagnóstico indiretos, baseados na geomorfologia, na arqueologia, na epigrafia, na palinologia, na dendrocronologia... que permitem definir e datar os grandes acontecimentos, porém com algumas margens de erro, como testemunham os trabalhos sobre a sismicidade recorrente em Creta (Poursoulis et al., 2000). A granulometria dos maiores blocos mobilizados por um curso de água ou por uma torrente reflete a capacidade dos escoamentos que os deslocaram e permite avaliar a velocidade e, indiretamente, os volumes de água que alimentaram tal escoamento. Essa análise foi realizada para a cheia do rio Guil, no sudoeste da França, em 1957,

* N.T.: Entre 16 e 20 de outubro de 1940, precipitações de rara violência se abateram sobre a região dos Pirineus orientais causando a morte de 48 pessoas e prejuízos consideráveis. Grande parte das chuvas caiu sobre o maciço de Canigou de modo que os cursos de água que aí têm sua nascente foram particularmente afetados. Com um volume de água muito superior ao normal, esses rios atingiram a planície, inundando campos e aldeias. Esse acontecimento, fortemente gravado na memória da população local, ficou mais conhecido sob o nome de "Aiguat".

por Tricart, para quem o tamanho dos blocos carregados parece não ter equivalente desde a última glaciação (Péguy, 1989).

No que concerne aos movimentos de massa, a observação do terreno, o estudo de fotografias aéreas ou de imagens de satélites permite distinguir movimentos antigos e recentes, mas é preciso ainda separar antigos "pré-históricos" e antigos "históricos". Fala-se às vezes de movimentos passivos e movimentos inativos, mas frequentemente é difícil fixar um limite entre as duas famílias. Os anglo-saxões aplicam o qualificativo de "dormente" a deslizamentos ainda mal consolidados, enquanto, no Japão, Yannai (in Flageollet, 1989) define como ativos os movimentos que se repetiram no mesmo lugar várias vezes nos três últimos séculos, e como dormentes os que não voltaram a se tornar ativos no decorrer de um milênio.

Tratando-se de vulcões, é importante definir o que é denominado um vulcão ativo. Designamos como tais aqueles em que foi registrada ao menos uma erupção histórica desde o século VI ou V antes de Cristo, no caso do Antigo Mundo, e desde a colonização europeia, no caso da América. Os trabalhos americanos recentes consideram ativos os vulcões que apresentam erupções em ritmo anual, plurianual ou centurial e medianamente inativos os vulcões cujo ritmo é plurimilenar. Lembremos, entretanto, que no século XVII o catálogo dos vulcões ativos do geógrafo alemão Varenius não continha mais que 27 nomes e que o Pinatubo, nas Filipinas, não se encontrava repertoriado na lista estabelecida pela Associação Internacional de Vulcanologia quando de sua última erupção cataclismática, de 1991.

Os valores obtidos relativos a acontecimentos antigos devem servir para alimentar os modelos matemáticos de previsão, mas a questão que se coloca é: como utilizar esses valores, qual é a margem de erro aceitável, quais são os valores limites que devem ser considerados como representativos para o estabelecimento de um diagnóstico do funcionamento da álea? Os débitos calculados pelos hidrólogos são frequentemente apresentados sob a forma de quadros estatísticos com duas ou três casas decimais. A utilidade desses decimais não é apresentar o débito com grande precisão intrínseca, mas limitar bastante a margem de erro em cálculos estatísticos ulteriores, quando da utilização de modelos matemáticos ou equações complexas. Entretanto, esses números são com frequência empregados tais e quais nos relatórios, para os eleitos locais ou para os administradores públicos, e permitem às vezes especular com alguns décimos abaixo dos valores limites quando da realização de avaliações que devem ser feitas com precisão no momento de escolher esse ou aquele equipamento de proteção.

Em matéria de risco industrial, trata-se de identificar, de repertoriar, todas as possíveis fontes de riscos, todos os cenários de disfuncionalidades.

É, portanto, ainda um método de investigação *a posteriori*, apoiado em fenômenos acidentais que se produziram efetivamente. Somente os fenômenos já ocorridos podem ser objeto de análises precisas. Entretanto, podem se produzir novos fenômenos não planejados, em particular os cumulativos, cuja resultante é bem superior à simples adição dos efeitos de cada acontecimento tomado isoladamente (por exemplo, um acidente industrial depois de uma inundação ou de um terremoto). O conhecimento do risco, que é função do saber científico e técnico em um dado instante, depende de um conhecimento empírico dos acidentes potenciais ligados a um *processo* industrial. Hoje, porém, tal conhecimento não é suficiente para permitir enfocar todos os tipos de riscos e uma grande dose de incerteza subsiste, a qual se deve também à dificuldade para definir a extensão dos efeitos de um acidente potencial. Entretanto, a administração local, que não pode oferecer à população respostas parciais ou eivadas de incertezas, não pode, tampouco, se garantir contra o esquecimento de certos perigos, possíveis erros de cálculo ou uma utilização imperfeita de modelos matemáticos ou físicos. A variabilidade dos resultados em matéria de apreciação do risco industrial depende grandemente dos programas de computador e dos métodos empregados.

Qualquer que seja a álea ou a fonte do perigo, os dados obtidos relativos a ela devem ser interpretados à luz do contexto científico que os produziu e do público ao qual se destinam. No entanto, fatores socioeconômicos também intervêm: assim, após a cheia do rio Gers, no departamento francês de Auch, em agosto de 1977, os trabalhos de calibragem do leito maior do curso de água foram realizados para um débito de 350m^3/s, ou seja, aproximadamente o débito estimado de uma cheia de tempo de retorno de sessenta anos. Entretanto, quando da forte cheia evocada, o débito do Gers atingiu 900m^3/s. Se esse valor não foi levado em conta para os trabalhos a serem efetuados é porque o custo destes teria pesado muito. Conclui-se que foi feita uma escolha sem que todos os atores estivessem necessariamente conscientes.

Os tempos de retorno, os valores-limite e as escalas

A dificuldade e a prudência necessárias ao manejo dos números reconstituídos ou medidos são perfeitamente ilustradas tanto pelo exemplo do difícil cálculo dos tempos de retorno dos fenômenos de grande intensidade quanto pelas polêmicas surgidas por ocasião da utilização de documentos destinados à gestão dos riscos (Plano de Prevenção de Riscos, PPR).

Na França, as medidas e os valores-limite (cheias decenais) delas decorrentes frequentemente dependem, no caso das inundações, de dados obtidos em pequenos cursos da água. Em contrapartida, quando se trata de cursos de água mais importantes, a cheia cinquentenial, na verdade, centurial, serve de referência. Como passar, então, de uma situação a outra? A estimativa dos débitos das cheias decenais, cinquenteniais ou centuriais tem, para cada uma das situações, consequências humanas e econômicas de amplitude muito variável; os desafios estão longe de serem idênticos.

Ora, de um ponto de vista metodológico, quando se trata de examinar o tempo de retorno de acontecimentos raros de grande intensidade, de calcular o tempo de retorno de um acontecimento cujas características superam um valor dado em um tempo dado, a situação é complexa.

As séries de observações são frequentemente muito breves para permitirem uma estimativa precisa da probabilidade da aparição de chuvas extremas (de grande intensidade) e das inundações por elas causadas. Assim, é difícil estimar um débito de cheia para um dado período de retorno. Um débito de uma recorrência de dois anos (portanto, muito frequente) sobre o rio Hérault, na barragem de Moulin-Bernard (bacia de 1.090 km^2), estimado a partir da série de 1962-1984, tem 90% de probabilidade de ser compreendido entre 650 e 1.700 m^3, ou seja, uma incerteza de 50%! A abordagem racional da estimativa de cheias por via mecânica ou estatística é, portanto, ainda muito limitada. O débito máximo anual pode ser considerado a cheia anual, de modo que ao final de alguns anos dispõe-se de um conjunto de valores de cheias anuais que permitem calcular valores médios de uma cheia de tempo de retorno de um ano sobre o período considerado (10, 20, 30 anos). Esse conjunto estatístico também pode ser considerado uma variável contínua e ilimitada no tempo, do mesmo modo que uma distribuição qualquer é ajustada por uma lei teórica de probabilidade. Postula-se que a lei permanece válida além do tempo de observação, o que permite calcular a probabilidade de 1% (cheia centurial) ou mesmo de um por mil (cheia milenar). A escolha da lei mais utilizada varia de um país para outro e de um serviço a outro (Gumbel e Galton na França, Pearson II nos Estados Unidos...), mas os diversos resultados permanecem eivados de uma dose de incerteza e nem sempre são coincidentes entre eles.

Conhecimento da álea e do risco: exemplo da base de dados SisFrance

A definição de um nível de álea ou de risco demanda um profundo estudo de acontecimentos passados similares para que sejam constituídas bases de dados verdadeiras, e tempos de retorno confiáveis sejam definidos com precisão. O recurso aos arquivos, à arqueologia e a todas as especialidades ligadas à história, revela-se determinante para completar as séries estatísticas recentes cujo recuo no tempo é ainda insuficiente.

Pode-se citar um exemplo bem-sucedido de coletas e armazenagem operacional de dados antigos com o caso da base de dados SisFrance.

Essa base de dados, criada em 1977, reúne os dados nacionais de referência da macrossismicidade histórica da França metropolitana (excluídos os territórios ultramarinos). O controle da base é assegurado por um grupo que reúne BRGM (Bureau de Recherches Géologiques et Minières – Lambert), EDF (Electricité de France) e IRSN (Institut de Radioprotection et de Sûreté Nucléaire, ex-IPSN, Institut de Protection et de Sûreté Nucléaire). O objetivo inicial é dispor de um nível de conhecimento atualizado e "parametrizado" da atividade macrossísmica na França para que se possa "parametrizar" a segurança das centrais nucleares e das grandes barragens hidroelétricas. O método consiste em pesquisar, recolher, confrontar e analisar todo relatório escrito sobre tremores de terra de todas as épocas. Os dados recenseados devem satisfazer às exigências de qualidade e de exaustividade (conteúdo da informação, referência precisa do documento de origem), bem como atender a uma crítica que permita estabelecer seu grau de confiabilidade e restabelecer a data do acontecimento no calendário atual (cálculos em função dos calendários utilizados em diferentes países, em diferentes épocas). A confrontação com os dados factuais permite descobrir as ambiguidades dos documentos (verdadeiros ou falsos terremotos), os erros de localização e de data. A base de dados é configurada para respeitar ao máximo as nuanças e mesmo as imprecisões relativas aos dados factuais graças a uma nomenclatura específica de armazenagem. As informações (seis mil ocorrências, noventa mil relações pontuais) são "parametrizadas" e a elas é atribuído um grau de confiabilidade a fim de facilitar a utilização desses dados pelos usuários.

Para informar melhor a população e aumentar a operacionalidade, desde abril de 2000 a base está acessível na internet (www.sisfrance.net), o que já permitiu obter junto aos particulares informações novas e úteis, as quais foram organizadas por acontecimento, região, tipo de origem, foram mapeadas e assim se tornam acessíveis e cartografáveis. A base de dados informatizada (criada a partir dos arquivos em papel centralizados no BRGM, em Orleans) assegura, desse modo, o arquivamento e a salvaguarda dos documentos sobre a sismicidade histórica (catálogo de documentos, retorno à fonte original, documentos escaneados e conservados em CD-ROM).

Esses cálculos são de difícil realização e interpretação (Curt, Davy, Laganier, 1990), pois às dificuldades ligadas aos dados brutos somam-se, de um lado, as leis ou os modelos matemáticos utilizados e, de outro, as diferentes abordagens utilizadas para efetuar o confronto dos dados. Em muitos casos, embora os dados sejam idênticos, os especialistas não apresentam nem os mesmos limites nem os mesmos valores, pois a composição das variáveis empregadas não é, necessariamente, a mesma. Os exemplos citados por Péguy (1989) testemunham essas dificuldades.

- A análise estatística realizada na cheia do Big Thompson River, afluente do Platta do Sud (Colorado), que sobreveio após a tempestade de 30 de junho de 1976 (139 campistas afogados), faz referência a 47 valores de cheias anuais conhecidas e redundou, para o acontecimento observado, em um tempo de retorno de 100 a 300 anos. Ora, a observação geomorfológica mostra que o holoceno não conheceu nenhum episódio dessa importância, uma vez que a cheia de 1976 entalhou os cones de dejeção dos afluentes edificados entre 10.000 e 5.000 anos antes do presente (AP), portadores de solos muito evoluídos e que não apresentavam incisões até essa cheia.
- A cheia do rio Guil, de 1957, se presta a conclusões bastante próximas das do caso americano. Para uns, graças à análise hidrológica clássica, o tempo de retorno se situa entre 150 e 200 anos; para outros, é bem superior, uma vez que nenhum acontecimento de mesma amplitude deixou traços ao longo do holoceno.
- O Escalante, afluente do Colorado, teria uma cheia centurial de 193 m^3/s, se forem utilizadas as medidas hidrológicas disponíveis (medidas em meio século), mas, segundo a reconstituição das paleocheias em dois milênios, a cheia centurial é estimada em um débito de 480 a 630 m^3/s.

Acrescentamos, enfim, que tais extrapolações por muito tempo supuseram uma estabilidade dinâmica dos fenômenos, permitindo, assim, considerar o período de observação real como representativo da situação "normal". Essa concepção "estabilizante" mostrou seus limites, especialmente quando as variabilidades "climáticas" pluridecenais na África subsaariana ficaram evidentes, tornando inoperantes os programas de ocupação do território concebidos em função dos dados obtidos com base em decênios considerados "normais" e representativos, mas que, na verdade, revelaram-se de anos úmidos, aos quais sucederam decênios mais secos (*Revue de Géographie de Lyon,* número especial "Sahel", 1995). Essa variação dos fenômenos é hoje mais bem considerada pelos modelos graças aos progressos técnicos, à informática e ao enriquecimento constante das bases de dados de medidas reais.

Vários elementos são determinantes no cálculo do tempo de retorno, trata-se de:

- Escala de trabalho: determinados acontecimentos às vezes julgados excepcionais no âmbito da estação de medida tornaram-se fenômenos corriqueiros quando situados em escala regional. De fato, Davy (Anais do colóquio de Vernet-les-Bains, 1990) registra que os tempos de retorno diminuem rapidamente quando se passa do nível local ao nível regional. Assim, o tempo de retorno de uma chuva de 400 mm por 24 horas no departamento de Gard é de cerca de 180 anos, enquanto o tempo de retorno para a mesma chuva para a região Languedoc-Roussilon como um todo, onde se situa Gard, é de apenas 11 anos (período de referência 1940-1989).

- A existência de bancos de dados disponíveis raramente supera um século, o mais comum é que as séries estatísticas computadas e confiáveis não excedam 25 ou 50 anos, e, em muitos casos, os dados não sejam compatíveis entre eles.
- Em razão das séries estatísticas dos débitos conterem menos informações que as precipitações, é necessário modelizar a relação chuva/débito, geralmente em detrimento de sua complexidade, uma vez que é difícil integrar certos parâmetros, que, apesar de tudo, são importantes (o efeito de *splash*, por exemplo).
- A lei estatística de referência é também considerada (Gumbelou Fréchet, Método de Gradex ou de Curvas Envelopes). Essas leis são válidas para os dados estatísticos conhecidos e permitem subsequentemente realizar extrapolações, mas as leis são mais ou menos adaptadas aos diferentes cursos de água e aos ambientes climáticos associados. Trata-se, portanto, de escolher a lei de referência de maneira pertinente.

Quando as medições não estão disponíveis, a extrapolação, ainda que indispensável, fornece valores errados, especialmente os mais altos dentre eles. É igualmente necessário efetuar os ajustes tornados indispensáveis pelo desenrolar de um episódio de grande intensidade ou pelo alongamento de séries estatísticas disponíveis. Os critérios tidos até aqui como pertinentes, os limites (por exemplo, a linha das mais altas águas conhecidas em dado momento, a extensão de uma avalanche ou de um deslizamento), devem ser reexaminados a fim de integrar os novos dados. As extrapolações anteriores podem, então, se tornar obsoletas.

Frequentemente, os números não passam de indicadores qualitativos, estabelecidos visando à realização de comparações. No entanto, às vezes, eles também são utilizados para estabelecer uma classificação e, mais que isso, para definir regras a partir de limites sugeridos pelos valores disponíveis e que são vistos, especialmente pelo público, como certezas absolutas. O valor quantificado tranquiliza; ele é percebido, em muitos casos, como justo, certo e, até mesmo, indiscutível, fato que contribui para fazer crescer a incompreensão e a dúvida da população quando esse valor é questionado pelos fatos.

Para certo número de riscos é possível traçar curvas de nível da álea do tipo perda/probabilidade. Às vezes, e notadamente para os riscos geopolíticos ou sociais, não é fácil determinar a probabilidade e/ou o nível de perdas. As políticas de gestão do risco e o tipo de investimento podem, então, variar bastante: fala-se, seguindo os economistas, de "incerteza radical" ou de ignorância. Nesse caso, na impossibilidade de qualificar o risco com uma distribuição de probabilidades, é possível vislumbrar diversos cenários passíveis de realizarem-se (Michel-Kerjan, 1999).

Da álea ao risco, riscos e sistemas complexos

O risco é expresso no âmbito de sistemas complexos. Não existem relações simples entre um processo, uma álea e um risco. Do mesmo modo, o risco não se reduz à análise do elo mais fraco de uma corrente. A confiabilidade dos componentes de um sistema qualquer, mesmo que seja muito grande, não implica, forçosamente, uma confiabilidade máxima do conjunto.

A abordagem determinista, há muito tempo praticada, repousa sobre a avaliação quantitativa das consequências previsíveis de um acidente ou de uma crise. Assim, no caso dos riscos industriais, trata-se de identificar as distâncias que correspondem aos efeitos letais, de um lado, e irreversíveis, de outro. Em tal modelo, grandemente utilizado na França ou na Alemanha, zonas concêntricas em que o risco é de intensidade desigual são estabelecidas em torno de fábricas consideradas potencialmente perigosas. Essa análise privilegia a gravidade potencial das consequências do acontecimento, qualquer que seja a probabilidade da ocorrência.

A abordagem probabilista está fundada na avaliação quantitativa da probabilidade de uma crise ultrapassar certo limite. Ela se inscreve, como destacamos anteriormente, em uma lógica da gestão socioeconômica do risco. Assim, os zoneamentos efetuados são o resultado de um equilíbrio complexo entre o custo da redução dos riscos e os constrangimentos sociais, e isso em relação a outros riscos do dia a dia. Os parâmetros de local, de densidade populacional desigual em um espaço próximo à fonte do risco, são levados em consideração; o zoneamento segue esses dados e não é feito em círculos concêntricos. Essa abordagem é utilizada nos Países Baixos e na Grã-Bretanha. A importância das negociações entre atores é considerável; a cartografia final depende, às vezes, mais de arbitragens políticas, econômicas e sociais que da álea propriamente dita.

Por outro lado, a viabilidade do cálculo do risco é o próprio fundamento da realização do seguro. É preciso poder calcular a probabilidade de ocorrência de uma álea ou de um risco para determinar o prêmio do seguro. O cálculo implica que sejam definidos os alvos e a vulnerabilidade dos bens e das pessoas expostas.

A vulnerabilidade e os desafios

A ocorrência da álea tem consequências para as populações e os bens, seus efeitos podem afetar mais ou menos fortemente o funcionamento das sociedades humanas e dos ecossistemas.

Definem-se como alvos os elementos ou os sistemas que estão sob a ameaça de áleas de natureza variada (natural, tecnológica, social, econômica, política): pode tratar-se de populações, de elementos analisáveis em termos econômicos (vias de comunicação, fábricas...), ou de alvos ambientais (parques naturais, locais excepcionais como a montanha Sainte-Victoire,* cujas paisagens foram devastadas por um grande incêndio há alguns anos).

Distinguem-se também os alvos estruturais (os imóveis, as infraestruturas de transporte de serviços) e os que não o são, mas recobrem o patrimônio cultural não material, as redes de solidariedade tradicionais. Os danos passíveis de afetar os alvos fazem com se questione sua vulnerabilidade, a qual deve ser definida com precisão, pois é ela que, associada à álea, constitui o próprio fundamento do risco. A vulnerabilidade se mede pela estimativa dos danos potenciais que podem afetar um alvo, tal como o patrimônio construído ou a população. Ela concerne, portanto, às perdas possíveis e permite, por exemplo, exprimir a capacidade de resistência das construções diante do fenômeno físico ou de processos como explosão ou incêndio na esfera industrial.

Dauphiné (2001) considera que a vulnerabilidade "exprime o grau das consequências previsíveis geradas por um fenômeno natural e que podem afetar o alvo". Essa definição aplica-se também a outros tipos de riscos, especialmente os industriais e tecnológicos.

A vulnerabilidade: uma noção complexa

Seguindo os procedimentos desenvolvidos nos Países Baixos (Zimmermann, 1994), a vulnerabilidade individual é caracterizada como a probabilidade anual de um indivíduo ser morto em decorrência de um acidente relacionado à atividade industrial ao permanecer 24 horas em um local não protegido (por exemplo, na vizinhança de um parque industrial). A vulnerabilidade pode ser compartilhada por um grupo social (probabilidade anual de um conjunto de indivíduos ser morto em razão do mesmo acontecimento), ela é, então, função, em grande medida, da distribuição da população em torno do local de risco.

Definições da vulnerabilidade

A vulnerabilidade dita analítica leva à decomposição dos alvos e à elaboração, para cada um deles, de uma avaliação precisa das perdas em diferentes

* N.T.: Considerada pelos cristãos da Idade Média um local sagrado, a montanha foi devastada em 1989 por um gigantesco incêndio que destruiu cinco mil hectares de sua face sul. Foram feitas diversas tentativas de reflorestamento, mas a vegetação permanece muito reduzida.

níveis de áleas. Abordagens quantitativas mais complexas permitem agora calcular o custo imediato e, em longo prazo, o prejuízo; o custo da reconstrução idêntica ou com a integração de medidas de redução da vulnerabilidade; o custo econômico anual global, aí compreendido o que as empresas deixaram de ganhar; o custo do desemprego técnico. Na Grã-Bretanha, os trabalhos abordam, em grande medida, a avaliação dos prejuízos indiretos, a redução do nível de atividade na economia local, o custo das reparações e do funcionamento dos serviços de socorro. A estimativa das perdas potenciais permanece, entretanto, ainda difícil, especialmente quando envolve elementos muito subjetivos, tais como a imagem que uma cidade ou região quer veicular. A costa atlântica francesa, cuja imagem de grife foi afetada pelo risco de poluição recorrente por causa do petróleo derramado pelo navio Prestige, oferece um bom exemplo. As consequências econômicas reais junto à clientela da Europa do norte permanecem particularmente difíceis de serem avaliadas. Essa dificuldade para estabelecer a extensão dos danos indiretos explica porque a determinação monetária e econômica dos danos potenciais é discutida por vários autores.

Existem outras maneiras de traduzir a vulnerabilidade, como a determinação dos danos máximos em função de diversos usos do solo e dos tipos de construção: em caso de inundação, uma casa construída com um entressolho não apresenta o mesmo grau de vulnerabilidade que uma construção sem essa arquitetura, cujo andar térreo habitado estará inteiramente exposto à álea. É, portanto, indispensável estabelecer níveis de vulnerabilidade que definam a ocupação do solo e o nível de vulnerabilidade relativo a cada tipo de uso.

A vulnerabilidade coloca em jogo aspectos físicos, ambientais, técnicos, dados econômicos, psicológicos, sociais, políticos. Ela não pode ser definida com simples índices científicos ou técnicos – figura 3. No caso das inundações, o limite máximo atingido pelas águas, supondo que ele seja cientificamente aceitável, não é suficiente para distinguir a vulnerabilidade desigual dos lugares. Muitos outros aspectos devem ser considerados. A capacidade de resposta institucional varia de acordo com o país e nem sempre ela é adequada ao risco ou à crise. A ausência de recursos técnicos, o caráter impróprio das ferramentas de modelização e a falta de competência do pessoal encarregado tanto dos riscos quanto da gestão da crise constituem outros aspectos a serem levados em consideração.

Fatores socioeconômicos frequentemente aumentam a vulnerabilidade das populações ameaçadas. As inundações do Limpopo, no Moçambique,

Figura 3
O risco, uma construção social

ÁLEAS	VULNERABILIDADE
Conjunto de definição da álea: fenômenos físicos (naturais, industriais) **Frequência** **Intensidade**	**Exposição** à álea **Aspectos econômicos:** custo potencial direto da catástrofe (danos aos imóveis, à infraestrutura: estradas, redes: de água, de gás, de eletricidade). Custo potencial indireto da catástrofe: desemprego técnico, perda de fertilidade dos solos, redução de ganhos. Atraso de inovação. **Aspectos sociais e organizacionais:** Analfabetismo, rede, bombeiros, ajudas sociais. Aspectos sanitários epidêmicos, subnutrição; na sequência, feridos. Aspectos patrimoniais: museus, construções, monumentos simbólicos. Aspectos ambientais (biodiversidade, paisagens).

fornecem um exemplo (Affeltranger, 2002). Nesse país, o longo período de seca (1977-1997), anterior às inundações, atenuou a "memória do risco", mas outras explicações devem ser apresentadas. De um lado, a escassez de recursos e as práticas agrárias que acarretaram o povoamento progressivo do leito maior dos cursos de água e, de outro, a vontade de sobreviver à seca, pesaram fortemente nas decisões individuais e coletivas e contribuíram globalmente para aumentar fortemente a vulnerabilidade das populações e dos bens. Em Quito, Ercole (1994) notou, a propósito da álea vulcânica, que a "vulnerabilidade das populações foi ampliada pelo desconhecimento geral dos meios de proteção (locais de refúgio e vias de acesso para alcançá-los)". Na zona mais ameaçada, o autor destaca que "menos de um quarto das pessoas interrogadas indicou soluções que podem ser consideradas eficazes". Nesse caso, está em questão a ausência de um verdadeira educação sobre os riscos, capaz de reduzir a vulnerabilidade.

O conhecimento da álea e a consideração do risco podem variar em função do grupo social:

> os moradores da zona rural, que conhecem melhor o vulcão e o terreno, agiriam mais eficazmente [...]. Ao contrário, os moradores das periferias das cidades, precariamente instalados nos vales ameaçados, seriam, de longe, os mais desamparados. Nas cidades, os profissionais liberais, professores, pessoal administrativo, muito mais instruídos, parecem mais bem munidos que os operários ou o pessoal de serviço (Ercole, 1994).

No Japão, o exemplo do terremoto de Kobe mostra que a vulnerabilidade foi ampliada pela falta de iniciativa individual da população, habituada a obedecer especialmente às autoridades. Ela resulta também de uma política urbana que não pôde controlar a ocupação do espaço em razão de enormes pressões financeiras.

A vulnerabilidade pode ser traduzida em termos financeiros; os seguros que dão cobertura a um bem efetuam análises de custo/benefício.

De fato, a vulnerabilidade revela a "fragilidade de um sistema em seu conjunto e sua capacidade para superar a crise provocada por uma álea" (Dauphiné, 2001). A capacidade de um sistema complexo (uma cidade, por exemplo) para se restabelecer e melhorar sua reatividade após uma catástrofe é hoje levada em conta na determinação da vulnerabilidade; é o que se denomina resiliência, em referência à ecologia, que com esse vocábulo define a capacidade de um sistema para se adaptar às mudanças resultantes de uma crise e melhorar sua capacidade de resposta tendo em vista catástrofes futuras.

Quadro 1

Alguns fatores de vulnerabilidade

Fatores físicos ou ambientais de avaliação da vulnerabilidade.	Conhecimento e percepção do risco. Fatores socioeconômicos de avaliação da vulnerabilidade.
Conhecimento de crises e catástrofes passadas.	Grau de aceitação do risco em função do nível de conhecimento, do nível econômico e da educação... Ausência ou existência de uma educação para o risco e de preparação para a crise.
Intensidade do último acontecimento mais importante registrado.	Tecido social do bairro.
As zonas de impacto das áleas.	Presença de hospitais, postos de corpo de bombeiros.
As zonas onde os trabalhos de organização do território (aterros viários, contenção de encostas) foram feitos.	Existência de escolas, universidades, casas de repouso e, mais globalmente, equipamentos sociais de acolhimento ao público.
Natureza dos processos naturais, antrópicos, industriais em causa...	Densidade da população. Estrutura etária, situação sanitária.
	Rede de água, eletricidade e gás.
	Acessibilidade: redes de comunicação, telefone e de informação disponíveis.
	Meios e terminais de transporte. Estado da malha rodoviária.

Segundo Chardon, 1994.

Assim, ser vulnerável é estar fisicamente exposto a uma álea (natural ou outra), é apresentar certa fragilidade diante do sinistro (em razão, por exemplo, de uma má qualidade das construções, de um desconhecimento da álea, de elevadas densidades humanas, da estrangulação das redes de serviços...). É, de igual modo, não ter em vista os meios disponíveis para enfrentar a crise que pode sobrevir. Ora, em inúmeros casos, o despreparo da população é a regra, a acessibilidade dos meios de socorro a certos bairros permanece insuficiente. Reduzir a vulnerabilidade não consiste em tentar reduzir a frequência da álea, o que é, em certos casos, totalmente impossível (terremotos, vulcanismos, inundações...), mas em diminuir os efeitos possíveis da crise por meio do conhecimento dos processos e pela instalação de dispositivos adequados.

Os fatores de vulnerabilidade

Os fatores que permitem estimar a vulnerabilidade são numerosos. Eles devem ser classificados segundo sua importância, em uma escala escolhida com cuidado segundo os sítios analisados e a precisão dos dados disponíveis. Em seguida, eles podem ser ponderados a fim de que seja obtido um valor de vulnerabilidade por unidade de superfície definida.

A vulnerabilidade desigual no espaço e no tempo

A vulnerabilidade varia tanto no espaço quanto no tempo, especialmente na cidade, em razão, por exemplo, das migrações pendulares. As consequências da tormenta ocorrida em Paris em 26 de dezembro de 1999 teriam sido muito maiores se esse evento meteorológico tivesse acontecido não no dia seguinte ao Natal, em um domingo de manhã, mas em um dia útil, quando as estradas estariam muito mais carregadas, as ruas cheias e as escolas e outros prédios públicos, ocupados. É possível, então, estabelecer mapas de vulnerabilidade por faixa horária, como fez Legeard (2000) em sua tese para o caso de Nîmes (figuras 4 e 5).

- *Vulnerabilidade diurna*: horário comercial, excluído o horário de pico. No caso da França, das 9h30 às 12h; e das 13h30 às 17h30.
- *Vulnerabilidade de pico*: período de forte afluxo nas redes de transporte (estradas, transportes coletivos, estações); por exemplo, entre 7h30 e 9h30; 12h30; e entre 17h30 e 20h30.
- *Vulnerabilidade noturna*: período em que a população permanece nas áreas residenciais: na França, entre 20h30 e 7h30.

Legeard utiliza uma escala que distingue três graus de vulnerabilidade (um para cada faixa horária), calculados para cada setor do plano de ocupação dos solos em função do tipo de atividade. Evidentemente, esses valores dizem respeito apenas às pessoas físicas.

Para serem facilmente utilizáveis, esses mapas devem fazer referência aos bairros e não ao prédio ou ao imóvel. Entretanto, eles devem considerar os edifícios que abrigam uma população de baixa autonomia ou, em outras palavras, muito vulnerável: escolas, casas de repouso, hospitais, assim como os eixos de circulação cuja vulnerabilidade varia no tempo e que desempenham um papel maior no encaminhamento do socorro em caso de necessidade.

Figura 4
Nível de vulnerabilidade dos indivíduos nas horas de pico diurnas em Nîmes

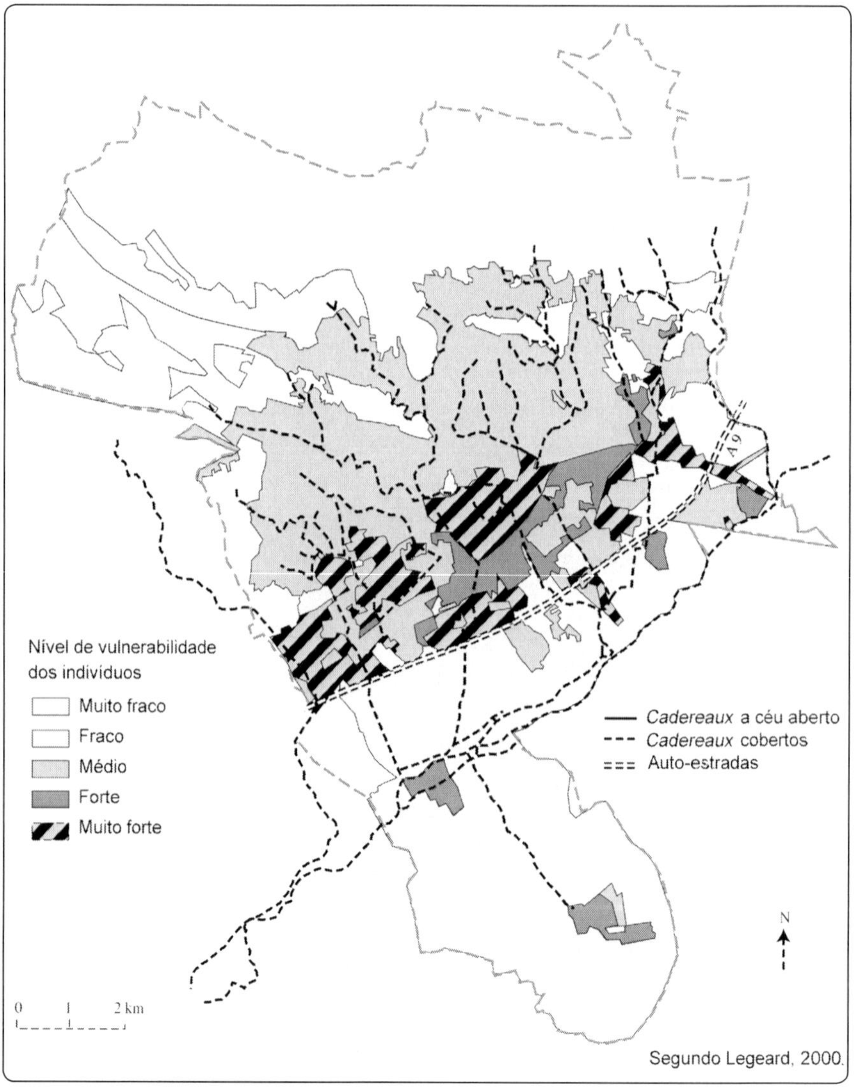

Figura 5
Nível de vulnerabilidade noturna dos indivíduos em Nîmes

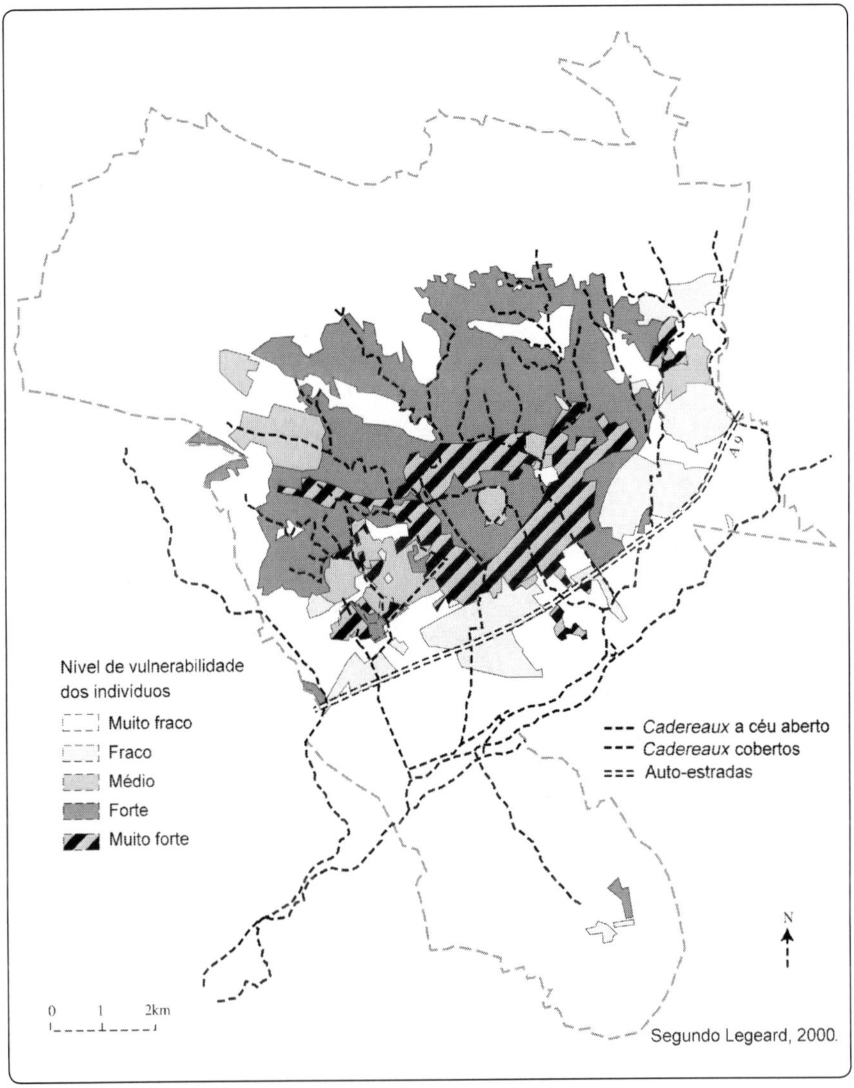

Referências bibliográficas

Actes du colloque de Vernet-les-Bains (1990). « Les inondations d'octobre 1940 en Catalogne : 50 ans passés. L'Aiguat del 40 ». CREC de l'Université de Perpignan, Centre de géographie physique H. Elhaï de l'université de Paris X– Nanterre et Generalitat de Catalunya de Barcelona.

AFFELTRANGER B. (2000). *Les inondations au Mozambique*. *in* Veyret Y., *Géographie des risques naturels*, Paris, La Documentation française.

BECK U. (1986), *La société du risque, sur la voie de la modernité*, Paris, Aubier.

CHARDON A.-C. (1994), « Étude intégrée de la vulnérabilité de la ville de Manizales (Colombie) aux risques naturels », *Revue de géographie alpine*, tome 82, n° 4.

CONSTANT P. (1987), *Un monde à l'usage des demoiselles*, Paris, Gallimard, coll. « Folio ».

CURT T., DAVY L., LAGANIER R. (1990), « Études hydrologiques méditerranéennes », *Espace rural*, université de Montpellier-III, n° 21.

DAUPHINÉ A. (2000), *Risques et catastrophes : observer, spatialiser, comprendre, gérer*, Paris, Armand Colin, coll. « U ».

D'ERCOLE R. (1994), « Les vulnérabilités des sociétés et des espaces urbanisés : concepts, typologies, modes d'analyse », *Revue de géographie alpine*, n° 4, tome LXXXII.

DESSAILLY B. (1990), *Crues et inondations en Roussillon. Le risque et l'aménagement fin XVIIe siècle, mi-XXe siècle,*thèse de géographie, université Paris X-Nanterre.

DE VANSSAY B. (1997), *La prévention des risques naturels, rapport d'évaluation*, Paris, La Documentation française.

EWALD F. (1996), « Philosophie de la précaution », *L'année sociologique*, vol., 46, n° 2.

EWALD F., KESSLER D. (2000), « Les noces du risque et de la politique », *Le débat*, n° 109, Paris, Gallimard.

FAVIER R. (dir) (2002), *Les pouvoirs publics face aux risques naturels dans l'histoire*, Publication de la Maison des sciences de l'homme, Alpes, Grenoble.

FAVIER R., GRANET ABISSET A.-M. (2000), *Histoire et mémoire des risques naturels*, Publication de la MSH-Alpes-Grenoble.

FLAGEOLLET J.-Cl. (1989), *Les mouvements de terrain et leur prévention*, Paris, Masson.

GIDDENS A. (1991), *Les conséquences de la modernité*, Paris, L'Harmattan.

KERVEN G. Y., RUBISE P. (1991), *L'archipel du danger*, Paris, Économica.

LEGEARD B. (2000), *Prévention des inondations torrentielles méditerranéennes, approche multi-agents pour l'aide à la gestion spatiale de crise*, thèse de doctorat, université de Grenoble-I.

MICHEL-KERJAN E. (1999), « Risques à grande échelle dans les systèmes de réseau », *Cahiers du laboratoire d'économétrie de l'École polytechnique*, n° 555.

POURSOULIS G., DALONGEVILLE R., HELLY B. (2000), « Destruction des édifices minöens et sismicité récurrente en Crête (Grèce) », *Géomorphologie*, n° 4.

ZIMMERMANN E. (1996), « De l'usage de la cartographie dans l'appréhension des risques technologiques majeurs, *Revue de géographie de Lyon*, n° 1.

REPRESENTAÇÃO, GESTÃO E EXPRESSÃO ESPACIAL DO RISCO

A álea não cria o risco; para fazê-lo, o indivíduo ou o grupo social devem integrar o perigo, perceber o espaço como perigoso ou a situação econômica, geopolítica, como pouco segura. O risco se inscreve, portanto, em um dado contexto social, econômico, cultural e apresenta uma grande dose de subjetividade que se traduz em diferentes limites de sua aceitabilidade.

Não é possível, portanto, examinar as representações dos riscos sem considerar as práticas de gestão.

Representação e gestão do risco

A estimativa do risco depende da maneira como as sociedades integram ou percebem a ocorrência de uma crise ou de uma catástrofe em seu cotidiano.

A crise ou a catástrofe como fontes de conhecimento do risco

A percepção e a gestão do risco progridem frequentemente depois da ocorrência de uma crise e graças ao acúmulo de experiência pós-crise, o qual permite precisar as variadas percepções; na verdade, as contradições entre os diferentes atores – figura 6.

Figura 6
As relações entre riscos e crises. Os ensinamentos do acúmulo de experiência.

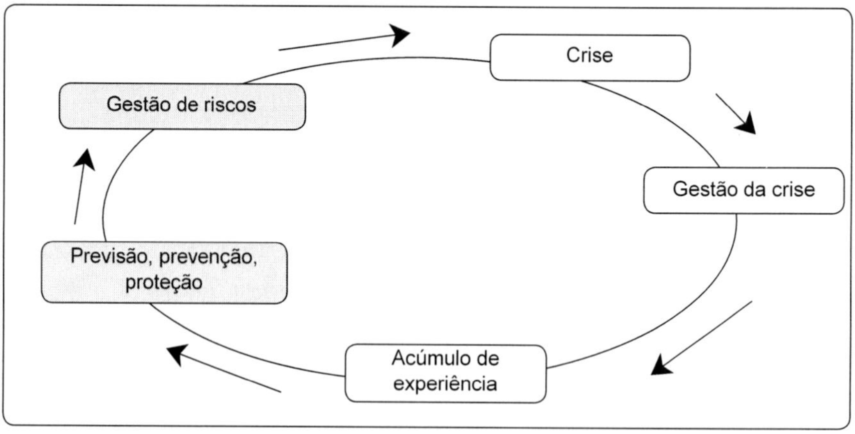

Numerosos exemplos de crises ocorridas nas cidades (incêndio de Londres em 1666, terremoto de Lisboa em 1755) contribuíram para sensibilizar os dirigentes e a população para os riscos e para um novo urbanismo. A cidade foi repensada e construída segundo critérios novos, que conduzem, de fato, a uma redução da vulnerabilidade. Sobre as ruínas da antiga Lisboa das habitações amontoadas e do urbanismo anárquico, desenvolveu-se, sob a influência do Marquês de Pombal, uma cidade que serviu de modelo para outros ordenamentos urbanos europeus e americanos. Pombal efetuou um inventário preciso e avaliou a superfície das propriedades destruídas, aplicou os procedimentos de desapropriação e de compensação para os lotes que haviam sido incluídos junto aos alinhamentos de novas vias. A prevenção para limitar os efeitos de incêndios foi integrada ao projeto. As crises e as catástrofes frequentemente fornecem a ocasião para um novo arranjo urbano, para um novo uso que integra melhor o risco, mas isso está longe de ser sempre o caso.

A representação do risco

A relação das populações com a álea, com a representação desta, constitui uma primeira etapa fundamental. Nas sociedades em que o perigo é considerado uma fatalidade ou uma punição divina, as populações permanecem passivas e têm muita dificuldade em admitir que podem gerir o perigo. Exemplos de tais práticas acompanham a história europeia e ainda existem na América Latina. Nessa região, a população não considera os vulcões perigosos (ao contrário dos ciclones), mas os vê como monumentos provedores ou vingadores, que, em caso de erupção, deveriam fazer mal apenas aos estrangeiros, mas não à população local que os honra. Desse modo, é quase impossível vislumbrar, em caso de erupção iminente, o deslocamento da população, que recusa deixar seus bens, seus rebanhos, sua colheita, uma vez que ela não teme o vulcão.

Um grande número de métodos de prevenção validados na Europa e às vezes exportados tais e quais para os países em desenvolvimento não apresentaram resultados esperados porque foram construídos em torno da evidência do risco projetada pelos cientistas, técnicos e dirigentes, mas sem levar em conta as diferenças de percepção e de comportamento das populações.

Uma "cultura" do risco por país:
a diversidade das respostas segundo os países

Quais são as medidas mais importantes a serem implantadas ou aprimoradas após uma catástrofe industrial?

– Países Baixos: um melhor conhecimento das instalações.
– Suíça: mais educação (escolas, colégios, população em geral).
– França: mais medidas coercitivas, sanções.

Quais são os atores mais importantes, os interlocutores competentes na luta contra o risco industrial?

– Países Baixos: as próprias indústrias.
– Suíça: as associações "verdes", o *lobby* ecologista.
– França: a administração.

Segundo Vanssay, comunicação oral, 2002.

Não basta dispor de conhecimentos científicos e técnicos para ter a percepção da gravidade de um acontecimento potencial, as diferenças culturais pesam na apreciação da álea e na percepção do risco.

Esse fato é demonstrado pela pesquisa conduzida pela Sandoz na França, Suíça e Países Baixos (conforme Vanssay, comunicação oral, 2002). As questões diziam respeito às medidas mais importantes a serem adotadas ou aprimoradas após uma catástrofe industrial a fim de prevenir o risco de uma nova crise e determinar os atores competentes na luta contra o risco industrial.

Nesse sentido, "a cultura" do risco pode ser definida como um conhecimento e uma percepção da ameaça comuns a um grupo social.

Às vezes, os discursos também contribuem para relativizar o risco, especialmente no domínio industrial, o que permite mostrar que ele é aceitável. A propósito dos riscos industriais maiores, Lagadec (2000) mostra que, caso se consiga fazer o público aceitar a ideia de que a energia nuclear ou as atividades do setor químico são menos arriscadas que o alpinismo ou a condução de um automóvel, então o risco examinado torna-se aceitável. Assim, na região de Hague, na Normandia, os vizinhos do centro de tratamento e estocagem de dejetos radioativos (Zonabend, 1989) indicam que os acidentes rodoviários são mais numerosos e, frequentemente, mais mortais que os acidentes nucleares; os cânceres são atribuídos mais ao cigarro e ao álcool que aos efeitos da radioatividade. Tal posicionamento justifica-se pelo apego dos habitantes de Hague à sua terra e pelo fato de a usina de tratamento constituir uma fonte importante de atividades para a região.

Duclos (1987) fornece análises convergentes a propósito do setor químico. O autor mostra que

> os trabalhadores do setor químico são, provavelmente, ao mesmo tempo, os que melhor conhecem os riscos ou as incertezas relacionadas às substâncias que manipulam, os que assumem o destino que esses riscos lhes reservam e as responsabilidades que lhes impõem, e são também os que sustentam os discursos mais contestadores da periculosidade de sua atividade. Trata-se de uma reinterpretação da ameaça, que afirma o domínio dos trabalhadores sobre seu meio ambiente, relativiza o risco em si mesmo, envia os bodes expiratórios ao exterior ou ao interior da fábrica e desenvolve uma imagem positiva do trabalho. Tal análise reduz a angústia e se serve do risco para construir uma identidade profissional valorizadora.

As entrevistas realizadas junto a empregados da fábrica AZF em Toulouse após a explosão* corroboram essa análise (Marconi, comunicação oral, Dijon, 2002). Sujeitos a um perigo perceptível, os trabalhadores do setor químico negam o risco e o atribuem a outros atores ou a outras fábricas mais antigas. No interior de seu grupo, eles responsabilizam o pessoal temporário, os estrangeiros pouco qualificados. De fato, os indivíduos valorizam a si próprios, destacando a periculosidade de suas práticas, mas insistindo sobre sua capacidade para enfrentá-la e dominá-la.

Existem outros discursos na empresa, os dos sindicatos, por exemplo, que às vezes têm a tendência de dramatizar a situação, visando às reivindicações e apresentando discursos que relativizam os precedentes. Essas contradições são apenas aparentes; elas testemunham o fato de que o risco é uma aposta no interior das relações mais ou menos conflituosas da empresa. Assim, o risco "faz parte do jogo", leva cada um a se posicionar diante dele e a adotar um discurso específico.

* N.T.: A explosão da fábrica da AZF (Azote Fertilizantes), ocorrida poucos dias após o atentado de 11 de setembro de 2001, deixou trinta mortos e milhares de feridos.

Os atores da gestão do risco

A gestão do risco não concerne a todos os países, alguns não gerenciam senão a crise (e às vezes ainda com muita dificuldade) enquanto outros organizaram uma verdadeira gestão do risco com numerosos atores. A gestão pode se efetuar em diferentes níveis territoriais.

O risco no centro do debate geopolítico*

As análises efetuadas sobre a montanha francesa dos séculos passados colocam pouco a pouco no centro do debate a questão dos riscos pelo viés da torrencialidade, do desflorestamento e da necessidade de reflorestamento. Ora, a análise dos atores, tanto locais quanto os que desde o fim do século XVIII e do XIX têm defendido a necessidade de reflorestar, mostra que o risco constituiu um instrumento político que permitiu ao poder central tomar pé na montanha pelo viés de novos atores. Além dos guardas florestais, as associações do Clube Alpino Francês, do Touring Clube da França e minorias militantes compostas por pessoas instruídas e de alto poder aquisitivo passam, então, a se impor.

Os trabalhos de Sierra sobre Quito (tese apresentada na Universidade de Paris VIII, em 2002) mostram também como as áleas que afetam a cidade geram uma construção social e política. A análise das representações que as populações têm do espaço urbano por meio das áleas naturais permite apreender os tipos de ação que são privilegiados pelos administradores urbanos para reduzir o risco assim percebido. Em Quito, em função das inundações ou dos movimentos de terra apresentados, as ravinas são consideradas mais perigosas que os terremotos e os vulcões, aos quais são dedicados uma atenção menor e menos recursos. Ora, as inundações, originárias dessas ravinas, ocasionam um número muito reduzido de vítimas e, objetivamente, podem ser consideradas riscos menores, ainda que recorrentes. Esse exemplo, que testemunha uma defasagem entre as representações sociais e os dados físicos, mostra também que o risco é um fato manipulável, que revela, especialmente nesse caso, um sistema clientelista, fonte de vulnerabilidade econômica para o país. Uma análise fina dos espaços em risco permite ao autor, de um lado, mostrar os alvos relacionados à urbanização e, de outro, o jogo complexo do

* N.R.T.: Pelo texto, nota-se que as autoras entendem a geopolítica como a instrumentalização política do espaço geográfico. Os casos citados indicam que muitas vezes é possível utilizar-se de uma situação de risco com fins políticos.

poder central e da municipalidade, que utilizam o risco para situarem-se e definirem-se politicamente.

Os riscos podem servir como álibis para impor o poder desse ou daquele grupo de pressão.

A variedade dos atores

- Os políticos devem dispor, para poder decidir, de uma sólida argumentação a ser desenvolvida junto ao eleitorado, o qual deve ser convencido da utilidade dos regulamentos ou das escolhas de gestão. Eles têm a obrigação de conciliar a gestão do risco com sua vontade de permanecer no ramo. Sua relação com os eleitores sujeitos aos riscos é, portanto, fundamental, e sempre leva em conta o calendário eleitoral.
- Os cientistas e os técnicos são convocados para definir a álea e precisar as modalidades de dano.
- Os juristas participam da redação da legislação.
- Os administradores públicos dos governos central e local intervêm no estabelecimento e na regulamentação da aplicação das leis.
- Os planejadores devem precisar as consequências da organização do território em termos de risco e refletir sobre as possibilidades de integrar esses riscos às políticas de gestão da região afetada.
- As associações ou ONGs podem ter um peso variável, de acordo com o país.
- A população é mais ou menos bem informada e está mais ou menos mobilizada em torno da questão.

A frequência dos conflitos na questão do risco

Gerir os riscos equivale, em muitos casos, a administrar os conflitos e as posições antagônicas dos diferentes atores como testemunham os trabalhos de Siné (1998) sobre a extensão imaginada para o aeroporto de Roissy, na França. O autor destaca a existência de três posições em conflito:

- o segmento técnico, que define a viabilidade da extensão;
- o segmento político, que se apoia em uma lógica de dominação, em que os políticos impõem sua escolha em um contexto de divisão dos grupos de atores locais.
- a vertente pública, cuja lógica é a mobilização local; na maior parte dos casos, a oposição ao projeto, levada a cabo pelos eleitos locais e pelas associações.

Seria preciso, provavelmente, acrescentar o segmento socioeconômico, que também pode interessar aos eleitos locais, para os quais a extensão do aeroporto corresponde a uma oportunidade de desenvolver as comunidades vizinhas.

A informação e, ao menos para alguns projetos, o papel das mídias, parecem importantes para tornar a álea conhecida e definir os alvos e a aceitabilidade social.

Os atores do risco em regiões agrícolas. O exemplo da região de Caux

Para alguns administradores, gerir o risco pode parecer simples, trata-se de definir a álea responsável pelo perigo, depois aplicar um regulamento (urbanismo) integrando esse perigo. Ora, esse modelo mostra suas limitações, algumas das quais foram invocadas: a insuficiência dos conhecimentos sobre a álea, a recusa em considerá-la, os limites do zoneamento e das regulamentações. O risco obriga a "repensar as relações locais de solidariedade no território". Assim, os trabalhos conduzidos por Cartier (2002), sobre a região de Caux, na França, mostram, ao mesmo tempo, diversas percepções do risco pela população e um papel específico dos diferentes grupos de atores: as explorações agrícolas, as coletividades situadas a montante e a jusante das bacias hidrográficas, os que fazem uso do solo e das águas.

Na região de Caux, os eleitos das diferentes comunas localizadas na proximidade de bacias hidrográficas marcadas por uma forte álea de inundação gostariam de se entender para enfrentá-la, porém eles têm posições diferentes em função da situação da comuna que representam. As disparidades financeiras entre as municipalidades intervêm de igual modo. A vulnerabilidade varia em função da composição social da comuna, geralmente rural, periurbana ou urbana.

Nas comunas cujos conselhos municipais são ainda dominados pelos agricultores, medidas pragmáticas para controle da água são adotadas, pois os agricultores têm vivência do local e conhecimento das áleas.

Se a população "ruro-urbana" predomina, e o conselho municipal não conta com agricultores, o conflito entre os agricultores que vivem na comunidade (e que são considerados responsáveis pela situação de crise) e os outros habitantes é inevitável.

Quando um agricultor é o prefeito e dispõe de um conselho municipal essencialmente composto por uma população periurbana, a situação é mais consensual no interior de um grupo que é, entretanto, heterogêneo.

Enfim, se nos encontramos em uma cidade que funciona como centro regional, os problemas de gestão da água e dos riscos são desconhecidos pela população. O elo social exclui os agricultores. Quando uma mediação é necessária, ela não pode vir senão do exterior e a solução dos problemas é essencialmente pensada em termos de regulamentação. Tal constatação confirma o fato de que na França a população afetada pelos riscos espera tudo do Estado e abdica de sua gestão para confiá-la ao poder público.

É muito difícil chegar a uma gestão solidária em escala local. Tentativas foram, entretanto, realizadas nas bacias hidrográficas vinícolas da região de Beaujolais e de Champagne e em algumas bacias experimentais (de Laonnois, por exemplo). Essas regiões conseguiram implantar um mapa de gestão para controle da água e da erosão e do risco de inundação. Um minucioso trabalho de conscientização foi necessário, especialmente junto aos vinicultores e agricultores que possuem terras situadas acima da bacia e que nem sempre veem a necessidade de realizar certas obras destinadas a um melhor controle da água que corre abaixo. Esses exemplos de gestão solidária de um tipo novo são tão raros quanto interessantes. Eles testemunham novas solidariedades criadas mais pela necessidade que pela imposição vinda de cima. A população afetada pelas áleas se mobiliza, passa a ver o risco como seu e procura soluções cuja implantação ela acompanha com entusiasmo. Os problemas colocados pela utilização desses dispositivos são numerosos, especialmente quando se trata de gerir e financiar os trabalhos necessários na bacia para limitar a álea. Quem os financia? Os proprietários, os arrendatários ou os que sofrem os danos abaixo das bacias hidrográficas? É preciso efetuar trabalhos indispensáveis (pequenos diques, fossas, pequenas bacias) sobre um terreno privado ou sobre um terreno comprado pela comuna? Esses modelos de gestão originais, que não se apoiam em uma regulamentação, contribuem para a construção de novos elos de solidariedade e de responsabilidade. É aqui que se inicia uma cultura do risco particularmente interessante e inovadora, mas ainda limitada a pouquíssimos setores.

Riscos industriais: atores numerosos

São empresários, trabalhadores da indústria, funcionários da administração, políticos, população; cada grupo tendo sua própria percepção do risco. As indústrias, e mais especificamente as indústrias químicas, são diretamente afetadas pela gestão do risco, pois os regulamentos e as diretrizes europeias as obrigam a desenvolvê-la. Toda decisão ligada ao risco impõe aos empresários a escolha entre a performance econômica e a segurança máxima. Assim, a Elf-Atochen instalou ao sul de Lion um polo de excelência e pesquisa em prevenção de risco. O trabalho no interior da empresa é organizado de forma a garantir o máximo de segurança, e o pessoal é especialmente formado para isso. A segurança diz respeito não apenas aos próprios operários da fábrica, mas também aos moradores da vizinhança das instalações químicas, bem como ao meio ambiente, no sentido amplo (Blancher et al., 1996).

O significado do risco industrial não é idêntico para os diferentes trabalhadores do setor químico, para o vizinho da fábrica ou para o político local, cujas experiências vividas, a memória de uma história industrial e a relação contínua com o risco são específicas.

De maneira geral, na França, a população praticamente não se considera um agente eficaz da redução ou do controle do risco. Na gestão dos riscos industriais, a administração pode ir de encontro à vontade dos políticos locais. Desse modo, o perímetro de segurança traçado em Saint-Fons, ao sul de Lion, não é bem recebido pelos políticos, uma vez que ele engloba toda a comuna e faz com que ela receba uma etiqueta negativa, cuja consequência é o surgimento de riscos econômicos evidentes, que resultam na queda do preço da terra, no congelamento do desenvolvimento local, e mesmo na fuga de parte da população que se sente em perigo. A procura pela segurança gera de alguma maneira uma outra forma de insegurança.

Para alguns habitantes e para os políticos, as fábricas fazem parte da vida cotidiana, e as ameaças não são necessariamente vistas como tais. No total, a gestão do risco industrial não passa do resultado de uma confrontação entre diferentes agentes diante das representações do risco, às vezes, bastante contraditórias.

O lugar de cada ator, o papel dos seguros

Os objetivos de uma gestão aceitável e consensual dos riscos deveriam apoiar-se em três elementos:

- separação entre operadores técnicos (especialistas) e autoridades;
- separação entre a avaliação do risco e sua gestão;
- transparência da gestão e a participação efetiva do público.

Em muitos casos, a consecução desses três objetivos encontra-se ainda distante. O público é pouco ativo na gestão dos riscos e frequentemente não existe uma verdadeira continuação da política preconizada para sua redução, o que limita na mesma proporção sua eficácia.

Um outro ator ocupa uma posição cada vez mais destacada; trata-se do setor de seguros.

As empresas de seguros não são recentes. Na Idade Média já existiam as organizações solidárias, grupos de ajuda mútua que intervinham em caso de catástrofe, notadamente no quadro das corporações. A atividade dos seguros, que se expande a partir da Renascença, constitui uma resposta ao risco comercial em forte crescimento. O atual *status* das seguradoras varia muito conforme o país; em alguns, elas podem contribuir para melhorar o conhecimento do risco ao iniciar pesquisas. Nos Estados Unidos, as companhias de seguros estão associadas, ao mesmo tempo, aos estudos sobre a álea e a determinadas decisões relativas à gestão dos territórios que apresentam riscos. Companhias alemãs e inglesas, principalmente, já desenvolveram uma própria cartografia do risco. Seu objetivo é chegar a um zoneamento tarifário a ser oferecido aos clientes desejosos de fazer seguros contra inundações, por exemplo. Em certos países (especialmente na França), as seguradoras poderiam contribuir mais para a prevenção se aconselhassem os indivíduos e as coletividades, se participassem com financiamentos e contribuíssem para o acúmulo de experiência com a elaboração de uma cartografia do risco (Nussbaum, 2002).

Pode-se admitir que os grupos sociais sejam iguais diante dos riscos? Essa relação faz com seja traçada uma linha entre grupos sociais, entre as classes dirigentes que tomam as decisões — e que estariam, portanto, bem menos expostas — e as outras, dominadas e mais frágeis? Essa conclusão é partilhada por numerosos pesquisadores e a análise da situação de certos países, especialmente no sul, contribui largamente para reforçar esse ponto de vista. Beck (1986) nuança essa conclusão e observa que nenhum dos grupos sujeitos aos riscos é homogêneo; as decisões em matéria de gestão emanam de várias pessoas ou de vários grupos que sofrem, eles próprios, as consequências de decisões tomadas por outros. Essa análise parece evidente quando se trata de riscos globais (ambientais e econômicos, especialmente) ou de riscos nucleares, que podem afetar uma parte importante da população mundial.

Gestão do risco, *expertise* e princípio de precaução

Entre os atores, os especialistas ocupam um lugar particular. A *expertise* contribui para reduzir o risco? Ela deve trazer uma informação científica, técnica, capaz de subsidiar as decisões políticas sem, todavia, ocupar o lugar das próprias políticas. Como o princípio de precaução, doravante largamente utilizado, intervém na gestão dos riscos?

O lugar do especialista

Até uma época recente, na maior parte dos países, o especialista, frequentemente confundido com o cientista, era considerado aquele que detinha as respostas objetivas, incontestáveis, pois se impunham cientificamente. Seu saber, oriundo da ciência ou da técnica, não podia ser questionado. Até pouco tempo ninguém de fato apelava aos doutores para que dissessem "a verdade"; hoje, o progresso científico nem sempre consegue responder aos problemas ambientais e à existência de certos riscos que implicam grande número de parâmetros. Na verdade, os cientistas apresentam mais questões do que eles podem resolver, e a dúvida se tornou um dos grandes fundamentos da pesquisa praticada. Ora, o especialista tem necessidade de transmitir certezas ao político, que, em seguida, deverá transformá-las em decisões operacionais para a gestão. A incerteza científica e técnica permite a margem de negociações frequentemente imposta pela gestão do risco.

O especialista, que de alguma forma é auxiliar da decisão política, assume doravante uma dupla responsabilidade penal e civil.

Os modelos de expertise

Diversos "modelos" de *expertise* foram concebidos (colóquio de Arc-et-Senans, 1989):

- A expertise seria uma resposta fundada nas competências, voltada para questões apresentadas em um contexto decisório. Nessa ótica, o modelo "ideal" de expertise é coletivo e contraditório, as instâncias de decisão estão em posição de juiz, de árbitro, diante dos especialistas. Tal atitude deve conduzir a um "conhecimento racional do risco, tanto quanto possível fundado objetivamente".
- Uma outra posição, defendida por Callon e Rip (1992), baseia-se no aporte da "nova sociologia das ciências, que nega à argumentação científica qualquer especificidade", pois seu estatuto seria o mesmo dos argumentos econômicos, políticos etc. O papel do especialista consiste, então, em "firmar" compromissos os mais sólidos possíveis entre os polos de conhecimento científico, os interesses políticos, econômicos, sociais e as regulamentações. Finalmente, o processo de expertise desenvolve-se sob a forma de um debate e o papel do especialista encontra-se bastante ampliado. O resultado é construído pelo confronto de diferentes interesses, destacando-se que "é necessário aprendermos a nos servir da ignorância como já sabemos nos servir do conhecimento". Essa análise, refinada pelos trabalhos do CRIDE (Coletivo Riscos, Inovação, Decisão e Expertise, criado em 1996), insiste no caráter coletivo e contraditório da expertise e na necessidade de integrar os pontos de vista minoritários. Os procedimentos devem ser fundados na transparência. Esse modelo, dito "procedural", funda-se na colocação em evidência das incertezas e, segundo Joly (1998), restitui à decisão política todo seu papel. De fato, a expertise não se contenta em tornar precisos fatos "objetivos", ela dá sua contribuição apoiando-se em pressupostos e interesses múltiplos para formular problemas em uma lógica de ação.

As conferências de consenso

Em muitos países, dentre os quais a França, as decisões em matéria científica e tecnológica são essencialmente tomadas por uma elite política e técnica sem que o público seja consultado. Isso implica, é verdade, que a população esteja a par das escolhas técnicas e do que está em jogo nessas escolhas: a matéria, a complexidade e a incerteza são de regra. Com base no modelo dinamarquês, "conferências de consenso" foram instauradas e testadas em diversos países da Europa com o intuito de encorajar a participação pública na avaliação das escolhas. O princípio dessas conferências consiste em selecionar cerca de 15 pessoas consideradas representativas de um grupo mais vasto e, ao longo de um fim de semana, fornecer-lhes informações sobre um tema a ser discutido. Os cidadãos elaboram, então, uma série de questões e selecionam os especialistas que planejam encontrar. O debate realiza-se diante de um público convidado. Todavia, nessa abordagem inovadora e promissora, a questão que se coloca é a da escolha dos participantes e dos especialistas, assim como a responsabilidade de cada um na hora de uma intervenção maior do judiciário no tratamento pós-crise (Affeltranger, Meschinet de Richemond, 2003).

Doravante, o risco legal concerne diretamente aos especialistas e aos políticos. Ele se traduz em um exame prévio pelo código penal em caso de inobservância das regras fixadas pela lei. Assim, a acusação feita ao ex-governador da região de Vaucluse, na França, que trinta anos antes havia autorizado a construção de um loteamento no leito maior do rio Ouvèze, em Vaison-la-Roamine, onde ocorreu a dramática inundação de 1992, dá testemunho claro dessa evolução. Os prefeitos são diretamente implicados no âmbito de suas funções de polícia e de seu papel na expedição de autorizações para construir. O prefeito de Chamonix, que em julho de 2003 foi condenado à prisão, fornece um exemplo que fará jurisprudência.

Risco e princípio de precaução

Desde os anos de 1980, o princípio de precaução constitui uma resposta à incerteza e aos riscos. Inserido no direito, esse princípio aparece ao final dos anos 1980 no relatório Brundtland sobre desenvolvimento sustentável e no direito internacional por causa do efeito estufa e do buraco na camada de ozônio. Ele repercutiu na Conferência do Rio de Janeiro, de 1992. Trata-se de "se precaver contra as degradações do meio ambiente, sérias ou irreversíveis, mediante modificações na produção, venda ou utilização de produtos e serviços ou na execução de certos tipos de atividades, segundo uma abordagem científica e técnica". O princípio está inserido no direito da Comunidade Europeia; o tratado de Maastricht estipula no artigo 130 R que "a política da Comunidade Europeia no campo do meio ambiente está fundada no princípio de precaução...". No direito francês, está inserido na lei de 2 de fevereiro de 1995, relativa ao "reforço da proteção do meio ambiente". O princípio de precaução, que no início era estritamente associado às questões ambientais, estendeu seu campo de ação.

Esse princípio sempre diz respeito ao meio ambiente, mas envolve também a saúde, a segurança alimentar, a segurança do trabalho. Aplica-se, especialmente, ao que se pode denominar "riscos relatados", isto é, situações nas quais os danos eventuais serão observados apenas em longo prazo, depois de ocorrido o acidente ou de se ter utilizado esse ou aquele produto alimentar, químico ou farmacêutico. Ele se aplica a situações de dúvida, àquilo que os anglo-saxões definem como o *phanton-risk,* que recobre a incerteza mais que o risco tal como o temos definido. Ele concerne ao risco "residual", correspondente a acontecimentos cuja probabilidade de ocorrência não é nula, mas se manifesta de forma muito fraca para permitir uma avaliação suficiente. Afinal, o princípio de precaução aplica-se quando o conhecimento científico não permite eliminar a dúvida, a incerteza sobre as consequências de certas atividades, nem avaliar de maneira precisa os riscos incorridos no estado atual de nossos conhecimentos.

Ainda, o princípio faz com que se admita que a incerteza científica não suprime a responsabilidade dos agentes públicos, mesmo que as consequências de suas decisões somente apareçam muito tempo depois do término de seus mandatos. A incerteza obriga ao dever de precaução, como testemunharam, ao longo dos anos 1990, os relatórios que tratam dos transgênicos, do sangue contaminado, da doença de Creustfeld-Jacob, do aquecimento global... Ewald (1992, 1993) lembra que esse princípio implica a antecipação, a consideração de simples hipóteses, na verdade, de suspeitas. Com razão, ele se interroga sobre os limites a serem fixados. Esse princípio não pode fazer com que se levem a sério hipóteses disparatadas, insuficientemente testadas? Não se corre o risco de multiplicar os bloqueios ao desenvolvimento? Tanto é verdade que quanto mais precoce é a aplicação do princípio para aumentar a seguridade, menos ela pode ser fundada sobre saberes científicos válidos.

Uma controvérsia tem por objeto o estatuto preciso desse princípio, sua abrangência jurídica e política. Godard (1997) confere-lhe uma abordagem política baseada no debate público, enquanto outros autores atribuem-lhe uma dimensão mais claramente jurídica.

Os economistas acrescentam à reflexão sobre a precaução a questão da irreversibilidade. Se descobrirmos *a posteriori* que os efeitos das emissões de produtos poluentes são inaceitáveis, as gerações futuras terão que investir para tratar os espaços poluídos. Se não existir tecnologia para fazê-lo, fala-se, em economia, de irreversibilidade. Ao contrário, se limitarmos hoje os dejetos poluentes e no futuro descobriremos que tais materiais não são tóxicos ou o são em uma pequena escala, então teremos gerido mal os recursos disponíveis. Qual das duas atitudes deve, então, prevalecer? O efeito de irreversibilidade vem reforçar o princípio de precaução, que determina que não se utiliza a incerteza científica como desculpa para uma diminuição da prevenção em função do desconhecimento do perigo.

A expressão espacial do risco: cartografia e zoneamento

Os riscos naturais e ambientais, os riscos tecnológicos, os ligados à saúde, se exprimem espacialmente por meio de zoneamentos cuja importância não precisa mais ser destacada. Assinalar o risco em um mapa equivale a "afirmar o risco" no espaço em questão. O zoneamento e a cartografia que o acompanham constituem a base de uma política de prevenção.

A cartografia permite, ao mesmo tempo, a objetivação do risco e sua designação como problema público. Ela pode ser definida como ferramenta de comunicação e ajudar em uma mobilização social; para isso é preciso que seja adaptada ao público em questão, que sua visibilidade seja apropriada para fornecer-lhe as marcas espaciais indispensáveis.

O zoneamento define os espaços em que há risco elevado, em que a ocupação deve ser regulamentada (às vezes, proibida), e outros em que o risco é menor ou mesmo está ausente. Ao apresentar o zoneamento, o mapa confere ao risco um caráter "objetivo".

Entretanto, o zoneamento é frequentemente objeto de numerosas controvérsias ou oposições. Estas se referem à confiabilidade dos dados científicos que justificam o recorte espacial. Os atores locais que recusam o zoneamento apoiam-se em análises contraditórias que acabam por contestar os especialistas que criaram a cartografia, por discutir os limites fixados para delimitar as zonas de risco. A produção de um mapa aceito por todos pode levar, assim, muitos anos.

O zoneamento gera às vezes efeitos perversos na medida em que contribui para a criação de novos riscos, especialmente econômicos, os quais são consequência da desvalorização dos terrenos implicados, do freio imposto ao desenvolvimento da comuna e do prejuízo à imagem da cidade ou do bairro.

Quando o risco e sua cartografia são aceitos pela população, a ocorrência de um fato prejudicial em uma zona mapeada como segura gera incompreensão por parte da população afetada. Por que, interrogam-se o público e as mídias, a avalanche de Montroc, em 19 de dezembro de 1999, que soterrou 19 chalés perto de Chamonix, sobreveio em uma zona não marcada? Os discursos mostram que a população da região recebeu esse acontecimento como uma ruptura do "contrato", expresso pela cartografia, entre a natureza e a sociedade, o lugar seguro e o perigoso, objetivamente desenhados em um mapa. Essa ruptura é considerada inadmissível, pois o mapa contribuiu para construir uma imagem de segurança que não se questiona e que passa por uma verdade.

Esse estatuto, frequentemente atribuído ao mapa pelo público, de uma construção humana percebida como "objetiva", segura, é também o que lhe é conferido pelos serviços técnicos que estabelecem o nível de risco. Ora, essa resposta técnica não é suficiente. A apreensão mais precisa do risco demanda a mobilização consensual e coordenada de atores diversos, em número muito maior de participantes do que aconteceria se fossem envolvidos apenas os técnicos: a participação de políticos, membros da sociedade civil, empresas de seguros, mídias.

Referências bibliográficas

Affeltranger B., Meschinet de Richemond N. (2003). « Gestion de l'alerte et de l'information lors des crues : conditions et limites d'une démarche participative locale. L'exemple des Deux-Sèvres ». *Flux, Cahiers scientifiques internationaux, réseaux et territoires*, n° 51 : Réseau, Risques et crises, p. 16-27.

Beck U. (1986). *La société du risque, sur la voie de la modernité*. Paris. Aubier.

Blancher P., Paquiet P., Zampa C. (1996). *Industrie chimique et territoire. Contraintes et opportunités du développement*, *in* Donze J., « Risques industriels et urbains », *RGL*, vol. 1.

Callon M., Rip A., (1992). « Humains, non humains : morale d'une coexistence ». *La terre outragée*, Paris, Autrement, série « Science de la société ».

Cartier S. (2002). « Ruissellement érosif : prévention des risques ou conflits ? ». *Nature, sciences, sociétés*, vol 10, n° 3.

Colloque d'Arc sur Senans (1989). « Les experts sont formels : controverses scientifiques et décisions politiques dans le domaine de l'environnement », *Germes* (publication 1991).

De Vanssay B. (1997). *La prévention des risques naturels, rapport d'évaluation*, Paris, La Documentation française.

Duclos D. (1987). « La construction sociale du risque : le cas des ouvriers de la chimie face aux dangers industriels ». *Revue française de sociologie*, tome XXVIII, n° 1.

Ewald F. (1992). « Autour de la précaution ». *Risques*, n°11.

Ewald F. (1993). « Philosophie de la précaution ». *L'année sociologique*, vol., 46, n°2.

Godard O.(dir) (1997). *Le principe de précaution dans la conduite des affaires humaines*. Éd. de la MSH/Éd. de l'INRA.

Joly P.-B. (1999). « Besoin d'expertise et quête d'une légitimité nouvelle : quelles procédures pour réguler l'expertise scientifique ? ». *Revue française des affaires sociales*, n° 1.

Lagadec P. (2000). *Ruptures créatrices*, Paris. Éditions d'organisation.

Nussbaum R. (2002). Communication, *in* Actes du colloque « Risques naturels et aménagement en Europe », Paris, Arche de la Défense.

Ravetz J. (1992). « Connaissance utile, ignorance utile ? ». *La terre outragée*, Paris, Autrement, série « Science de la société ».

Siné A. (1998). *Le travail de gouvernabilité, la gestion des conflits autour des grands projets*, mémoire de DEA, ENS.

Zonabend F. (1989). *La presqu'île du nucléaire*, Paris, Odile Jacob.

OS TIPOS DE RISCO

Existem inúmeros riscos. No entanto, nem todos serão abordados nesta obra. A geografia se interessa pelos riscos cuja percepção e gestão são acompanhadas de uma dimensão espacial. Abordagens variadas podem conduzir a diferentes tipologias. Enfocaremos inicialmente os riscos em função dos processos, dos tipos de perigos que podem permitir sua apreensão pela população e pelos atores. Assim, uma das categorias mais frequentemente evocadas concerne aos riscos naturais, eles próprios classificados no grupo dos riscos ambientais. As políticas econômicas podem gerar riscos econômicos e financeiros. As decisões políticas estão na origem dos riscos geopolíticos, os quais se exprimem em escalas muito variadas. As migrações, o crescimento urbano, fazem nascer riscos sociais: insegurança, violência urbana. Tal tipologia é necessariamente muito esquemática. Os diferentes fatores de risco evocados interagem uns com os outros, de modo que alguns riscos pertencem simultaneamente a diversas categorias.

Os riscos ambientais

Resultam da associação entre os riscos naturais e os riscos decorrentes de processos naturais agravados pela atividade humana e pela ocupação do território.

Os riscos naturais

Designamos riscos naturais aqueles que são pressentidos, percebidos e suportados por um grupo social ou um indivíduo sujeito à ação possível de um processo físico, de uma álea.

A ambiguidade da denominação "risco natural"

O próprio termo "risco natural" tem sido discutido ou questionado. Essa formulação pode parecer ambígua, uma vez que o risco é necessariamente construído pela sociedade. Ao utilizar o termo "natural", enfatiza-se o processo ("deslizamento, reologia, química dos gases"), que está na origem da "construção do risco" por um grupo social. Esse termo é tão largamente utilizado pelos atores, ministérios, coletividades territoriais, que somos levados a conservá-lo a fim de não complicar inutilmente uma terminologia frequentemente ainda mal fixada. Poderíamos, da mesma maneira, discutir a denominação "risco social ou societal", que pode parecer redundante uma vez que o risco é sempre social quaisquer que sejam sua origens.

A álea pode ser de origem litosférica: terremotos, desmoronamento de solo e erupções vulcânicas. Pode ser hidroclimática e resultado da ação dos ciclones, das tempestades, de chuvas fortes, de grandes nevascas, de chuvas de granizo ou da seca. As fortes chuvas ou o derretimento da neve são às vezes responsáveis por inundações. As avalanches são frequentes nas montanhas.

Os riscos ligados a essas áleas têm causas físicas que escapam largamente à intervenção humana. A única maneira de levá-los em conta, no que concerne à detecção dos ciclones, das fortes chuvas, de tempestades, depende da previsão efetuada pela meteorologia mundial ou nacional. A instalação de equipamentos nos vulcões, iniciada em 1841 com a criação do Observatório do Vesúvio, permite o acompanhamento de sua dinâmica interna, fato que leva a uma previsão eficaz.

A álea de inundação no mundo

As inundações representam as áleas mais largamente presentes no planeta, elas afetam numerosas populações repartidas em todos os continentes. É preciso distinguir cheia de inundação. A cheia é definida pela alta das águas, que podem permanecer no leito menor do curso de água. A partir do momento que este não é mais capaz de conter o escoamento, a água transborda e se espalha pelo leito maior, provocando uma inundação. Pode haver, portanto, uma cheia sem inundação.

As inundações afetam os rios muito grandes como o Yang-Tsé-Kiang, Huang He (China), Ganges (Índia), Brahmaputra (Bangladesh), Mississipi (Estados Unidos), Lena, Ienissei (Rússia), e os cursos de água de menor tamanho (o Somme, na França, ou pequenos cursos de água mediterrâneos, o Vidourle, em Gard, França, por exemplo).

As consequências para os bens e os indivíduos são consideráveis tanto em termos de vastos territórios quanto no plano local.

As inundações são de vários tipos e seu impacto sobre o meio e sobre as populações é variável. Algumas são recorrentes, como as cheias do Nilo antes da construção da Barragem de Assuã, e se produzem com bastante regularidade em função da intervenção de fenômenos climáticos bem conhecidos como a monção, o El Niño, o efeito dos ciclones.

Outras se manifestam em estações mais chuvosas, mas de maneira não tão regular quanto as precedentes; é o caso dos rios europeus, Sena, Oder, Danúbio. No Sena, as inundações ocorrem mais na estação fria, período em que séries de perturbações se sucedem e ocasionam chuvas significativas. No espaço mediterrâneo, muitos aguaceiros podem sobrevir, sobretudo nas meias estações, mas de maneira mais pontual e irregular. As inundações se distinguem por uma desigual velocidade na subida das águas: elas correspondem tanto a cheias lentas (de vários dias a vários meses) quanto a cheias rápidas (de algumas horas).

Em muitos casos, as cheias e as inundações são resultado de vários fenômenos físicos que se juntam, como nas cheias de 2000 no rio Limpopo, em Moçambique, que resultaram, ao mesmo tempo, de precipitações excepcionalmente abundantes e da passagem muito próxima de dois ciclones.

Algumas catástrofes ligadas às inundações:

– China (agosto de 1998): 3.656 mortos;
– Índia (agosto de 1998): 1.811 mortos;
– Venezuela (dezembro de 1999): 30.800 mortos.

Áleas sísmicas e vulcânicas

Algumas áleas escapam ainda a uma previsão precisa; é o caso dos terremotos. Sabe-se, entretanto, quais falhas ou quais conjuntos de falhas afetadas por fortes tensões são capazes de movimentos, mas ignora-se o momento preciso no qual o movimento se produzirá. Os terremotos submarinos podem acarretar

* N.T.: Trata-se de vagas oceânicas isoladas e muito altas que têm origem em movimentos tectônicos e não na dinâmica atmosférica.

a formação de grandes ondas, *raz-de-marée*,* tsunamis que varrem os litorais e dificilmente são previsíveis. Para algumas áleas, é a prevenção espacial que se mostra mais problemática (os tornados, a trajetória dos ciclones); para outras, é a previsão temporal.

Essas áleas não estão distribuídas de forma aleatória pelo planeta; elas correspondem a lógicas geológicas, tectônicas e climáticas. Áleas sísmicas e vulcânicas são numerosas ao longo do pacífico, nos pontos de contato entre placas tectônicas; os terremotos são frequentes no mediterrâneo e afetam Marrocos, Portugal, Grécia, Argélia, Turquia e, mais além, se manifestam no Irã, na Índia e até na China. Se excetuarmos a Califórnia, o Alasca, a Europa meridional e o Japão, as áreas que sofrem terremotos e vulcanismos correspondem a vários países em desenvolvimento, em que a superveniência desses processos tem seus efeitos multiplicados pela fragilidade da infraestrutura e por uma política preventiva frequentemente insuficiente. Numerosas cidades estão sujeitas a riscos de origem litosférica: Lima, São Francisco, Los Angeles, Cidade do México, Tóquio e muitas outras; Argel e Istambul, na bacia mediterrânea, são exemplos.

Os demoronamentos de solo às vezes ligados a terremotos ou a episódios vulcânicos (desmoronamento, deslizamentos, *lahars**) são numerosos nas encostas dos maciços montanhosos, mas afetam também alguns litorais e as vertentes íngremes nas áreas montanhosas (deslizamento na *cuesta* da Île-de-France, sobre as vertentes das colinas do velho embasamento africano ou brasileiro).

Áleas climáticas

Os ciclones incluem-se no primeiro time das áleas climáticas que afetam as fachadas oceânicas situadas a leste dos continentes nas latitudes tropicais (Flórida, Antilhas, Bangladesh, Japão, China, sudeste das Filipinas...). A violência dos ventos e as fortes precipitações que os caracterizam podem provocar vítimas e prejuízos. Eles são também muito perigosos para a população quando se manifestam nas áreas litorâneas muito baixas. Ao provocar uma elevação da maré acima da cota, que pode atingir vários metros em razão das baixíssimas pressões atmosféricas em seu interior, os ciclones acarretam uma penetração do mar muito adentro da terra e aumentam proporcionalmente o efeito das inundações que, na maior parte dos

* N.T.: Deslizamento de terra e lama contendo material piroclástico e fragmentos de rochas. É decorrente de erupção vulcânica ou, eventualmente, desencadeado pelo derretimento da capa de gelo e neve em torno da cratera, provocado pelo aquecimento da chaminé vulcânica.

casos, são também geradas pelas chuvas ciclônicas diluvianas.

As secas recorrentes atingem particularmente as margens semiáridas dos desertos, notadamente o Sahel.

As tempestades, frequentes no litoral europeu, as fortes nevascas que podem sobrevir na América do Norte e bloquear as atividades em Montreal, Nova York, Chicago; os episódios de canícula que se produzem também em áreas temperadas. As avalanches que sobrevém na maior parte das montanhas a partir do momento em que as nevascas permitem o estabelecimento de um manto nevado suficientemente espesso. A probabilidade de ocorrência do fenômeno aumenta muito em função da densidade humana e especialmente dos esquiadores, que frequentemente desencadeiam a ruptura do manto.

As temporalidades em climatologia, tempos longos e tempos curtos

Jean-Pierre Vigneau (2002) distingue:

– Séries de ambiências atmosféricas cotidianas, ligadas às irrupções marítimas, a uma tormenta, à constituição do vento... Os "pontos fortes" (tempestades devastadoras, fortes aguaceiros, secas prolongadas), origens de crises ou de catástrofes, participam tanto do desenrolar entrecortado, descontínuo, do processo atmosférico, quanto de seu desenrolar "normal" que explica as médias climáticas.

– As variações do clima podem aparecer na sucessão das estações que faz, por exemplo, com que se sucedam estados secos, outros frescos, outros quentes.

– Em uma outra escala, que não a do tempo instantâneo ou das estações, a pulsação (que tem uma duração de um a vários decênios) traduz-se por médias pluviométricas desiguais e médias térmicas ora ampliadas, ora reduzidas. Enquanto a duração da oscilação pode ser estimada desde alguns séculos até um milênio (a pequena idade glacial, por exemplo), a da flutuação dura algumas dezenas ou centenas de milhares de anos (sucessão de glaciações e de episódios quentes no quaternário). A mutação joga com milhões de anos.

Os riscos naturais agravados ou provocados pelas atividades humanas

Outros riscos podem resultar de áleas cujo impacto é aumentado pelas atividades humanas e pela ocupação do território. É o caso da erosão acelerada dos solos, bem descrita especialmente na África (Roose, 1977 e os trabalhos de rede de erosão do IRD – Institut de Recherche pour le Développement), na América do Sul (De Noni et al., 2001) ou na Europa. É também o caso, complexo, da desertificação.

A desertificação

A desertificação "origina-se nos mecanismos naturais exacerbados ou induzidos pelo homem; ela se manifesta por uma deterioração da vegetação e dos solos e provoca, na escala do tempo humano, uma diminuição ou destruição irreversível do potencial biológico" (Mainguet, 1990). A noção de irreversibilidade (na escala de algumas gerações ao menos) é fundamental, uma vez que ela impede que sejam classificados como espaços desertificados ou em processo de desertificação todos os que, no planeta, registram uma aceleração da erosão dos solos. A desertificação sanciona a ruptura entre os recursos do meio e a demanda das sociedades. Essas rupturas se produzem notadamente nas margens semiáridas, normalmente caracterizadas por uma biomassa relativamente limitada. O uso excessivo de pastagens, a intensa demanda por madeira, uma má gestão dos recursos acarretam a formação de aréolas de degradação cada vez maiores em torno das cidades e das vilas, permitindo ao vento mobilizar os elementos finos do solo para edificar as dunas.

A propósito do Sahel, Le Houérou (1993) destaca que, enquanto as ações antrópicas mantiveram uma pequena amplitude, o impacto das secas, apesar de recorrentes, foi reduzido ou mesmo negligenciado. Ele lembra que "as fazendas de gado estatais encontradas na maior parte dos países sahelianos e que são submetidas a cargas moderadas, suportaram sem maiores prejuízos os cerca de vinte anos de seca quase contínua desde 1969". As secas não podem ser os únicos fatores exclusivos de desertificação; o clima desempenha um papel revelador do desequilíbrio entre a população em grande crescimento e as fontes disponíveis.

A seca

Em meteorologia, a seca caracteriza-se por um déficit de precipitações. Um mês meteorologicamente seco é um mês durante o qual nenhuma chuva mensurável foi registrada. Em hidrologia, ela se traduz por um nível de aprovisionamento excepcionalmente baixo dos cursos de água e dos reservatórios de superfície ou subterrâneos. Fala-se de seca ecológica quando os aportes de água utilizáveis pela vegetação são inferiores às perdas naturais (evaporação, evapotranspiração, consumo biológico, infiltração em profundidade).

No Sahel, até os anos de 1940, a variabilidade interanual das chuvas foi grande, mas os períodos sucessivos de secas (1911-1914, depois 1941-1942 e 1947-1949) não ultrapassaram dois ou três anos consecutivos (*Revue de géographie de Lyon*, 1995, vol. 70, n. 3-4).

De 1940 a 1968, o Sahel conheceu um período de excedentes pluviométricos; depois, a partir dessa data, as chuvas foram inferiores às médias estabelecidas a partir do início dos levantamentos. Dois períodos de secas severas foram registrados: 1972-1974 e 1983-1985. A isoieta 100 mm de chuva por ano deslocou-se 500 km em direção ao sul.

A degradação da cobertura vegetal, às vezes indicadora da desertificação para o Sahel, contribui para fazer aumentar a seca acelerando a dessecação e a desestruturação dos solos (Rognon, 1993).

Os incêndios

Entre os riscos agravados ou provocados pela atividade humana estão os incêndios urbanos e os incêndios das florestas nos espaços mediterrâneos, os quais constituem ameaças para o meio ambiente e para as populações. O crescimento do número de incêndios em torno do mediterrâneo resulta, desde os anos de 1980, do aumento da frequência e das atividades nas florestas ou em seu entorno. A multiplicação de residências secundárias e de *campings* constituem os fatores principais de risco que a seca estival não faz senão agravar, como mostrou o verão de 2003. A estrutura dos povoamentos florestais (idade, natureza, tipos de propriedade) e sua manutenção também têm sua participação.

As poluições

A poluição do ar, da água, dos solos também pode ser fonte de riscos. Os fatores nocivos resultam, no caso das atividades agrícolas (poluição das águas, dos solos...), da instalação de indústrias, dos transportes. A poluição das águas foi denunciada na França há muito tempo: em 1960, somente 12% da população francesa estava completamente ligada à rede de esgoto. No fim do século XX, 90% das comunas com mais de dez mil habitantes dispunham de estações de tratamento. Entretanto, nem sempre as estações estão bem adaptadas às necessidades (notadamente em função das fortes variações do contingente populacional no litoral durante o verão), e a taxa de tratamento das águas usadas ainda permanece insuficiente, tanto que surge o problema das redes únicas pelas quais passam tanto as águas usadas nos domicílios quanto as águas pluviais. Muitas estações de tratamento têm uma capacidade que não as permite tratar esse fluxo, que periodicamente se torna muito abundante. Com isso, na ocorrência de chuvas fortes, parte excedente das águas poluídas é lançada nos cursos de água.

O barulho e os dejetos também constituem fontes potenciais de riscos e por isso os dejetos especiais, ditos de classe I, devem ser confinados de maneira estrita em razão dos perigos que representam para a população e para o meio ambiente.

Os riscos industriais e tecnológicos, os riscos industriais maiores

Distinguem-se frequentemente a poluição crônica e a poluição acidental. No primeiro caso, o fenômeno perigoso age de maneira recorrente, às vezes lenta e difusa – o risco relaciona-se aos efeitos induzidos e suportados pelos elementos expostos (degradação do meio, morbidade e mortalidade). No segundo, o processo acidental está na origem do que se denominam riscos tecnológicos maiores.

As "áleas" fontes de riscos industriais maiores

Elas se decompõem em três tipos:

- explosão: a onda de choque provoca uma onda de supressão cujos efeitos podem afetar as pessoas, as formações vegetais, a área construída;
- vazamento de um produto tóxico que provoca diversas formas de poluição;
- incêndio, origem de queimaduras e prejuízos consideráveis.

Esses riscos industriais estão associados às atividades de armazenagem de produtos tóxicos, à produção e ao transporte de materiais perigosos. Em muitos casos, essas atividades estão inseridas no tecido urbano, o que causa apreensão em virtude dos efeitos em cadeia, uma série de acontecimentos dificilmente previsíveis e domináveis. A evolução das técnicas, a aceleração e a densificação das trocas de matéria e energia, a interdependência e a interconexão dos sistemas, explicam a variedade de riscos.

Complexidade dos riscos tecnológicos maiores

Para definir o que geralmente denominamos risco tecnológico maior é preciso integrar os aspectos técnicos, espaciais, temporais, sociais e políticos. Esse risco corresponde à probabilidade de ocorrer um acontecimento fora do comum, temporalmente inesperado, ligado às disfuncionalidades de um sistema técnico complexo e cujas consequências, de amplitude considerável, frequentemente permanecem difíceis de serem delimitadas de forma precisa no espaço e no tempo. Tal acontecimento pode afetar a coletividade e contribuir para desestabilizar os poderes constituídos. A probabilidade de ocorrência desse risco é geralmente muito pequena, ao menos quando as fábricas são supervisionadas e gerenciadas de maneira a privilegiar a segurança. Entretanto, os efeitos de tal acidente, caso ele venha a ocorrer, são geralmente catastróficos. Essa probabilidade se revela muito difícil de ser estabelecida tendo em conta o pequeno recuo histórico de que se dispõe desde o desenvolvimento maciço dos equipamentos industriais e em razão das transformações técnicas e tecnológicas permanentes.

Esses processos são ainda mais perigosos se for considerado que as fábricas, inicialmente instaladas nas periferias das cidades, foram pouco a pouco integradas ao tecido urbano à medida que as aglomerações cresciam. É o caso da fábrica da AZF em Toulouse e do polo químico na região de Lyon.

A determinação do risco nuclear depende de uma análise bastante semelhante à dos riscos industriais, mas, ao menos na França, ele é objeto de um tratamento específico por parte da Diretoria de Segurança e das instalações nucleares. O risco nuclear é triplo, ligado à gestão das centrais, à dos dejetos e à das armas nucleares.

Os riscos econômicos, geopolíticos e sociais

A partilha e o acesso a certos recursos, renováveis ou não, geram riscos que podem se traduzir em conflitos latentes ou abertos, é o caso das reservas de petróleo e de água.

Risco e gestão de reservas

A representação e a percepção que as populações têm das consequências eventuais do aumento das necessidades de recursos, renováveis ou não, são variadas e as disputas por sua partilha e pelo acesso àqueles considerados indispensáveis são numerosas. Nesse momento, existem inúmeros conflitos em torno de reservas renováveis, quer se trate da exploração da madeira no sudeste asiático ou de conflitos pela pesca entre países vizinhos do Mar da China ou entre as marinhas britânicas e islandesas (1975).

Boutros Boutros Ghali, então secretário geral da ONU, observava em 1995 que "as guerras do próximo século terão a água por objeto". Se essa análise é recusada por muitos especialistas, não é menos verdade que a relação entre a água e a estabilidade política de certos países permanece forte. Um país ou uma região marcados por uma escassez crescente de água podem ver suas condições sanitárias deteriorarem-se, a produção alimentar estagnar ou decrescer e a população empobrecer. Migrações para a cidade podem então se produzir, o que contribui, em muitos casos, para reforçar o círculo vicioso de pobreza. A diminuição de certas reservas e seus efeitos induzidos podem, portanto, levar a uma degradação do tecido social, ao aumento da insegurança, como destaca Kaplan (2000).

Risco e agricultura

Em termos econômicos, os riscos são assumidos em vários momentos. Eles dependem, entre outros fatores, da escolha efetuada pelo agricultor ao cultivar essa ou aquela cultura, ao adotar tal cadeia produtiva ou ao se engajar em um processo de transformação técnica. O resultado pode ser um ganho ou uma perda. Os fatores que irão determiná-lo dependem das redes de distribuição, dos mercados, dos sistemas de troca locais ou mais vastos, do peso das subvenções que determinam o preço dos produtos agrícolas, do papel das bolsas (Chicago...) que fixam o preço de certos produtos (cereais...). Evidentemente, é fundamental que as consequências sociais e espaciais sejam consideradas. Assim, a cultura do milho transgênico na Argentina resulta de uma escolha fundada na venda potencial dessa produção. Ora, certos mercados, especialmente os europeus, não estão abertos a esse tipo de produto.

Raison (1991) observa, a propósito da África subsaariana, a importância crescente das relações entre o risco econômico, a instabilidade, a fugacidade, a incerteza do dia seguinte, a impossibilidade de implantar projetos de longo prazo. Os estados, assim como os indivíduos, estão condenados a viver de expedientes do dia a dia. O desenvolvimento do setor informal é uma das reações das populações diante das dificuldades. As consequências espaciais de tais situações podem ir até ao deslocamento das populações e à imigração definitiva.

Os riscos relativos à agricultura, que caracterizam certos países em desenvolvimento, estão estritamente associados à insegurança alimentar, frequentemente tratada de maneira pouco satisfatória pelo tom ostentatório oficial que emana dos grandes organismos internacionais, mais voltados para a ajuda de urgência.

Os riscos assumidos pelas empresas, o efeito da globalização

A aceitação de riscos diz respeito também às empresas em função da concorrência, das escolhas nacionais ou mundiais, as quais também dependem das redes de venda e de produção. As consequências podem ser a implantação ou, ao contrário, o fechamento de novas fábricas, com efeitos sobre o emprego e a economia local.

A abertura das economias à globalização, a desregulamentação da vida econômica, que se afirmou a partir do começo dos anos 1980, a emergência de redes como a internet, se sobrepõem nessa evolução e se traduzem no desenvolvimento do mercado virtual. Tanto o espaço quanto o tempo são de alguma forma abolidos; a esfera financeira está unificada pela língua (inglesa), pela moeda (o dólar), pelo método (a maximização dos lucros no curto prazo) e pela cultura de Wall Street ou de Chicago (Peorret, 1996). Isso justifica a possibilidade de grandes ganhos, mas também de perdas enormes. Situamo-nos, assim, no que se pode nomear um risco sistêmico, em um contexto de complexidades e fragilidades extremas; uma simples disfuncionalidade técnica pode ter consequências financeiras enormes. O sistema financeiro pode, então, ser comparado a uma espécie de castelo de cartas, que poderia desmoronar pouco a pouco após um simples boato.

A economia, largamente dependente da "potência do imediato", é também a do especulador.

Os riscos econômicos se analisam igualmente em termos sociais geradores de crises; estes acarretam o desemprego, a insegurança os distúrbios.

O risco social e a insegurança

O risco social ou societal remete geralmente à segregação e à fragmentação urbana e está relacionado à insegurança. A taxa de criminalidade, que constitui um indicador da violência urbana, está em alta em quase todos os países. Em vários Estados do ocidente, o tema da falta de segurança tornou-se um desafio político maior. A dimensão mais visível da insegurança está ligada aos riscos de agressões e de incivilidades frequentemente associadas, na mente do público, aos jovens, e especialmente aos jovens oriundos da imigração.

A insegurança resulta de um sentimento de desigualdade ligado à ruptura dos elos sociais que por muito tempo foram estabelecidos mediante ajudas específicas ligadas às políticas locais. Ela também está associada a situações econômicas precárias, ao desemprego e, a esse título, fornece um exemplo de impacto de risco econômico.

Esse risco atribui à droga uma posição considerável na explicação da situação constatada. É implantada uma abordagem gerencial dos riscos fundada na vigilância, no controle dos grupos e dos locais a ela relacionados e, além disso, na punição dos delitos.

Essas práticas concernem ao "bairro" que representa um espaço local quase padronizado, definido por sua taxa de desemprego e de criminalidade.

Riscos e saúde

A maior parte dos riscos evocados é percebida como tendo efeitos negativos sobre o indivíduo ou sobre o grupo social. Esses efeitos se traduzem seja na perda de bens, seja na morte, seja na doença. Assim, as relações entre risco e saúde devem constituir uma reflexão central que é também o resultado das análises anteriormente evocadas.

Saúde e riscos de poluição

No passado, as poluições de naturezas variadas foram fonte de doenças. A baixa qualidade das águas acarretava epidemias de disenteria e de "febres palustres"; outras doenças eram difundidas por intermédio de ratos, eles próprios associados a uma gestão deficiente dos dejetos. A poluição pelo enxofre ligada ao uso do carvão no aquecimento urbano esteve na origem de doenças graves e de uma forte mortalidade; os episódios do *fog* ou do *smog** ficaram célebres em Londres por seus efeitos mortais até meados do século XX. A colocação em evidência das relações que existem entre a qualidade do meio ambiente, especialmente a qualidade das águas, e as epidemias ocorreu tardiamente; foi preciso esperar pelo desenvolvimento dos movimentos higienistas do século XIX. A grande epidemia de cólera que afetou a região do Ruhr em 1910 permitiu estabelecer as consequências do lançamento das águas urbanas não tratadas nos cursos de água de pequeno débito e ocasionou a constituição do sindicato de saneamento dos rios dessa região.

Em muitos casos ainda, nas cidades dos países em desenvolvimento, a expansão urbana não controlada, a gestão deficiente das águas usadas e das águas pluviais são fatores de risco. Brazzavile, capital da República do Congo, fornece inúmeros exemplos.

Nos países ricos, a poluição crônica do ar causada pela circulação de automóveis coloca a questão da organização urbana de amanhã, da circulação no centro da cidade e dos movimentos pendulares cidade–campo. Muitas metrópoles europeias, como Atenas, Milão ou Paris, já limitam a velocidade ou a circulação dos automóveis em caso de pico da poluição por ozônio.

A Organização Mundial da Saúde (OMS) associa qualidade do meio ambiente e saúde, ainda que a quantificação de elos entre esta e o meio ambiente físico, biológico e social seja difícil de ser efetuada. Às vezes é delicado distinguir fatores endógenos e exógenos das doenças e definir a parte exata que cabe ao meio. Fixar normas de qualidade do meio ambiente para reduzir o risco ou suprimi-lo implica o estabelecimento de indicadores. Para fazê-lo, tratando-se da poluição atmosférica, é necessário modelizar as relações dose–efeito, os indicadores prévios de efeitos e os efeitos crônicos.

* N.T.: Do inglês *smoke* (fumaça) e *fog* (nevoeiro). Mistura de nevoeiro e fumaça constituída por diversos poluentes e que se forma sobre as grandes zonas industriais sob condições de estabilidade atmosférica (ausência de ventos).

Saúde e riscos alimentares

– A qualidade dos produtos consumidos

Os riscos alimentares estão relacionados às substâncias adicionadas aos alimentos, aos resíduos de pesticidas e adubos que podem afetar o conjunto de uma cadeia alimentar. Esses riscos remetem à noção de exposição dos consumidores que, muito frequentemente, é mal conhecida. A exposição é cumulativa, mas deve também ter em conta a variabilidade da composição dos alimentos: o teor de metais pesados de acordo com os locais de pesca, por exemplo. Essa variabilidade pode ir de um a vinte ou trinta. Intervém também a variação no consumo de cada alimento. É preciso, portanto, considerar os regimes alimentares globais, as correlações entre consumo, pois existem tipos de regimes alimentares e certa variabilidade no tempo.

É necessário fixar as doses diárias toleráveis, os limites toxicológicos. O caso da dioxina mostra a dificuldade para estabelecer esses limites: há cinco ou seis anos, admitia-se como dose diária dez picogramas por quilo de peso corporal; a nova norma fixada pela OMS é de um a quatro picogramas e caminha-se para um limite de um a dois picogramas.

A variabilidade individual constitui um problema delicado e mostra que os limites dificilmente são aplicáveis a todos (Volatier, 2003).

– A insuficiência alimentar

O risco sanitário está também ligado à insuficiência alimentar, a qual, às vezes, está associada aos efeitos da seca e da desertificação. Entretanto, Prost (1994) destaca o caráter simplista de tal correlação e a necessidade de considerar os efeitos estimulados pelas secas: movimentos populacionais, insurreições, na verdade, guerras civis, ruptura do elo social, estão na origem dos riscos para a saúde das populações. Ele mostra que se certas doenças podem se propagar em períodos de seca (meningite, diarreias...); outras, como o paludismo ou a doença do sono, regridem. O risco não afeta da mesma maneira todas as populações; algumas sabem se adaptar às condições difíceis enquanto outras são duramente tocadas. O fator ambiental, que é a seca, pode agravar as condições de vida das sociedades e aumentar os riscos; entretanto, um desastre se produz quando a "rigidez do sistema socioeconômico não permite os ajustes necessários ou quando as desordens sociopolíticas não permitem nenhum ajuste".

– Saúde e droga

A relação entre risco para a saúde e droga só vem a aparecer entre os pesquisadores nos anos 1980. Anteriormente, as drogas estavam relacionadas ao crime ou à doença. De fato, a definição de um risco ligado à utilização de drogas resulta da propagação do vírus da aids no meio da população toxicômana. Esse risco é construído em torno da ideia de que o comportamento dos toxicômanos constitui um perigo para as populações em geral. Segundo o Comitê Nacional de Ética Francês, a noção de risco para os usuários da droga recobre três aspectos: os comportamentos de risco (partilha de seringas...), o risco sanitário (morte por overdose, contaminação pelo HIV, hepatites...) e o risco social (marginalização social e profissional).

A geografia da saúde considera, portanto, o espaço como uma distribuição de fatores de risco, ambientais, sociais, econômicos, culturais. Convém opor bairros regulares e bairros irregulares (desigualdade de acesso aos cuidados médicos) e fazer aparecer "zonas" de risco. Destacando as combinações espaciais de fatores de risco, a geografia mostra como em situações diferentes um mesmo fator combinado de maneira particular a outros atua de maneira específica (Salem, 2003).

Outras possíveis análises do risco

O risco pode ser objeto de análises diversas que dependem de outras abordagens além da álea ou do processo desencadeador.

Um dos critérios de classificação depende da escala de aceitabilidade do risco. Como é impossível estabelecê-la, a reflexão sobre essa noção deve ser necessariamente comparativa e não pode ser efetuada com base em simples critérios técnicos ou científicos (a intensidade da álea), pois remete à percepção do risco. O que é aceitável em um dado momento (da história ou da vida de um indivíduo) pode ser considerado inaceitável em outro.

Riscos maiores e outros riscos

Um outro critério pode consistir em distinguir riscos e riscos maiores. O risco maior corresponde, em muitos casos, a uma representação dos poderes públicos e das seguradoras para os quais é maior o que se traduz por um custo elevado ou por perdas humanas numerosas. A título individual, a hierarquia estabelecida entre os riscos é às vezes diferente, como testemunha o exemplo de Quito, evocado anteriormente, onde as inundações são consideradas um risco maior enquanto o vulcanismo, apesar de ser potencialmente bem mais perigoso, não é colocado na primeira lista do perigo.

Na França, a definição de risco maior depende de um contexto político e administrativo particular. Um ministério dedicado aos riscos maiores, criado no governo do primeiro-ministro Laurent Fabius, nos anos 1980, tinha em sua chefia o vulcanólogo Tazieff, para quem o risco maior era essencialmente litosférico, ligado às áleas vulcânicas e sísmicas.

No plano internacional, a conferência do Rio de Janeiro, em 1992, colocou o aquecimento global e as agressões à camada de ozônio em primeiro lugar na lista dos riscos maiores.

Isso significaria que existem riscos de menor impacto? A desertificação, muito em evidência nos anos 1970 em razão da importância das secas que se manifestaram naqueles anos, não parece quase ser considerada um risco maior. É verdade que seus efeitos demoram mais para aparecer, mas, em longo prazo, ela afeta um número de pessoas frequentemente mais significativo que o das vítimas de um terremoto ou de uma erupção vulcânica. A diferença de denominação entre os riscos evocados não provém da maior ou menor midiatização do fato? Os riscos difusos, como a desertificação, são mais difíceis de serem apreendidos, menos espetaculares, mais traiçoeiros; em suma, menos midiáticos que um acontecimento rápido de efeitos imediatamente visíveis.

Na França, hoje, os ministérios da Ecologia, do Desenvolvimento Sustentável e do Interior tornam mais refinados os critérios que definem um risco dito maior:

- fraca possibilidade de ocorrência da álea;
- amplitude das consequências humanas previsíveis em termos ambientais e materiais.

De fato, os riscos maiores correspondem a acontecimentos de baixa frequência e grande gravidade, que podem ser as cheias e inundações, os terremotos e erupções vulcânicas, os desmoronamentos de solo, as avalanches, as tempestades de neve, os ciclones e tornados.

Muitos processos já citados acontecem rapidamente e um funcionamento muito rápido da álea também contribui, segundo Allègre, para definir os riscos maiores, o que revela uma abordagembastante reducionista.

Os riscos industriais maiores constituem também uma categoria específica fundada em acidentes com efeitos de grande amplitude (Feyzin,* Seveso...).

* N.T.: A refinaria da cidade de Feyzin, uma das mais importantes da Europa, explodiu em 4 de janeiro de 1966 deixando 17 mortos e dezenas de feridos. O acidente teve início com um incêndio que ocasionou explosões sucessivas das esferas de estocagem de propano.

Risco, território do risco e atores, riscos urbanos

Os riscos podem ser considerados a partir do território afetado e dos zoneamentos implicados. Qual é o território pertinente para administrar esse ou aquele risco? Na França, o risco natural é tratado no âmbito da comuna, na verdade, depois da lei de 1995, no das comunidades de comunas. Essas decupagens são as mais eficazes? Seria preciso considerar espaços mais vastos, como o da bacia hidrográfica, no caso das inundações, porém na condição de que o tamanho máximo fosse discutido?

O risco pode ser analisado sob o ângulo dos atores, o que permite distinguir o risco enfrentado ou administrado e o risco suportado pelos cidadãos.

Na cidade, concentra-se um grande número de riscos. Uma álea pode desencadear outros processos, às vezes de natureza diferente, que constituem um perigo à população. A álea física pode causar uma crise econômica e fazer nascer a insegurança. O terremoto de Kobe provocou incêndios gigantescos responsáveis por um número muito grande de vítimas. Determinadas áleas físicas podem também acarretar epidemias (cólera...) ou afetar instalações industriais mais ou menos perigosas (Dubois-Maury, Chaline, 2002).

Os especialistas japoneses consideraram diversos cenários no caso de um terremoto de grande intensidade afetar gravemente Tóquio. Em tal situação, haveria certamente muitas vítimas e consequências econômicas maiores para todo o Japão e mesmo para o mundo. Os investimentos japoneses no exterior teriam de ser repatriados para reconstruir a cidade. Nesse contexto, provavelmente toda uma faixa da economia mundial seria afetada.

Os riscos na cidade constituem-se em função da densidade da ocupação do solo, da natureza e do tipo de construções, da existência de tipos de redes (água, eletricidade, esgotos). Existe uma "territorialização" dos riscos.

Os riscos nos países ricos e nos países pobres

Análises de acordo com as grandes áreas geográficas são ainda possíveis. Elas levam a opor os riscos nos países ricos e os riscos nos países pobres. A maior parte dos países ricos preocupa-se com a redução do risco; entretanto, os atores e os modos de tratamento variam de acordo com a organização política do país. Nesses países, em que o risco é objeto de uma atenção particular, a previsão, a proteção e a prevenção constituem os três pilares da gestão. Os níveis de decisão variam conforme o país; às vezes, o Estado tem o papel principal; em outros casos, o risco é considerado no nível local. Em cada caso, o peso da administração e dos cidadãos também varia muito.

Na maior parte dos países em desenvolvimento, as áleas adquirem uma amplitude toda particular (Gallais, 1994). As dificuldades para gerir os riscos são numerosas; são as mesmas que se opõem ao desenvolvimento: restrições financeiras, controle precário do solo, conhecimento incompleto da álea. O risco afeta numerosas cidades nos países em desenvolvimento, mas não poupa o campo. As regiões pobres são também afetadas em graus diversos pelos riscos de epidemias e por certas doenças tropicais, ligadas, em grande medida, ao meio ambiente pelos riscos alimentares e, às vezes, também pelos riscos geopolíticos.

Referências bibliográficas

DE NONI G. *et alii* (2001), *Terres d'altitude, terres de risque. La lutte contre l'érosion dans les Andes équatoriennes*, Éd. IRD, coll. « Latitudes », vol. 23.

D'ERCOLE R., PIGEON P. (2000), « L'évaluation du risque à l'échelle internationale. Méthodologie et application aux diagnostics préalables, aux actions de préparation et de prévention des catastrophes », *in Cahiers Savoisiens de Géographie*, n° 1.

DUBOIS-MAURY J., CHALINE C. (2002), *Les risques urbains*, Paris, Armand Colin.

ELDIN M. et MILLEVILLE (ed) (1989), *Le risque en agriculture*, Édition de l'ORSTOM.

GALLAIS J. (1994), *Les tropiques, terres de risques et de violence*, Paris, Armand Colin.

KAPLAN R. (2000), *The Coming Anarchy*, New York, Random House.

LE HOUÉROU H.-N. (1993), « Changements climatiques et désertification », *Sécheresse*, n° 4.

MAINGUET M. (1990), « La désertification : une crise autant socioéconomique que climatique », *Sécheresse*, n° 1.

PIERRET C. (1996), Article de présentation du Festival international de Saint-Dié-des-Vosges, *in Fig. Info*.

PROST A. (1994), « Les faits de santé au cours et décours des sécheresses », *Sécheresse*, vol 1, n° 2, p. 40-47.

RAISON J.-P. (1991), « Croissance des risques et accélération des mutations dans les agricultures africaines : perspectives pour la fin d'un millénaire », *in* Beaud et M. Vernières (dir.) *L'avenir des Tiers Mondes*, Paris, PUF.

ROGNON P. (1993), « La désertification : un risque majeur ? », *Sécheresse*, vol 4, n° 2.

ROOSE E. (1977) publications du Réseau érosion. Nombreux travaux sur le risque lié à l'érosion accélérée des sols. Publication ORSTOM puis IRD.

SALEM G. (2003), article « santé », *in* Lévy J., Lussault M., *Dictionnaire de la géographie et de l'espace des sociétés*, Paris, Belin.

VIGNEAU J.-P. (2002), « Le système climatique : spasmodique, fragmenté et changeant », *in Limites et discontinuités en géographie*, Paris, SEDES.

VOLATIER J.-L. (2003), *In Autour de la mesure du risque* ? 3e séminaire, MSH, Alpes/R. Amalberti *et alii* éditeurs.

OS RISCOS NOS PAÍSES EM DESENVOLVIMENTO

O grande crescimento demográfico, a metropolização crescente, caracteriza a maior parte dos países em desenvolvimento, que contam hoje com 15 das 22 metrópoles com mais de 8 milhões de habitantes. Tal situação é acompanhada, em muitos casos, por um número insuficiente de equipamentos coletivos e pela multiplicação de favelas. Essas imensas concentrações urbanas explicam por que a vulnerabilidade dos países em desenvolvimento é superior a dos países ricos e por que as áleas e os perigos industriais provocam perdas consideráveis para as populações e economias frágeis.

Os países em desenvolvimento pertencem essencialmente ao mundo tropical. Poucas áleas são específicas dessa área, mas algumas dentre elas adquirem uma extensão particular: os países tropicais, que ocupam um quarto das terras emersas, contam hoje com 55% dos vulcões ativos do mundo e 55% dos epicentros sísmicos. Além disso, a importância das precipitações é frequentemente superior à das regiões temperadas (o papel dos ciclones, as chuvas de monções...). Entretanto, a tropicalidade e os fatores físicos não explicam senão de maneira imperfeita a extensão da destruição: enquanto uma grande tempestade causa apenas prejuízos materiais na costa da Flórida, na América

Central e nas Antilhas ela ocasiona a morte de centenas de pessoas. Do mesmo modo, os fatores físicos não são responsáveis senão de forma parcial pelo risco alimentar que atinge certos países africanos. Na maior parte dos casos, a insegurança alimentar, sanitária ou outra, é a consequência das guerras; ela se explica por fatores geopolíticos.

Diante desse quadro, os governos dos países em desenvolvimento não permanecem totalmente inativos; assim, na América do Sul, a prevenção do risco vulcânico está de agora em diante integrada a determinadas políticas urbanas. Com o apoio de pesquisadores estrangeiros (especialmente franceses), a cidade de Quito desenvolveu uma política de prevenção e criou um departamento de riscos sob a direção geral da Planificação. A maior parte dos países do sul são aconselhados e ajudados por organizações internacionais, sendo o PNUD (Programa das Nações Unidas para o Desenvolvimento) um exemplo em Bangladesh. Essa ajuda é exercida de três maneiras: científica, financeira e humanitária.

As organizações não governamentais (ONGs) intervêm igualmente na prevenção do risco ainda que suas ações frequentemente sejam mais conhecidas quando se trata de enfrentar situações de catástrofe. As ajudas são, entretanto, desiguais e variam conforme os países e os tipos de risco.

Os freios a uma gestão eficaz dos riscos permanecem numerosos; são os mesmos que se opõem ao desenvolvimento. São, notadamente, o insuficiente conhecimento da álea e do risco, tanto pelas autoridades quanto pela população, o estatuto da terra, as coerções financeiras e o funcionamento do Estado.

No total, os riscos, naturais, alimentares, econômicos, sanitários..., são indicadores de um desenvolvimento desigual e constituem, a esse título, uma grade de leitura particularmente útil para questionar a ação pública em termos de gestão e de prevenção e os comportamentos individuais em termos dos riscos assumidos.

AVALIAÇÃO, PREVENÇÃO E GESTÃO DOS RISCOS NATURAIS NAS CIDADES DA AMÉRICA LATINA

A avaliação e a gestão dos riscos colocam problemas bastante agudos para os espaços urbanizados dos países em vias de desenvolvimento (PED), pois as populações, os fluxos e as trocas vulneráveis, assim como os agentes patogênicos, concentram-se em um perímetro construído relativamente extenso. Os riscos naturais, assim como as catástrofes que os traduzem em efeitos, estão correlacionados à urbanização acelerada, a um ambiente degradado, à fragilidade da capacidade de resposta e, finalmente, ao subdesenvolvimento?*

* N.R.T.: A classificação de países desenvolvidos, em desenvolvimento e subdesenvolvidos está associada a indicadores como Produto Interno Bruto e atividade econômica principal. Por exemplo, são considerados desenvolvidos aqueles que majoritariamente ocupam pessoal nos setores industriais e de serviços, enquanto que os subdesenvolvidos estariam no setor primário. Entretanto, o complexo sistema de produção contemporâneo permite que em determinadas regiões de um país considerado "subdesenvolvido" encontre-se população que trabalha em indústrias ou em empresas terciárias e com níveis de renda e escolaridade semelhantes às daquela que vive em países chamados desenvolvidos. É o caso da Índia. Portanto, seria mais oportuno classificar um país segundo uma mescla de indicadores, como o Índice de Desenvolvimento Humano, que combina variáveis sociais e econômicas.

Com 70% de citadinos, ou seja, 10% da população urbana mundial, a América Latina é, dentre os continentes em via de desenvolvimento, a região mais urbanizada depois da China e do sudeste asiático: ao menos dois terços dos habitantes dos países latino-americanos vivem nas cidades. Mais considerável ainda é o crescimento anual da taxa de urbanização (de 1,5% a 3,8%), mesmo que ela pareça ter-se reduzido a partir de 1995. Além disso, a capital ou duas cidades concentram sozinhas a maior parte dos citadinos e uma grande proporção da população nacional (25% em Guayaquil ou Bogotá, 28% em Lima e até 45% em San Salvador). Em 2000, a metade (200 milhões) de todos os citadinos latino-americanos morava nas grandes cidades com mais de 2 milhões de habitantes. Quatro das 13 primeiras metrópoles do planeta são latino-americanas (Cidade do México, São Paulo, Buenos Aires e Rio de Janeiro), e 8 aglomerações superam 5 milhões de habitantes, notadamente, nas zonas sísmicas (Lima, Bogotá, Santiago) e estão expostas aos ciclones ou aos desmoronamentos de solo (Caracas, cidades da América Central e do Caribe; figura 7). Se as metrópoles não cresceram no ritmo estimado nos anos 1970, ao menos as cidades de mais de um milhão de habitantes superaram as previsões na América Latina.

O crescimento regular da exposição das grandes cidades aos fenômenos geradores de danos é facilmente constatado (Chester, 2001; Thouret, 1999). O aumento do número de catástrofes desde 1950 não foi o único aspecto em discussão, trata-se antes da vulnerabilidade dos citadinos, das construções, da infraestrutura e do sistema institucional ou político local, que enfraqueceu a capacidade de resposta da sociedade às crises e às urgências. Em tal contexto, a América Latina vem em segundo lugar depois do sudeste asiático, pois ela concentra um hábitat urbano denso, situado em espaços costeiros e montanhosos ameaçados por terremotos, ciclones, inundações e desmoronamentos do solo. A interação entre as áleas e as cidades latino-americanas é comprovada pelos números e pela magnitude dos desastres no século XX: os terremotos de Concepción (1939), Manágua (1972), Cidade da Guatemala (1976), México e El Salvador (1985), Armênia (1989), os *lahars* de Armero (1985), as inundações de Buenos Aires (1985), do Chile central (2002) e os deslizamentos de terra no Rio de Janeiro (1988), em Santa Tecla (El Salvador, 2001), assim como os ciclones quase anuais na zona do Caribe.

As cidades latino-americanas não somente pagam um pesado tributo humano, mas o peso econômico das grandes aglomerações em cada país torna o crescimento dos prejuízos inelutável, pois o percentual dos bens segurado é o menor de todos os continentes, com exceção da África. As consequências são ainda mais graves para os estados. Embora os danos materiais sejam muito

Figura 7
As áleas naturais, as grandes cidades e o hábitat urbano precário na América Latina

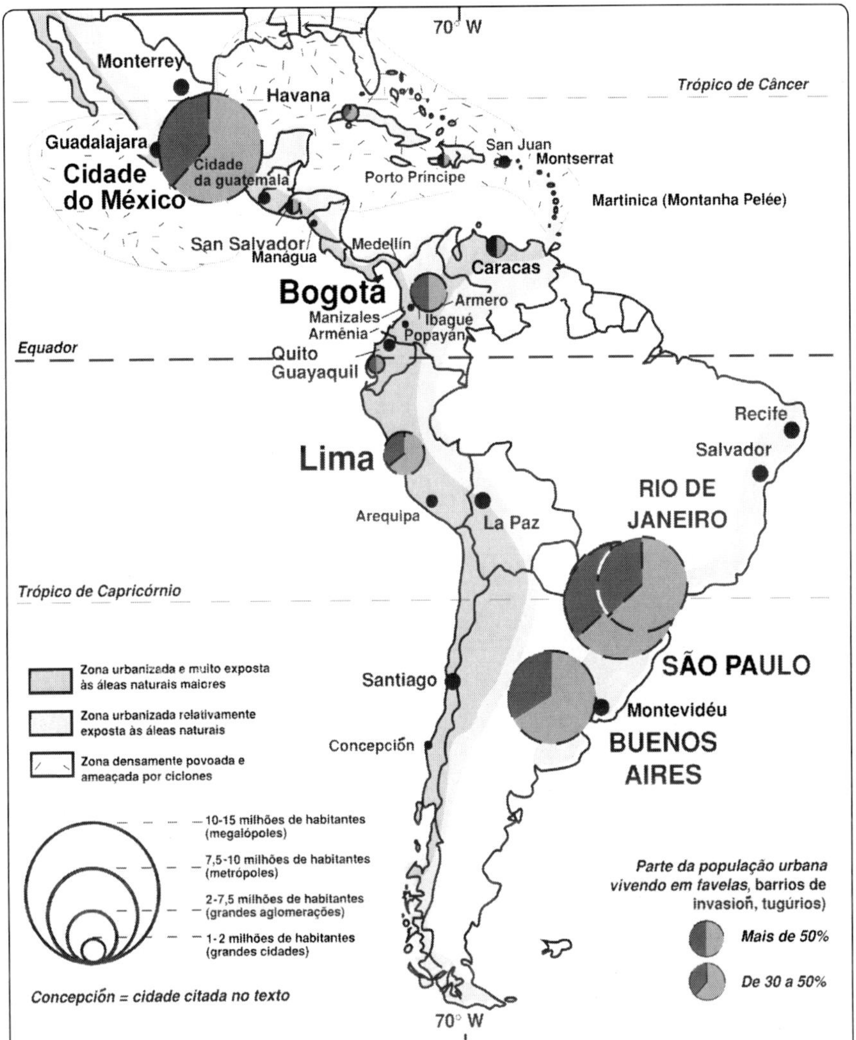

Fontes: Munich Re, 2000; Alexander, 2000.

maiores e aumentem mais rápido na América do Norte, no Japão e na Europa, no PIB dos estados sul-americanos eles têm um peso significativo a ponto de entravar seu desenvolvimento. Em uma classificação das 50 maiores metrópoles segundo um índice que combina a álea, a vulnerabilidade e os bens expostos, surgem 8 cidades latino-americanas (Munich Re, 2000). A Cidade do México ocupa a 12ª posição, com um índice de 19 (o máximo é de 710 para Tóquio);

Bogotá, a 22ª; Santiago, a 27ª posição; seguida por Medellín (28ª), Buenos Aires (33ª), Lima (35ª), São Paulo (40ª) e, enfim, Rio de Janeiro (41ª). É espantoso constatar quanto o valor dos bens expostos praticamente não modifica o índice adotado, enquanto, ao contrário, a vulnerabilidade desempenha um papel arrasador nessa classificação. A única exceção é a megalópole da Cidade do México, onde o valor dos bens é tão importante quanto sua vulnerabilidade.

Urbanização rápida, áleas naturais e degradação do meio urbano

Excepcional combinação de urbanização e de áleas urbanas

A América Latina registra numerosos fenômenos naturais produtores de danos, como atestam três das maiores catástrofes ocorridas no século XX: o terremoto de Concepción, em 1939, no Chile, que provocou 28 mil vítimas e perdas equivalentes a 100 milhões de dólares; a erupção da Montanha Pelée em 1902, maior catástrofe do século XX (29 mil mortos em Saint-Pierre*); enfim, os *lahars* destruidores do Nevado del Ruiz na Colômbia, que deixaram 23 mil vítimas nas ruínas de Armero, em 1985.

A urbanização engendra o risco e desencadeia efeitos desastrosos

A cidade agrava os riscos

Os efeitos das áleas naturais e das catástrofes induzidas se fazem sentir nas cidades, às vezes em diferentes escalas espaciais e em diferentes momentos no tempo (Thouret e D'Ercole, 1994). O sistema urbano traz os germes da vulnerabilidade. Os efeitos da concentração e da densidade urbanas, a desigual mobilidade dos cidadãos, mais marcante nas cidades dos PED, e o impacto das práticas de urbanismo desregrado induzem as interações entre os agentes destruidores e as construções. A rede urbana regional e nacional, na qual se inscreve uma cidade, também pode engendrar efeitos em cadeia externos a um desastre natural.

A morfologia urbana é propícia para o surgimento de encadeamentos de áleas, pois ela se torna mais heterogênea a partir do momento em que a área

* N.T.: Em 8 de maio de 1902, a cidade de Saint-Pierre, a maior da Martinica, foi destruída por uma "nuvem ardente" vinda da Montanha Pelée durante uma violenta erupção vulcânica.

do sítio inicial é transposta. Com raríssimas exceções, a implantação de uma cidade em uma região sísmica ou vulcânica não leva em conta as restrições naturais, salvo a da disponibilidade de água. Em geral, a natureza perigosa do sítio de uma futura cidade não foi reconhecida, ou foi subestimada, pelas sociedades pré-colombianas, como entre os Cólons, e, às vezes, fez com que a cidade fosse deslocada (Musset, 2002). Todavia, não é tanto nesse sítio inicial que está o problema, mas na expansão e segmentação do perímetro urbano, a qual é acompanhada no espaço e no tempo de modificações nos sítios perigosos à medida que se desenvolve espacialmente, como ilustra a expansão de Cusco, no Peru, em um corredor intramontanhoso que se tornou muito estreito.

As maiores áleas da América Latina

Áleas geodinâmicas: terremotos, vulcões e desmoronamentos de solo que atingem, principalmente, a Colômbia, o Peru, o Equador e os países da América Central.

Áleas morfodinâmicas e hidrológicas: atingem os piemontes subandinos e as planícies aluviais. As cheias urbanas são frequentes na Argentina, no Uruguai e no Brasil. As cheias torrenciais e as torrentes de detritos são numerosas em áreas montanhosas, sobretudo nos países andinos, quando sucedem às erupções vulcânicas, como acontece na Colômbia, Chile, Equador e na zona do Caribe e mesoamericana.

Áleas de origem climática: estão relacionadas ao fenômeno ENSO (El Niño Southern Oscillation) nos litorais equatoriano e peruano e às chuvas diluvianas dos ciclones da América Central, da Nicarágua e do México (Miyche 1998), assim como às chuvas torrenciais na Venezuela (1999).

Essas áleas podem ser classificadas em duas categorias:

Fenômenos de grande magnitude, mas baixa frequência: os grandes terremotos, os tsunamis e as erupções vulcânicas. Os terremotos de magnitude como o de Concepción, em 1939, e as erupções maiores como a do Huaynaputina, em 1600, teriam hoje consequências devastadoras para as grandes cidades do Chile, do Peru e da Bolívia.

Os fenômenos de *fraca magnitude, mas de ocorrência elevada*: os desmoronamentos de solo nos Andes equatoriais, as inundações nas planícies e nos piemontes subandinos ou nos litorais, os ciclones no Caribe etc. São os efeitos desses fenômenos que convêm avaliar com precisão a fim de implementar estratégias razoáveis nas cidades dos PED.

A consideração de fenômenos extremos não deve ser negligenciada, mas ela leva à elaboração de cenários "catastrofistas". A definição das zonas perigosas engendra então múltiplos problemas fundiários, socioeconômicos, políticos e inevitáveis conflitos de interesse entre os especialistas, a população ameaçada e os dirigentes.

A partir dos anos 1950-1960, o desenvolvimento desordenado engendrou desigualdades intraurbanas: cinturões insuficientemente integrados e terrenos vagos no interior dos perímetros construídos. Esses cinturões são mal protegidos em relação a todos os agentes causadores de danos, e seus efeitos indiretos são ondas de retroação positiva: a presença de materiais de construção muito heterogêneos e a ausência de normas parassísmicas contribuem para aumentar os prejuízos em caso de terremotos (por exemplo, no México, em 1985). A origem do fenômeno nem sempre coincide com a zona de impacto das áleas naturais e seus efeitos são sentidos de forma desigual. A expansão das conurbações e das grandes metrópoles (São Paulo e Buenos Aires, por exemplo) acarreta a aparição de riscos e de crises em cadeia a grande distância do ponto de impacto, como ilustram as cheias urbanas desencadeadas nas bacias hidrográficas localizadas fora da cidade. Um acidente natural ou um sinistro acarreta uma reação que se difunde em toda conurbação, onde todos os fluxos e trocas são interconectados. Assim, os efeitos dos grandes terremotos, por exemplo, podem tornar-se incalculáveis. Não somente nessas metrópoles e suas regiões urbanas, mas também para o conjunto do país, particularmente na América Central e no Caribe.

É difícil separar os riscos e as catástrofes naturais dos outros tipos de riscos urbanos, industriais ou tecnológicos, ecológicos e sanitários. De fato, às áleas maiores se imbricam fenômenos prejudiciais, direta e indiretamente ligados à ação antrópica: degradações ambientais, poluições, contaminação das águas, do ar e dos solos... Elas representam, portanto, um problema coletivo de saúde e de epidemiologia, cujo efeito cumulativo reforça a vulnerabilidade dos desprovidos.

A pobreza como fator de risco

No caso de San Salvador, por exemplo, Lavell (1996) correlaciona a pobreza (50% dos citadinos são pobres e 60% habitam favelas) com a degradação ambiental. Esta resulta da desregulamentação do direito fundiário e das normas de construção, da preponderância do setor informal, das necessidades energéticas cotidianas que acarretam o desflorestamento e as más práticas, como o lançamento de dejetos em rios etc. A pauperização traduz-se também pela transformação da cidade informal em lugar de poder e de confronto: por seu número e suas reivindicações, os citadinos mais desprovidos representam uma força que não pode ser negligenciada nas disputas eleitorais. A pobreza constitui um triplo fator de risco: ela força as pessoas a viverem nas zonas menos caras, mas mais perigosas; ela domina as preocupações cotidianas das pessoas que não têm nem os recursos econômicos nem tempo de preservar o meio ambiente; ela força o desbravamento e o desflorestamento para atender às necessidades fundamentais de aquecimento e alimentação.

As degradações do meio urbano são também consideradas por vários autores como riscos: ainda que lentas, elas acarretam acidentes indiretos (por exemplo, a obstrução de redes de drenagem urbana) e favorecem acidentes diretos e mortais (afundamentos do pavimento, deslizamentos dos aterros e de obras de contenção).

Outros fatores de agravamento do risco na cidade

Por que a população urbana é a mais exposta ou mais sensível aos efeitos das áleas?

As reações dos citadinos são diferentes das da população rural, pois sua percepção do risco é menor, mesmo que seu relativo conhecimento do perigo esteja fundado em comunicações orais e televisivas. Os imigrantes rurais perdem progressivamente o conhecimento das medidas tradicionais de defesa e de adaptação adquiridas no campo. A consciência do risco é medíocre nos citadinos pobres, pois ela é substituída por preocupações advindas de outros riscos específicos, notadamente os dos conflitos sociais ligados ao modo de vida urbano.

O sistema político municipal, no qual se inscreve a gestão urbana, pode engendrar efeitos perversos: não somente a frágil aplicação do código de urbanismo, o custo proibitivo da terra, o desvio do sistema fiscal, mas também o clientelismo e a corrupção política. Alguns efeitos perversos decorrem da criação de medidas de prevenção: o prêmio para acomodação das pessoas sinistradas em caso de desmoronamentos de terra em Manizales, na Colômbia, foi frequentemente utilizado por habitantes desonestos que voltaram a se instalar em zonas instáveis e suscetíveis a novos desmoronamentos.

Uma combinação latino-americana: a urbanização acelerada aumenta a vulnerabilidade

A cidade latino-americana partilha várias deficiências com suas homólogas asiáticas e africanas: uma forte vulnerabilidade ligada ao subdesenvolvimento, à má qualidade das construções e, enfim, a um fraco preparo para enfrentar a crise e a urgência. O subdesenvolvimento acentua os efeitos indiretos dos riscos por várias razões: a desregulamentação da utilização do solo e do código de urbanismo, um sistema tributário fundiário mal aplicado ou distorcido, a privatização dos serviços e, enfim, a deficiência dos poderes públicos.

A grande vulnerabilidade da cidade sul-americana

A cidade latino-americana é muito vulnerável diante das ameaças naturais por razões espaciais, sociais, históricas e institucionais. O espaço construído é muito vasto, incluindo áreas rurais, e o tecido urbano é muito heterogêneo tanto no centro quanto na periferia. Os espaços urbanizados da América Latina multiplicaram-se de 10 a 50 vezes durante o século XX. A cidade de Lima, por exemplo, construída sobre 4 mil hectares nos anos 1940, recobre atualmente 32 mil hectares, bem distante do sítio inicial do oásis na margem esquerda do cone de dejeção do rio Rimac. Esse crescimento frequentemente ocorreu em proveito do hábitat periférico, qualificado de informal ou subintegrado. De maneira sintomática, existem os termos latino-americanos *favela*, *barrios de invasion* ou *tugúrios*, que descrevem melhor as *bidonvilles*.*

A cidade latino-americana é caracterizada pela segregação socioespacial das classes ricas, que vivem reclusas nos *guetos*; das classes médias, que habitam os bairros extensos, muito heterogêneos; e de uma maioria de pobres e de imigrantes, que contribuem para a expansão de cinturões precários e heterogêneos (Couret, 1994). A heterogeneidade do tecido urbano segmentado em todas as escalas caracteriza a cidade latino-americana e encontra sua origem nas etapas históricas de seu desenvolvimento, a começar da República ou mesmo da Colônia. Além disso, os processos perigosos ou os agentes patogênicos são estimulados pelas áleas maiores: o fogo provocado por um terremoto, as epidemias pós-catástrofe, têm sua fonte nos bairros periféricos, nos centros históricos não reabilitados ou nas zonas industriais não regulamentadas.

Nessas condições, por que a população urbana da América Latina é mais vulnerável que a de certos países do sudeste asiático? A progressão da vulnerabilidade é um processo complexo, cujas raízes mergulham na colonização latina e, sobretudo, no período pós-colonial, que coincidiu com o abandono ou a ausência de controle do meio e má qualidade do controle da expansão urbana em um contexto natural tornado frágil.

* N.T.: O termo *bidonville* designa, em francês, uma aglomeração de habitações provisórias e rudimentares sem higiene, onde vive a população menos favorecida das grandes cidades. Geralmente é utilizado, como uma aproximação, para referir-se às favelas brasileiras.

As cidades latino-americanas são confrontadas com o problema maior do fluxo de imigrantes. Os imigrantes mais pobres, outrora oriundos do campo e agora provenientes da rede de cidades secundárias, se instalam em terrenos marginais precários e raramente monitorados que se estendem sobre os terraços e cones aluviais inundáveis, sobre as encostas montanhosas íngremes, sobre os piemontes dos vulcões potencialmente ativos ou sobre as zonas sísmicas. Além disso, essas áreas são contaminadas por todos os agentes patogênicos oriundos das redes de drenagem e dos lixões ao ar livre.

Nos bairros marginais e nos terrenos vagos no interior das cidades, o tipo de hábitat é precário e os materiais de má qualidade utilizados não resistem nem aos estragos diretos provocados pelos terremotos, ciclones ou desmoronamentos do solo, nem aos danos induzidos relacionados ao fogo. Ora, o percentual de bairros marginais ultrapassa 30% em Medellín, Cidade do México, São Paulo e Rio de Janeiro, e atinge 50% em Bogotá, Guayaquil, Caracas e San Salvador. Antes do desastre, essas favelas geram novas ameaças em setores naturalmente perigosos para a moradia. Após o desastre, elas aumentam os fatores de risco porque o nível de danos induzidos é mais elevado e o hábitat não é objeto de uma reabilitação após a fase de socorro.

A segregação social e espacial cria uma exposição desigual aos riscos, que é reforçada pelas novas políticas nacionais e pelo contexto internacional. A região urbana da costa peruana diante do fenômeno ENSO ilustra como essas desigualdades espaciais e sociais são implicadas em um contexto político tornado liberal (Mesclier, 1999).

O exemplo das cidades peruanas

As aglomerações situadas na costa desértica do Peru expostas aos efeitos do ENSO exprimem os alvos em perigo e a vulnerabilidade da principal região urbana de um estado andino mal distribuído: ela compreende 11% do território, mas detém 35% da população e 60% das riquezas nacionais. As populações e as atividades ligadas à costa representam um desafio fundamental para o Peru contemporâneo, pois elas reagrupam oásis densamente povoados no centro e no norte, o único grande eixo de comunicação interna e externa, e, sobretudo, aglomerações com crescimento acelerado (2,6% a 4%). Lima, com mais de 6,5 milhões de habitantes em 1995, concentra sozinha 28% da população e 69% do PIB do Peru (in Mitchell, Oliver-Smith, 1999). Além disso, as pequenas cidades comandam também a importante atividade haliêutica e, sobretudo, agrícola, ligada aos portos e aos oásis.

Os efeitos do ENSO afetam as populações preparadas de forma desigual para as ameaças naturais. No Peru, a prevenção é centralizada e o governo faz pouco caso das proposições das coletividades locais. O caráter desordenado do crescimento urbano e seu cortejo de favelas, o maior da América Latina, juntamente com o da Bolívia e do Brasil, tiveram efeitos multiplicadores para a catástrofe: os recém-chegados instalaram-se em terrenos instáveis e inundáveis; o retraimento do Estado e a adoção de medidas liberais nos oásis, em detrimento das conquistas da reforma agrária dos anos 1960-1970, colocaram em perigo as estruturas coletivas e a distribuição de água, acentuada pela heterogeneidade dos usuários. Enfim, os pequenos agricultores sofreram mais com os prejuízos causados pelo afastamento e a supressão do Banco Agrário, no início dos anos 1990. Assim, apesar do progresso do conhecimento e das técnicas relativas a esse fenômeno, e apesar do alerta dado há tempos pelos cientistas, os efeitos do El Niño de 1997-1998 foram piores do que os de 1982-1983 para a população local e principalmente para os mais pobres.

Métodos de avaliação das vulnerabilidades e dos riscos naturais em meio urbano

O sistema de vulnerabilidade encontra suas raízes no próprio funcionamento da cidade e também no seu exterior. Três procedimentos diferentes buscam a análise desse sistema (D'Ercole, 1994; Thouret e D'Ercole, 1996):

- uma análise quantitativa dos elementos vulneráveis, concebida como o percentual que pode ser perdido em caso de sinistro;
- uma abordagem semiquantitativa que integra, ao mesmo tempo, os fatores da vulnerabilidade e os elementos vulneráveis, levando a uma hierarquização espacial e social dos elementos expostos;
- um trabalho qualitativo sobre os fatores de vulnerabilidade: o crescimento demográfico e urbano acelerado, os modos de ocupação do solo, os fatores psicossociológicos, a história e a cultura das sociedades expostas, o hábitat e as obras de proteção ou de defesa, as medidas de gestão da urgência e as engrenagens institucionais e político-administrativas do sistema de gestão dos riscos. Aos desafios políticos e estratégicos somam-se os fatores geográficos e conjunturais ligados a disfunções temporárias.

As abordagens da vulnerabilidade têm sido frequentemente redutoras em relação à análise de um elemento frágil, isto é, as pessoas, os bens ou os alvos de natureza econômica (D'Ercole, 1994). Entretanto, esse elemento e o valor dos alvos podem igualmente ser de ordem social, cultural, estética ou ainda ambiental. Esses alvos são, enfim, de ordem geográfica, quando as modalidades de desenvolvimento de uma cidade ou as hierarquias urbanas em uma região são questionadas no momento de crise e de catástrofe. À abordagem clássica, que mede o dano potencial aos bens e às pessoas e suas repercussões sobre o ambiente econômico, opõe-se a que considera uma sociedade vulnerável quando é incapaz de responder às crises potenciais. Essa capacidade repousa sobre um conjunto de fatores estruturais e contingentes cujas interações são complexas, sobretudo nas grandes cidades.

Mais recentemente, alguns pesquisadores (Mitchell, 1999, 2003) passaram a sustentar que o fato de ser vulnerável não é somente uma característica das pessoas, dos bens ou de um ecossistema, mas uma das dimensões funcionais do sistema urbano, em particular nas metrópoles. Em outros termos, pesquisa-se por que e como a vulnerabilidade se exerce no funcionamento de uma cidade. Isso permite colocar o problema de uma cidade em uma escala intermediária, a meio caminho entre a perspectiva geral, dos impactos das mudanças globais sobre a urbanização, e a escala local, das abordagens empíricas realizadas em um bairro.

Diversidade e complementaridade dos métodos adotados na América Latina

Pode-se conceber quatro tipos de métodos de avaliação em um meio urbano vulnerável.

O exemplo de Arequipa

O primeiro método foi aplicado no caso de Arequipa, segunda cidade do Peru, que em 1995 contava com 800.000 habitantes e se situa a 17 km do cume do vulcão ativo El Misti. A pesquisa consiste em avaliar as áleas, em mapear os cenários, em prever as trajetórias e a extensão das zonas de impacto dos derramamentos piroclásticos, dos *lahars* (torrentes de detritos) e das cheias, a partir dos três cenários fundados em acontecimentos recentes cuja recorrência é conhecida. Sobre a base de um modelo digital de terreno preciso e de cenários integrados em um SIG (Sistema de Informações Geográficas/ILWIS – Integrated Land and Water Information System), simulações de escoamentos de lava e lama foram realizados graças ao código LAHARZ, modelo matemático que simula o avanço de um *lahar* e está alicerçado no conceito da linha de energia e no cálculo das seções transversais dos canais dos rios utilizados.

O exemplo de Manizales

O procedimento implementado em Manizales, na Colômbia, consiste em medir os fatores de vulnerabilidade que subjazem ao risco. Essa cidade, que em 1996 tinha 350 mil habitantes, situada no flanco oeste da Cordilheira Central dos

Andes, está exposta aos terremotos (o de 1999 provocou 1.200 mortos, 280.000 sinistrados e prejuízos de 500 milhões de dólares para Armênia, situada a 90 km ao sul de Manizales) e aos desmoronamentos do solo em um meio equatorial úmido (> 2.000 mm por ano). Desde 1960, a urbanização ultrapassou em grande medida o pequeno sítio inicial de uma faixa entre rios cercada por bordas em declive íngreme (> 40°): a expansão resulta da imigração da população rural que fugiu dos conflitos sociais e políticos próprios da Colômbia e que é atraída pelos empregos na indústria e pelo negócio do café em Manizales.

O processo de segregação socioespacial cria ou reforça a vulnerabilidade, pois após 1960 as populações menos favorecidas não puderam se instalar na parte plana da região entre rios, objeto de especulação fundiária, mas nos declives íngremes. As classes médias procuraram terrenos baratos aproveitando-se de uma medida geotécnica discutível: a terraplenagem das zonas instáveis, o que ampliou ou agravou o risco em zonas ainda intactas. Os bairros subintegrados desenvolveram-se sobre os declives instáveis à medida que a imigração prosseguiu e os projetos de ajuda social permitiram aos habitantes comprar terrenos ou aos sinistrados, obter um prêmio de seguro para sua reinstalação. A partir dos anos 1980, entretanto, Manizales foi beneficiada pela criação precoce de uma estrutura municipal de prevenção e gestão do risco, inicialmente financiada (1973) pelo comitê dos cafeicultores. Em 1988 foi elaborado o Padem (Plan Integral para la Prevención de Desastres y Atención de Emergencias de Manizales), um programa de gestão do risco cujo objetivo era a coordenação municipal de todas as ações visando a atenuar os riscos na cidade.

Uma avaliação da vulnerabilidade global foi realizada por Chardon (1999), graças a uma análise múltipla (análise de componentes principais — ACP) e matrizes Bertin, cujos dados estão alicerçados em cerca de mil pesquisas realizadas em cem bairros da cidade. As matrizes Bertin permitiram classificar 15 variáveis por aproximação e escolher um coeficiente de ponderação dos fatores julgados discriminadores. Sete variáveis ditas naturais foram obtidas: as experiências passadas, os processos erosivos, as encostas, a intensidade Mercalli do terremoto de 1979, os aterros e os trabalhos de correção geotécnica. Foram acrescidas oito variáveis socioeconômicas: o caráter subintegrado do bairro, o nível econômico da população, a densidade, a organização comunitária, as infraestruturas de prevenção e centros de saúde, a acessibilidade do bairro, as zonas educativas e a localização das estações de serviço e de gás. Esses parâmetros são similares aos empregados por Puente (in Mitchel, 1999) na escala da zona metropolitana da Cidade do México e completados por uma série de fatores ligados às infraestruturas regionais e à estrutura urbana espacial.

Os mapas obtidos (Chardon e Thouret, 1994; Chardon, 1999) confirmam a forte correlação dos fatores naturais e socioeconômicos e mostram cinco tipos de bairros mais ou menos vulneráveis. A segregação socioespacial engendra uma vulnerabilidade desigual, os bairros mais frágeis reagrupam, sobre as encostas íngremes, setores marginais e as classes médias. À vulnerabilidade assim definida se soma a que é oriunda da pobreza, do desemprego, da insegurança e da violência. Finalmente, o ferramental estatístico e cartográfico apoiado por um Sistema de Informação Geográfica (SIG) contribuiu de maneira eficaz para a gestão do risco no interior do Padem em Manizales.

O exemplo de Caracas

O método adotado em Caracas consiste em incorporar ao diagnóstico das áleas e dos riscos (Vranes e Czuchlewski, 2003) a dimensão complexa do social e os contrastes espaciais. Essa pesquisa, ainda em curso, visa à planificação preventiva e foi suscitada pelo desastre de 1999, que provocou a morte de 19 mil pessoas no litoral urbanizado do maciço El Ávila (estado costeiro de Vargas) e na bacia de Caracas, ao sul. Chuvas torrenciais (911 mm de 14 a 16 de dezembro) provocaram deslizamentos de terra e torrentes de detritos e lama. Desde o último grande terremoto de 1987, a população de Caracas dobrou até atingir 5 milhões de habitantes, com uma densidade de 12 mil habitantes por km^2 e um crescimento de 3,1% ao ano. Com 80% da população residindo na cidade, a Venezuela é o 7º país mais urbanizado do mundo. A segregação social e espacial é caricatural na capital como o é em La Paz e em San Salvador. Enquanto a densidade média da cidade baixa, no vale, é de 6 mil habitantes por km^2, nos bairros mistos e nas favelas, principalmente, ela atinge 25 mil por km^2. A metade dos citadinos vive em bairros precários em zonas não autorizadas, não viabilizadas e em habitações construídas com materiais não apropriados.

A originalidade dos trabalhos empreendidos pelo grupo de urbanistas e de cientistas da Universidade de Columbia (Estados Unidos) está na superação do diagnóstico da álea, do risco e da vulnerabilidade para fornecer um plano, elaborado em um modelo reduzido, de resiliência das construções diante da catástrofe. Esse plano é acompanhado de recomendações relativas à prevenção e à gestão dos riscos direcionadas às autoridades locais e regionais. Enunciadas no contexto político e econômico difícil da Venezuela, essas recomendações apresentam-se segundo uma agenda realista: atenuação dos efeitos da catástrofe em um prazo de um a cinco anos mediante o reforço das infraestruturas principais, do hábitat das favelas, dos serviços de socorro e do sistema de estradas na cidade e entre a capital e o aeroporto internacional; em um prazo de cinco a dez anos, elaboração de mapas de áleas e de riscos, melhoria do hábitat, e incorporação, nos programas culturais, da educação sobre os riscos; após dez anos, duplicação da rede de transporte e das águas, criação de espaços abertos e de estruturas resilientes, viabilização e loteamento das favelas, transferência dos serviços e das infraestruturas críticas para fora das zonas atualmente ameaçadas. A isso se somarão trocas frequentes entre os cientistas, os encarregados da execução e os técnicos no plano internacional, e a implantação de um programa educativo nas escolas no interior das comunidades.

Esse tipo de abordagem fundado em um modelo reduzido feito em laboratório, na indispensável integração dos administradores locais e nas recomendações pragmáticas, foi igualmente empreendido em Istambul, na Turquia. Entretanto, a autoridade e a legitimidade são condições *sine qua non* para a aplicação das recomendações e a criação de um sistema de socorro e de prevenção eficaz. Ora, a estabilidade e a autoridade governamental faltaram na Venezuela em 2003.

O exemplo de Ibagué

Se quisermos estabelecer uma política eficaz de prevenção dos riscos e de preparação diante da catástrofe potencial, convém avaliar o conhecimento e a percepção do risco das populações citadinas. Essa operação é crucial para detectar, prever, depois melhorar o comportamento das pessoas e dos grupos em caso de alerta. Nessa perspectiva, conduzimos um experimento junto a alguns habitantes da cidade de Ibagué, capital do departamento de Tolima, na Colômbia (Thouret e Laforge, 1994). Essa aglomeração de 300 mil habitantes (1995) está situada a 35 km ao sul-sudeste do vulcão Nevado del Tolima e a 70 km ao sul da cidade de Armero, destruída pelos *lahars* em 13 de novembro de 1985. As inundações e as correntes de detritos representam um sério problema para a cidade de Ibagué, pois mais de 50 mil pessoas vivem na proximidade do rio Combeima, que drena esse vulcão ativo e gelado. As corredeiras violentas podem ser desencadeadas pelas chuvas equatoriais, pelos deslizamentos de terra ou pelas erupções.

Além do mapa detalhado (escala 1/2.000) com três cenários diferentes das zonas que podem ser inundadas, construídos com base na magnitude dos escoamentos históricos (Thouret e Laforge, 1994) e em um diagnóstico da destruição potencial em cada zona ameaçada, também realizamos em 6 distritos um estudo preliminar baseado em 120 pesquisas. Tratava-se de saber como a população vulnerável percebia e conhecia a álea e o risco para preparar um programa educativo para a prevenção municipal. Três categorias de informações foram privilegiadas: localização, família e vizinhança; características do distrito e do bairro; percepção da álea e do risco. Segundo a distância e a altitude relativa acima do rio, seis zonas e duas classes de populações foram distinguidas:

- A primeira abrange a população exposta que vive ao lado do rio. Em geral, ela está consciente do perigo, mas mostra um conhecimento medíocre do caráter e da gravidade da álea. Ela supõe também que a informação em matéria de risco e de mensagens de alerta transmitida pelas autoridades municipais é insuficiente. Frequentemente, esses citadinos são pobres e seu hábitat é precário. Sua mentalidade é fatalista e não aceitariam uma ordem de evacuação por diversas razões (medo de pilhagem, descrença em relação à mensagem de alerta etc.).
- A segunda é composta pela população que vive em bairros mais distantes do rio. Ela superestima a distância do rio Combeima que, fora de visão, não assusta ninguém. Esses citadinos, em geral menos pobres que os precedentes, têm um melhor acesso à informação preventiva, mas uma consciência limitada do perigo e não interpretariam eficazmente uma ordem de evacuação.

Um estudo estatístico permitiu colocar em evidência uma boa correlação entre a altitude em relação ao talvegue, a distância do rio, a qualidade do bairro e a consciência do risco. A população mais pobre que vive perto do rio percebe o risco, mas não compreende o tipo de álea ou não consegue avaliar o grau de gravidade. Os citadinos que vivem nos bairros mais distantes do canal perigoso, que dispõem de um melhor nível de vida, demandam a informação, mas mostram uma consciência limitada. Em suma, existe nesses bairros um hiato entre a consciência do perigo e o conhecimento do risco. Um programa de prevenção fundado na educação desde a mais tenra idade deve atacar esse hiato.

Métodos complementares de avaliação dialéticos

Métodos de reflexão complementares são dialéticos, pois são conduzidos antes da crise, aí compreendida a situação de alerta e de pós-catástrofe. Assim, esses métodos dependem de fatores que passam despercebidos ou que são julgados secundários, mas que contribuem para tornar um sistema urbano frágil, exatamente antes do limite de ruptura que leva ao desastre.

O ensinamento das crises

Uma reflexão *a priori* foi conduzida em certas situações de crise. Mesmo que sua interpretação seja mais complexa, a análise de uma crise se revela tão fecunda quanto o estudo das catástrofes: de fato, a crise expõe as disfuncionalidades que contribuem para fragilizar o sistema urbano e que precedem ao limite de ruptura que conduz a um desastre.

Os efeitos do retorno à atividade do vulcão Pinchincha Guagua sobre a capital do Equador permitiram a D'Ercole e Metzger (2000) analisar as consequências do alerta de setembro e outubro de 1999, e das chuvas de cinzas sobre os habitantes e sobre as atividades da cidade de Quito, revelando, assim, a fragilidade da capital. Os principais efeitos foram a evacuação de uma pequena parte da população do distrito metropolitano, o fechamento de estabelecimentos escolares e a paralisia temporária do aeroporto internacional. Esses acontecimentos evidenciaram as interações entre os diferentes elementos do sistema urbano; a mobilidade das pessoas e dos bens, alvo essencial da cidade, se revelou particularmente vulnerável. O sistema de gestão de crises, largamente municipalizado, traduziu uma clara dificuldade das autoridades para se adaptarem à lenta evolução da atividade vulcânica. A gestão imprópria dos alertas foi largamente responsável.

Quadro 2

Alguns fatores de vulnerabilidade

Elementos do sistema urbano que têm sofrido e/ou engendrado consequências mais graves	Principais subsistemas urbanos afetados	Alerta laranja	Chuva de cinzas
Populações evacuadas (Lloa)	População		
Estabelecimentos escolares	Serviços coletivos População Atividades econômicas		
Aeroporto	Redes e infraestruturas População Atividades econômicas		

Elementos do sistema urbano que têm sofrido e/ou engendrado consequências negativas moderadas	Principais subsistemas urbanos afetados	Alerta laranja	Chuva de cinzas
Integridade física da população	População		
Integridade moral da população	População Atividades econômicas		
Sistema de alimentação da água	Redes e infraestruturas		
Transportes coletivos e individuais	Redes e infraestruturas		

Elementos do sistema urbano que têm sofrido e/ou engendrado as consequências negativas menores	Principais subsistemas urbanos afetados	Alerta laranja	Chuva de cinzas
Telecomunicações	Redes e infraestruturas		
Rede elétrica	Redes e infraestruturas		
Hospitais	Serviços coletivos		
Patrimônio histórico	Patrimônio		
Valores fundiários e mobiliários	Patrimônio		

Fonte: D'Ercole e Matzger, 2000.

Se a chuva de cinzas tivesse sido um pouco mais abundante e duradoura, provavelmente teria feito com que fosse atingido um limite de ruptura, ocasionando perturbações gerais entre os usuários de diversos serviços. Ao mesmo tempo, as engrenagens institucionais e políticas, que revelaram pequena assimilação dos acontecimentos até o presente, foram objeto de pesquisas nessa situação exemplar, a qual destacou o peso das incertezas para os cientistas e para o processo de tomada de decisão pelas autoridades municipais quando do período de alerta laranja em Quito, em 1998 (Metzger et al., 1999).

A importância do ganho de experiência

Uma reflexão *a posteriori*, após a ocorrência da catástrofe pode ser, ao mesmo tempo, útil como ganho de experiência e muito útil não apenas em matéria de reabilitação, mas também para análise das modificações na vulnerabilidade do sistema urbano muitos anos após o desastre. O ganho de experiência é ilustrado pela análise conceitual do tipo de resposta dada a uma crise depois de um acontecimento extremo (Voight, 1990). Com base na análise das causas da catástrofe de 13 de novembro de 1985 em Armero, na Colômbia, o autor propõe três modelos simples para as relações que existem entre os procedimentos, a gestão e as consequências de um acontecimento desastroso. Ele demonstra que a capacidade de resposta dos indivíduos, dos grupos de atores e dos dirigentes varia segundo a probabilidade e a iminência da ameaça, segundo a superveniência da crise e, enfim, segundo os alvos reconhecidos ou supostos.

Alguns anos após uma catástrofe, os prováveis efeitos dos riscos são reanalisados *a posteriori* com o intuito de avaliar as intervenções socioeconômicas e políticas em uma zona sinistrada. O caso de Popayan na Colômbia, dez anos após o terremoto de 1983, ilustra as melhorias e as fraquezas na reconstrução e na reabilitação da cidade (D'Ercole, 1996). A vulnerabilidade de Popayan aumentou em dez anos por causa da pressão demográfica, da extensão dos bairros populares, da "invasão" e da pauperização. Embora a cidade tenha sido reconstruída com técnicas melhores, um maior conhecimento científico do risco e um aparelho legislativo regulamentador, a debilidade dos recursos locais, freou a reabilitação e impediu a expansão econômica de Popayan. A população julga a cidade mais segura no plano técnico, mas as deficiências do sistema de prevenção são igualmente reveladas pelas pesquisas de D'Ercole (1996). Se, por um lado, um sistema de prevenção e de gestão de catástrofes em escala nacional, departamental e municipal foi elaborado na Colômbia entre 1986 e 1989, percebe-se, por outro, que as instituições assim instaladas não desempenham seu papel por diversas razões: técnicas, financeiras etc. Em resumo, a cidade de Popayan permanece hoje bastante vulnerável aos riscos sísmicos. Um terremoto afetaria mais pessoas e teria consequências mais graves, pois os problemas sociais cresceram e se diversificaram. Assim, o risco deslocou-se geograficamente em direção aos bairros recentes mais pobres. A situação é preocupante, pois as soluções técnicas adotadas deram à população um falso sentimento de segurança.

Na ocorrência de uma crise que perdura após uma catástrofe, o impacto dos textos legislativos e políticos de ajuste adotados na origem do desastre pode ser medido com pesquisas. O sistema institucional e a política de gestão são, em seguida, confrontados com os comportamentos, as reações e os pontos de vista da população afetada e de todos os atores da gestão dos riscos.

Quando uma crise vulcânica se pereniza, os derramamentos frequentemente recobrem os piemontes povoados dos vulcões ativos, como no México, a partir de 1994; em Montserrat, a partir de 1995; e no Equador, a partir de 1999. A persistência dos efeitos nocivos gera uma situação socioeconômica de difícil controle pelas autoridades, o que, por sua vez, revela as debilidades do sistema de resposta institucional: apesar de os lugares da catástrofe serem regularmente enterrados, uma parte da população evacuada retorna a eles por causa do apego dos habitantes a seu lugar de origem, da falta de trabalho e por causa da distância dos centros de refugiados e de alojamento. A maior falha do sistema de resposta institucional reside na má coordenação entre o governo, as agências internacionais e as ONGs, na comunicação imperfeita do sistema de alerta, na falta de treinamento do pessoal de vigilância, na deficiência do equipamento para evacuação e nas condições sanitárias. Fatores indiretos agravam ainda mais a situação: as tensões políticas e eleitorais, os conflitos de prerrogativas entre os responsáveis de diferentes níveis e as origens culturais e étnicas afetam o comportamento em caso de evacuação.

Figura 8

Três modelos de relações entre os procedimentos, a gestão e as consequências de um desastre fundados na análise da catástrofe de Armero (1986)

Os acontecimentos do Nevado del Ruiz passaram do modelo mais simples (A), no começo de 1984, ao modelo (B), quando a erupção de 11 de setembro serviu de sinal precursor, colocando um fim na incredulidade; e, finalmente, ao modelo (C) de 13 de novembro de 1985.

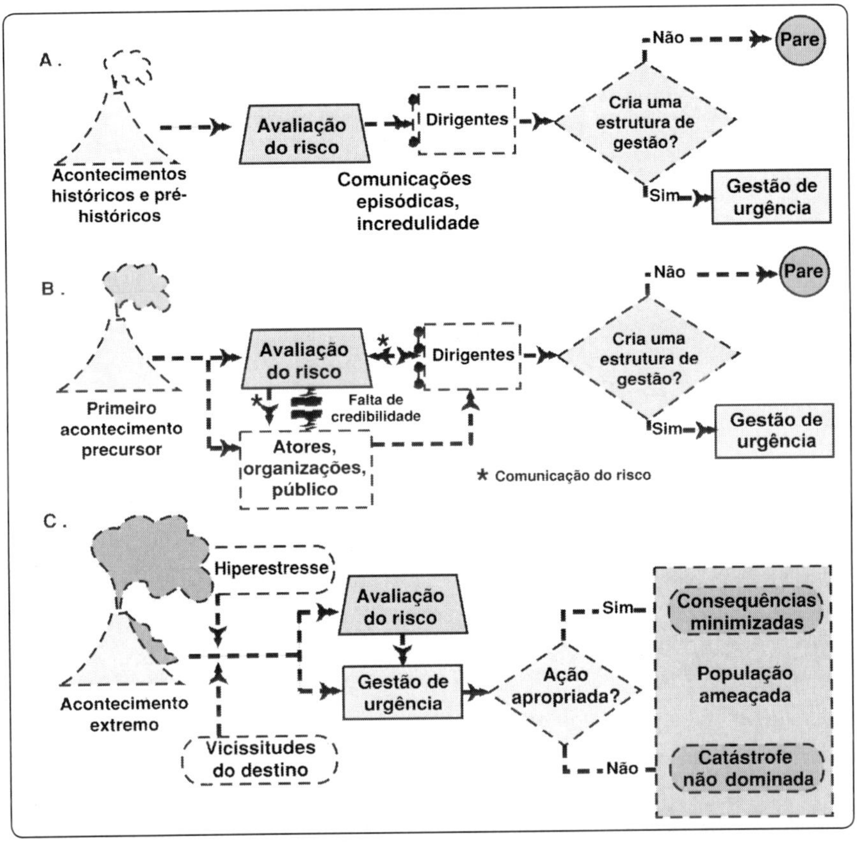

As estratégias de prevenção e gestão dos riscos e seus limites

Seria conveniente apresentar cinco séries de ações complementares (Masure, 1989):

- avaliar de maneira consensual a aceitabilidade do risco;
- facilitar sua percepção pelas populações ameaçadas;
- fundar a participação das comunidades locais na informação e na educação em matéria de risco e de meio ambiente;
- adotar mecanismos de prevenção e de gestão dos riscos;
- definir uma estratégia de longo prazo, principalmente uma política de planificação urbana que integre o desenvolvimento dos bairros frágeis.

As soluções teóricas de atenuação ou de prevenção dos efeitos das catástrofes naturais são múltiplas:

- ocupação racional do território e, principalmente, orientação da urbanização das zonas menos expostas e menos frágeis;
- modificação das ações antrópicas geradoras dos riscos e adoção de normas de construção adequadas (especialmente parassísmicas);
- realização de obras corretivas (estabilização das encostas, regulamentação e canalização dos cursos de água, luta contra a erosão);
- instalação de redes de auscultação dos fenômenos perigosos;
- organização dos atores operacionais encarregados da proteção, do socorro e das ações de reabilitação etc.

Essas soluções apenas serão verdadeiramente operacionais se levarem em conta condições sociológicas, meios técnicos e práticas de urbanismo próprios de cada país.

Para serem teoricamente eficazes nos países em desenvolvimento, tais programas não devem ser instalados após uma catástrofe, mas integrados *a priori* ao quadro de programas de planificação urbana ou regional de longo prazo. Ora, os organismos internacionais de ajuda ao desenvolvimento, que sempre fornecem auxílio para a reconstrução, praticamente não financiam programas completos de planificação preventiva.

Qual é a situação na América Latina nos níveis nacional e municipal?

As estratégias são múltiplas e variadas, mas desiguais: distinguem-se três grupos de estratégias aplicadas pelos Estados no caso das cidades latino-americanas.

Os Estados avançados em termos de prevenção e de gestão

Nesse grupo (Colômbia, Chile, México e Equador), as experiências extraídas das catástrofes recentes levaram à emergência precoce de programas de pesquisa e de prevenção dos riscos naturais, assim como à constituição de sistemas de gestão dos riscos e de planificação recentemente aperfeiçoados em todas as escalas administrativas (de 1985 a 1989 na Colômbia, a partir de 1994 no Equador e no México). Por exemplo, a lei de 1989 impõe a todas as cidades colombianas a preparação para o socorro em caso de catástrofes no âmbito da Oficina Nacional de Atención de Desastres.

Uma política de gestão insuficiente diante da amplitude da álea

Nesse segundo grupo (Costa Rica, Nicarágua, Argentina, Brasil e Venezuela), os sistemas de prevenção e de gestão dos riscos existem, mas as catástrofes, como a do ciclone Mitch, que estacionou sobre a América Central de 28 de outubro a 3 de novembro de 1998, superaram a capacidade de resposta do Estado e colocaram em perigo a ajuda da comunidade internacional. O Brasil está incluído aqui, mesmo que suas metrópoles estejam menos expostas aos riscos naturais que às violências urbanas e aos conflitos sociais. Esses Estados são impelidos a tolerar a destruição, mas as consequências são tão graves que procuram desenvolver medidas de atenuação dos efeitos. Com a ajuda internacional, eles agem tanto diretamente sobre a causa, por medidas técnicas de proteção, quanto indiretamente, mediante a redução da vulnerabilidade dos elementos expostos por meio de uma prevenção técnica e de campanhas de preparação da população (simulações, informações, conferências etc.).

Uma aplicação insuficiente ou pouco satisfatória dos sistemas de prevenção

No terceiro grupo de países mais pobres (Peru, Bolívia, Honduras, Guatemala, El Salvador), os sistemas de prevenção existem, mas são mal aplicados ou pouco aplicáveis (figura 9). As catástrofes são mal assimiladas ou pouco integradas pela população, ou afetam com frequência um percentual elevado do PIB, comprometendo o desenvolvimento do país. Os progressos científicos e técnicos geram, entretanto, a preparação de micro zoneamentos cartográficos, por exemplo, no domínio dos riscos sísmicos e vulcânicos.

Entretanto, progressos importantes foram obtidos a partir de 1990 graças ao exame retrospectivo das causas das catástrofes vulcânicas (México, Equador, Colômbia). As medidas de prevenção e de preparação se integram a um sistema global de gestão dos riscos vulcânicos; por exemplo, na região urbanizada do México e Puebla, ameaçada desde 1994 pelo vulcão Popocateptl. A gestão teórica de uma crise se processa em três fases: o período de preparação pré-eruptiva, a fase crítica das medidas operatórias e o fim da crise, com o retorno a uma situação "normal" (De La Cruz-Reyna et al., 2000).

As estratégias para saída da crise ou da catástrofe

A saída da crise e mais particularmente do período posterior à catástrofe representam sérios problemas para a América Latina. Na cidade, as operações complexas e longas de reconstrução, de recuperação e de reabilitação dependem da gravidade da catástrofe e, sobretudo, da resiliência do sistema urbano danificado. Ora, quando sobrevém uma crise, na maior parte desses países, o conjunto do sistema econômico e político nacional sofre perturbações. Assim, Honduras, Nicarágua e Guatemala sentem ainda hoje os impactos indiretos do ciclone Mitch, pois a destruição e, depois, a redução da atividade econômica a que estiveram sujeitos esses pequenos Estados, muito vulneráveis, representa de 10% a 25% de seus PIBs.

Blaike et al. (1994) preconizaram as ações práticas que visam a melhor gerir o período crucial de recuperação de um desastre: se prevenir contra a possível exploração política das catástrofes; responsabilizar os organismos de ajuda e as agências locais pelo socorro a fim de evitar a atribuição arbitrária e a dispersão comercial de recursos, assim como a dependência dos refugiados; nos planos de recuperação, equilibrar reformas e conservação, evitando as injustiças

Figura 9
Estrutura de base do sistema nacional de proteção civil no Peru

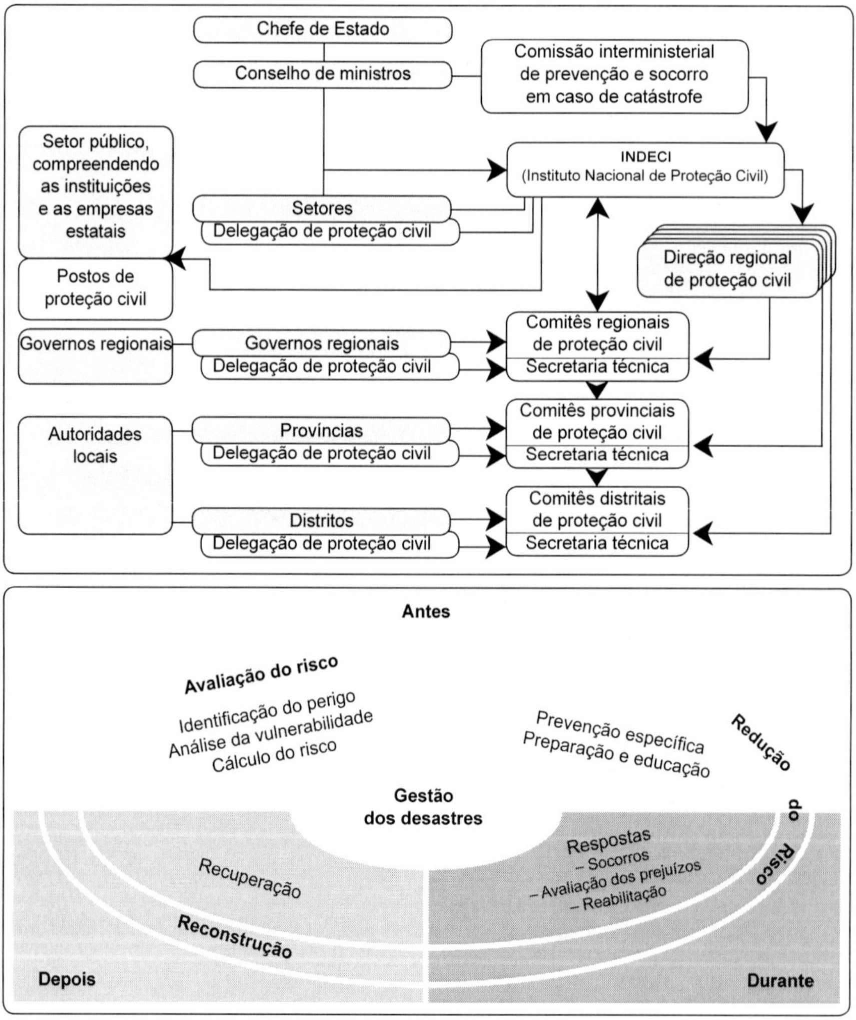

e as desigualdades na reconstrução e no realojamento. O objetivo é organizar rapidamente a transição da fase dos socorros à do desenvolvimento. Ao mesmo tempo, a ajuda internacional e as redes científicas e políticas devem estimular a autonomia da ciência e da técnica dos atores locais. Esses objetivos raramente são atingidos, pois são negligenciados fora do longo período de reabilitação.

Obstáculos e fraquezas da gestão dos riscos nas cidades latino-americanas

Na América Latina, assim como em numerosos PED, as políticas de gestão dos riscos são pouco ou mal aplicadas. A existência de normas ou de regras não significa que elas sejam aplicadas, aplicáveis ou eficazes. À deficiência do sistema político em geral somam-se a incerteza ou o desfalecimento dos poderes públicos e o contexto das economias nacionais. Os principais atores, especialmente os poderes públicos, não tomam parte ativa nas decisões que concernem à gestão dos riscos. Na cidade, a prevenção e a gestão são reguladas pela economia política municipal e regional. Quando as classes médias e os abastados se sentem ameaçados ou sofrem um desastre, são tomadas medidas de gestão para diminuir o risco aceitável. Os custos aumentam, o orçamento alocado à prevenção cresce e as autoridades municipais, apoiadas pela população bem estabelecida, podem conduzir uma análise custo/benefício mais razoável e eficaz, que, no entanto, escapa aos citadinos mais pobres.

Os obstáculos à aplicação de uma verdadeira prevenção e gestão dos riscos são de quatro tipos: técnicos, socioeconômicos, institucionais ou políticos e, enfim, culturais.

As respostas técnicas e seus limites

Ainda que necessárias, as respostas técnicas mostraram seus limites na gestão dos riscos. O caso de La Paz é exemplar, ainda que o sucesso das primeiras medidas tenha dado a ilusão de a abordagem ter sido bem-sucedida. Para serem eficazes, essas medidas devem ser acompanhadas do controle da terra, de um código de urbanismo que seja aplicado pela iniciativa local visando à comunidade que vive no bairro considerado e, enfim, da responsabilização do prefeito e do conselho municipal.

O exemplo das *quebradas,* ravinas de escoamento esporádico que atravessam o sítio de Quito (Metzger e Peltre, 1996), ilustra a complexidade dos fatores técnicos, institucionais, políticos e mesmo das representações mentais que intervêm na gestão do risco urbano. As numerosas *quebradas* foram sistematicamente aterradas durante a urbanização com o objetivo de ganhar espaço e servir notadamente como zonas de descarga de dejetos sólidos mais ou menos controladas. O aterro serve, enfim, para controlar socialmente o território urbano. Os riscos morfoclimáticos provocados por essas profundas mutações se traduzem por deslizamentos de terra e, sobretudo, pelo desencadeamento de correntes de lama e de detritos e, enfim, em menor medida, pelo afundamento do pavimento, sem esquecer a poluição das águas e dos solos e as repercussões sanitárias.

Em longo prazo, o aterro de *quebradas* é uma técnica correntemente admitida pelos gestores da cidade e aceita pelos habitantes. Os especialistas, ainda que minoritários, são hostis a ela, pois, para eles, o importante é reduzir as disfuncionalidades da rede de drenagem, os problemas de manutenção e de reparação da rede, e o risco incorrido. Essa divergência está fundada em uma cultura diferente e num claro distanciamento no que se refere aos conhecimentos dos fenômenos hidrológicos e morfoclimáticos, o qual implica uma compreensão variável do risco. Concepções opostas da natureza e do espaço conduzem uns a privilegiar o bom funcionamento natural de um sítio ao qual a cidade deveria se adaptar e outros a atribuir à urbanização um papel de construção e de gestão, que implica evacuar e reconstruir para dominar a natureza e os riscos induzidos.

Para o gestor, tanto a cheia quanto a catástrofe são excepcionais e trata-se, primeiro, de gerenciar o cotidiano dos problemas urbanos mais frequentes e, depois, de reparar os danos quando os acidentes se manifestarem, contando com uma evolução tecnológica julgada inelutável. As autoridades municipais fazem aterrar as *quebradas* porque assim vários problemas cruciais são resolvidos de uma só vez no curto prazo: os esgotos poluentes a céu aberto são escondidos, a cidade é menos segmentada e o controle do território é assegurado politicamente ou nas representações mentais dos habitantes.

Entretanto, certa reconciliação dos pontos de vista se desenha no presente, inicialmente em torno de soluções de correções técnicas. A adoção de medidas sérias parece indispensável diante do fato de que o crescimento espacial da cidade conduz à saturação da rede de saneamento. De fato, a impermeabilização do solo aumenta os débitos e as velocidades de escoamento das cheias-relâmpago no meio urbano, tanto em Quito quanto nas cidades mediterrâneas da França.

Os obstáculos estruturais, de origem científica, cultural e política

Podemos nos interrogar sobre a viabilidade e, sobretudo, sobre a aplicação efetiva dos planos de prevenção e dos sistemas de gestão, inclusive nos casos mais bem-sucedidos. A esse respeito, o cenário sísmico de Quito pode servir como estudo de caso (Merzger et al., 1996) para a pesquisa sobre os freios e as contradições, na verdade, os obstáculos à aplicação de projetos pilotos elaborados nos anos 1990 em várias cidades dos PED.

A análise do contexto científico, institucional e político no qual o cenário sísmico de Quito foi elaborado, depois proposto às autoridades municipais, nacionais e aos organismos internacionais, é revelador das dificuldades inerentes aos projetos desse gênero, apesar de técnicos e autoridades locais terem se associado à sua eclosão e adoção. Esse cenário é fruto do trabalho de uma centena de pesquisadores e especialistas de origem equatoriana, japonesa, norte-americana e francesa. Recomendações consensuais, entregues às autoridades um ano após o início do processo, não foram objeto de muitas medidas concretas. As condições de realização do cenário sísmico de Quito podem explicar o contraste entre, de um lado, seu sucesso científico objetivo, materializado pela produção de um cenário sísmico em 16 meses que traz novos conhecimentos sobre a cidade e sua vulnerabilidade em caso de terremoto, e, por outro, a morosidade e a dificuldade para implantar uma política de prevenção de riscos fundada em resultados.

Consequentemente, a análise retrospectiva das condições de realização do projeto piloto, à qual Metzger et al. (1996) se dedicaram, revela-se fecunda para o teórico, o prático e o gestor dos riscos. O projeto se construiu inscrito em uma tripla oposição.

- Uma oposição norte-sul, que se exprime de diversas maneiras: nenhuma demanda local formal havia sido explicitada (contrariamente ao caso de Manizales); o orçamento de origem japonesa permaneceu não explicitado e não consensual; o tratamento dos dados efetuado no exterior criou um sentimento de frustração nos pesquisadores locais; insatisfação dos parceiros do norte diante dos atrasos na realização e a ausência de evolução do SIG; os atrasos na implantação das recomendações pelo poder político; enfim, a publicação da versão espanhola ocorreu três anos após a difusão dos resultados em inglês, no Equador.
- Uma oposição entre cientistas e políticos em diferentes níveis: o obstáculo da representação social e local do risco, pois o fato de Quito não ter sido destruída desde 1868 gerou a ausência de consciência ou a incredulidade dos habitantes; preocupações divergentes sobre a participação real dos cientistas, dos setores público e privado convocados e o engajamento indolente dos políticos, traduzindo-se na confidencialidade da entrega das conclusões; uma concepção científica-técnica na própria organização do trabalho, que dissocia a execução de tarefas de coordenação técnica da direção política do projeto em nível local. Esse modo de funcionamento provocou hiatos, disfuncionalidades e

tensões. Enfim, trata-se de um projeto ambivalente. Como o papel do cenário é alertar as autoridades a partir de um conhecimento científico, não foi feito um levantamento do número de vítimas potenciais nem dos prejuízos possíveis a fim de evitar impactos econômicos e sociais nefastos.

• O projeto se inscreveu em um debate no interior da ciência entre o conhecimento fundamental e a ciência aplicada ou engajada. Se os resultados foram amplamente publicados, o projeto não foi unanimidade nem entre a comunidade científica nem entre os organismos encarregados de sua elaboração. O desenvolvimento do projeto foi informal, permanecendo à margem dos programas oficiais dos organismos de pesquisa, e sustentado pela boa vontade dos próprios pesquisadores. O projeto piloto revela concepções diferentes da ciência, e os adeptos de uma ciência dura frequentemente consideravam esse tipo de exercício um produto secundário. O cenário sísmico havia demandado igualmente a participação dos pesquisadores das ciências sociais, mas sua pesquisa era mais orientada para o processo de tomada de decisão, para as implicações sociais e políticas e para as responsabilidades diante da sociedade.

Após 1996, as autoridades locais passaram a levar parcialmente em conta as conclusões do cenário. Esse compromisso traduziu-se na criação, no interior da direção geral de planificação do distrito metropolitano de Quito, de um comitê de urgência e de uma unidade de prevenção dos riscos e, nos recenseamentos, por uma integração dos dados que concernem aos imóveis. Entretanto, para a política, o prazo de vencimento dos desafios eleitorais é muito mais curto que o do risco sísmico. Por isso, os resultados do cenário sísmico são mais científicos que aplicáveis no momento atual.

Mudar de paradigma?

Diante do aumento do número de vítimas e dos prejuízos decorrentes das catástrofes naturais — fato paradoxal, tendo em vista os progressos científicos e técnicos inegáveis — devemos repensar nossa abordagem dos riscos naturais (Lavell, 1996; Mitchell, 1999, 2003).

Um a um, três paradigmas se sucederam na área da prevenção e da gestão dos riscos: o primado da tecnologia, a resposta social e, hoje em dia, o desenvolvimento sustentável. Embora essas abordagens conceituais se tenham pagado com melhorias consideráveis, seu ritmo não acompanhou o da expansão urbana. O ganho de experiência e as análises retrospectivas do desastre por 25 anos têm demonstrado as dificuldades e as limitações de todas essas abordagens conceituais.

As soluções técnicas, indispensáveis, não freiam o crescimento da vulnerabilidade das cidades e propiciam uma fraca proteção contra os danos, que progridem juntamente com as ameaças aos alvos. As soluções sociais, que preconizam a melhoria das capacidades de resposta, colocam em epígrafe as causas da vulnerabilidade social, mas não permitem resolver o problema.

Parte-se do pressuposto de que uma campanha de sensibilização promovida pelos poderes públicos, associada a uma campanha de educação da população afetada, é a panaceia para aplicação de uma verdadeira política de prevenção e de gestão dos riscos. Se é esse o caso, então por que nenhum dos estudos conduzidos na América Latina conseguiu sensibilizar os poderes públicos e por que, de maneira geral, os planos de prevenção não conseguiram reduzir de forma significativa os prejuízos e o número de vítimas dos fenômenos naturais nessa região do mundo?

As campanhas de sensibilização, empreendidas sem estudo retrospectivo, negligenciam o fato de que o interesse formal das autoridades civis por essas campanhas e pela cooperação científica e técnica estrangeira é inicialmente motivado por uma preocupação de legitimidade institucional. Entre os políticos, as preocupações mais urgentes são ditadas por pressões econômicas e financeiras de seus Estados e, principalmente, pelo contexto de depressão econômica de todas as economias latino-americanas aliado à emergência de princípios liberais.

O paradigma do desenvolvimento sustentável está fundado na crença no progresso técnico inelutável e na capacidade dos citadinos e dos poderes públicos de dominar os efeitos da urbanização e da degradação do meio ambiente dos PED.

Há pelo menos trinta anos nos Estados Unidos e vinte anos nos PED, a colaboração entre as ciências sociais e as ciências naturais melhorou o diagnóstico dos riscos naturais. De fato, a imbricação do funcionamento social e político das sociedades afetadas e de suas relações com o meio natural é um emaranhado complexo. Entretanto, dois fatores primordiais não foram suficientemente considerados até os anos 1990 (De Miras, 1996): os poderes públicos e a sociedade civil.

Por que a capacidade de gerenciar a ocorrência do risco e, principalmente, da catástrofe é diferente e mais fraca na América Latina que nos países desenvolvidos e em certos países em vias de desenvolvimento? Qualquer que seja o valor didático das recomendações associadas aos planos pilotos, os administradores públicos mostram pouca capacidade para apropriarem-se das conclusões dos estudos de riscos. Deveríamos, então, considerar os poderes públicos um ator central, com sua variada capacidade de regulação de uma política de gestão dos riscos e do meio ambiente. Essa medida deveria ser capaz de explicitar os fatores estruturais limitantes: a fraca capacidade de financiamento, o clientelismo, um controle deficiente, objetivos públicos por vezes ambíguos ou contraditórios. Tais limites explicam por que aqueles que decidem não podem ou não sabem levar em conta certos fenômenos de riscos, por razões de capacidade econômica ou de representações mentais.

Enfim, as práticas da sociedade civil na América Latina são frequentemente poderosos fatores de ampliação do risco e da vulnerabilidade (De Miras, 1996), agravada por atitudes individuais e coletivas (técnica empregada na construção dos prédios e modos de ocupação do solo urbano) que não encontramos, por exemplo, no sudeste asiático. Esses comportamentos de risco da população urbana não são simples disfuncionalidades que devem ser corrigidas, mas exprimem o funcionamento social. O clientelismo político leva às invasões populares de zonas periurbanas expostas ou tolera a não aplicação de normas de construção em proveito imediato das classes mais favorecidas. O peso da pauperização dos meios populares, assim como das classes médias, combina troca de favores e corrupção. A fuga generalizada da fiscalilização enfraquece a capacidade de intervenção do Estado. O difícil domínio da pressão fundiária, que pertence à esfera jurídica e institucional da cidade, e a importância dos elementos fundiários em jogo colocam em xeque o processo democrático das instituições. Pode-se, assim, pensar que a representação mental do risco, portanto da morte, e a fatalidade fazem parte da sociedade latino-americana.

Nessas condições, a aplicação de políticas de gestão e mesmo de medidas de prevenção revela-se muito delicada, apesar de alguns avanços. Uma solução possível é a participação dos citadinos na prevenção e na gestão do risco, tema recorrente na Europa, novo na América Latina, onde, entretanto, as comunidades são frequentemente organizadas. Associar e implicar a população local é uma medida que poderia encontrar eco nas políticas atuais de descentralização dos Estados andinos, o que supõe uma representação do território urbano pela população, difícil entre os novos imigrantes, e a consideração de diferenças culturais. Isso também demanda o cultivo das competências, lá onde elas se encontram, no plano local e regional, e o apelo às responsabilidades e às iniciativas em diferentes escalas territoriais. Coloca-se, então, o problema da adaptação dos objetivos da prevenção e da gestão dos riscos e do meio ambiente às capacidades locais. É inútil querer aplicar em um país pobre recomendações difíceis de serem adotadas. Seria preciso ajudar a otimizar os esforços e as formas de prevenção em níveis compatíveis com o potencial econômico, administrativo e social das sociedades latino-americanas e de seus Estados. É necessário combinar a ajuda internacional, a colaboração do setor não governamental, o balanço das experiências comprovadoras realizadas nos países do sul com a participação local e com o que é socialmente possível.

Referências bibliográficas

BLAIKIE P., CANNON T., DAVIS I., WISSNER B. (1994), *At risk: natural hazards, people's vulnerability and disasters*, London, Routledge.

CHARDON A.-C. (1999), « A geographic approach of the global vulnerability in urban area: case of Manizales », Colombian Andes, *GeoJournal* 49, 197-212.

CHARDON M.-C., THOURET J.-C. (1994), « Cartographie de la vulnérabilité d'une population citadine face aux risques naturels : le cas de Manizales », *Mappemonde*, n° 4, p. 37-40.

CHESTER D.K., DEGG M., DUNCAN A.M., GUEST J.E. (2001), « The increasing exposure of cities to the effects of volcanic eruptions : a global survey », *Environmental Hazards*, n° 2, p. 89-103.

COURET D. (1994), *Système d'information géographique, inégalité dans le logement et ségrégation socio-spatiale à Quito (Équateur)*, Paris, ORSTOM Éditions.

DE LA CRUZ-REYNA S., MELI R.P., QUAAS R.W. (2000), « Volcanic crises management », *in* Sigurdsson H., Houghton B., McNutt S.R., Rymer H., Stix J. (eds.), *Encyclopedia of Volcanoes*, San Diego, Academic Press, p. 1199-1214.

DE MIRAS C. (1996), « Risques naturels : de la géophysique à l'approche institutionnelle », *Bulletin de l'Institut Français d'Études Andines*, 25, 3, p. 603-614.

D'ERCOLE R. (1994), « Les vulnérabilités des sociétés et des espaces urbanisés : concepts, typologie, modes d'analyse. Croissance urbaine et risques naturels dans les pays en développement », *Revue de Géographie Alpine*, n° 4, p. 87-96.

D'ERCOLE R. (1996), « La catastrophe et son impact à moyen terme : l'exemple de Popayan (Colombie), dix ans après le séisme du 31 mars 1993 », *Cahiers Sciences humaines ORSTOM* 32, 2, p. 445-470.

D'ERCOLE R., METZGER P. (2000), « La vulnérabilité de Quito (Équateur) face à l'activité du Guagua Pichincha. Les premières leçons d'une crise volcanique durable », *Cahiers Savoisiens de Géographie*, Chambéry, CISM, 1, p. 39-52.

LAVELL A. (1996), « Degradacion ambiental, riesgo y desastre urbano. Problemas y conceptos: hacia la definicion de una agenda de investigacion. *In* Fernandez M.A. (coord.), *Ciudades en riesgo. Degradacion ambiental, riesgos urbanos y desastres*, Lima, La Red, ITDG-USAID, p. 21-59.

MASURE Ph. (1989), « La vulnérabilité des sociétés modernes face aux catastrophes naturelles », *La Recherche*, n° 212 , supplément juillet-août, p. 8-13.

MESCLIER E. (1999), « La société du littoral péruvien face au Niño », *in* M.-A Gervais-Lambony (dir.), *Les littoraux*, Atlande, coll. « Clefs concours, Géographie », p. 87-91.

METZGER P., PELTRE P. (1996), « Gestion de l'environnement urbain et risques "naturels". La problématique des *quebradas* à Quito (Équateur) », *Bulletin de l'Institut français d'études andines* 25, 3, p. 531-552.

METZGER P., CHATELAIN J.-L., GUILLIER B. (1996), « Les dimensions politiques d'un projet scientifique : le scénario sismique de Quito », *Bulletin de l'Institut français d'études andines* 25, 3, p. 589-601.

METZGER P., D'ERCOLE R., SIERRA A. (1999), « Political and scientific uncertainties in volcanic risk management : The yellow alert in Quito in October 1998 », *in* « Urban hazards and risks ; consequences of large eruptions and earthquakes », *GeoJournal*, 49, p. 213-221.

MITCHELL J.K. (éd.) (1999), *Crucibles of hazard: Megacities and disasters in transition*, Tokyo, United Nations University Press.

MITCHELL J.K. (2003), *Urban disasters as indicators of global environmental change : assessing functional varieties of vulnerability ?* Forthcoming paper based on a presentation to the Symposium on Disaster Reduction and Global Environmental Change, Federal Foreign Office, Berlin, Germany, June 20-21 2002.

MUNICH RE GROUP (2000), *Topics* : « Great Natural Catastrophes » ; « A natural hazard index for megacities ». Site internet www.munich.com.

MUSSET A. (2002), *Villes nomades du nouveau monde*, Paris, Édition de l'EHESS.

THOURET J.-C. (éd.) (1999), « Special issue on urban hazards and risks : Consequences of large eruptions and earthquakes », *GeoJournal* 49, 2, p. 131-238.

THOURET J.-C. (2002), « Aléas et risques volcaniques : mieux comprendre pour prévoir et mieux gérer pour durer », *Annales de géographie* 627-628, p. 503-523.

THOURET J.-C. , LAFORGE Ch. (1994), « Hazard flood appraisal and hazard zone mapping in the city of Ibagué, Tolima department, Colombia », *GeoJournal* 34, 4, p. 407-413.

THOURET J.-C., D'ERCOLE R. (1994), « Les phénomènes naturels créateurs de dommages (menaces) : diagnostic, inventaire et typologie », *Revue de géographie alpine* 4, p. 17-26.

THOURET J.-C., D'ERCOLE R. (1996), « Vulnérabilité aux risques naturels en milieu urbain : effets, facteurs et réponses sociales », *Cahiers des Sciences humaines,* ORSTOM 32, 2, p. 407-422.

VOIGHT B. (1990), « The 1985 Nevado del Ruiz volcano catastrophe : anatomy and retrospection », *Journal of Volcanology and Geothermal Research*, 44, p. 349-386.

VRANES K., CZUCHLEWSKI K.R. (2003), « Integrating complexity of social systems in natural hazard planning : an example from Caracas, Venezuela », *EOS Transactions, American Union of Geophysics* 84, 6, p. 55-56.

O RISCO ALIMENTAR NA ÁFRICA

A imagem da fome e da desnutrição está colada à África. Uma e outra parecem atuar com rigor por toda parte há séculos (Gado, 1993), afetando as populações psicologicamente mais vulneráveis, vítimas de conflitos, sujeitas a áleas climáticas ou fragilizadas pelas crises políticas com suas múltiplas consequências sanitárias (morbidade), nutricionais (má nutrição proteico-energética, carências em micronutrientes) e econômicas (fraca produtividade do trabalho).

Entretanto, a insegurança alimentar não é um fenômeno sem causas; ela decorre de um encadeamento de circunstâncias que constitui um sistema contra o qual é possível lutar de maneira outra que não a ajuda internacional, a qual tende a se tornar estrutural. Para tanto, é ainda preciso recolocar a questão do risco alimentar na problemática maior do desenvolvimento sustentável e da luta contra a pobreza (Mathieu, 1998) no contexto específico dos sistemas agrários africanos. Ora, durante muito tempo isso foi considerado de maneira unívoca. Como as disponibilidades eram consideradas insuficientes em razão de uma fraca produtividade agrícola e de um crescimento rápido da demanda urbana, os primeiros colonizadores optaram pelo desenvolvimento de perímetros irrigados e pela importação maciça do arroz asiático de baixo preço. Essa política – praticada até nossos dias por meio da criação das grandes barragens e da intensificação da agricultura de alagadiço (arroz, essencialmente) – não podia resolver o risco alimentar da "África das aldeias", a primeira a ser tocada pela miséria e pela subalimentação. Entretanto, tendo em vista a taxa de crescimento natural, os atuais quatrocentos milhões de moradores rurais africanos serão cerca de seiscentos milhões em 2030 e serão proporcionalmente majoritários até o fim do decênio de 2020 (contra 66% em 1990).

Insegurança alimentar e subalimentação: um invetário

Enquanto a produção agrícola segue uma curva crescente nas outras grandes áreas geográficas, na África subsaariana ela conhece, segundo a FAO, uma estagnação, na verdade, uma degradação em razão do distanciamento crescente entre a oferta e a demanda. Os recursos alimentares mobilizáveis pelas famílias rurais e urbanas variam, portanto, fortemente, em função do volume das colheitas ou de sua acessibilidade geográfica e econômica.

> Corre-se o risco de o número de subnutridos dobrar na África — passando de 175 para 300 milhões, com disparidades regionais extremamente intensas —, ao passo que na Ásia ela cairá pela metade, passando de 520 milhões hoje para 270 milhões no horizonte de 2010 (Collomb, 1999).

Se as disponibilidades alimentares são quantitativamente insuficientes (menos de 2.500 calorias por dia por indivíduo), elas também o são qualitativamente: a diversidade alimentar é pequena no Sahel e tende a se reduzir com a queda do nível de vida na cidade em decorrência da alimentação realizada fora do domicílio e do uso de alimentos substitutos, às vezes menos apreciados pelos consumidores. As carências em micronutrientes são grandes. Em 2000, dos 45 países da África subsaariana, 36 foram beneficiários da ajuda alimentar do Programa Alimentar Mundial (PAM). Das mais de 5.192 milhões toneladas de alimentos planejadas para o período de 2002-2004 pelo programa alimentar mundial, cerca de dois terços são destinados apenas para ajuda de emergência. A Etiópia é o país mais afetado.

Esses déficits persistentes têm consequências diretas e cumulativas para o estado nutricional de indivíduos psicológica e socialmente vulneráveis (mulheres grávidas ou que estão amamentando, crianças de pequena idade, pessoas idosas, mulheres que são chefes de famílias, refugiados e retirantes, crianças de rua, indivíduos socialmente dependentes etc.) e também para os recursos esporádicos e incertos. Os laços de parentesco, frequentemente utilizados, nem sempre têm meios de subvencionar as necessidades dos mais desprovidos e, pela falta de reciprocidade, tendem a ser mais seletivos em seus sustentos.

Ao longo de dois decênios, a maior parte dos indicadores nutricionais degradou-se sensivelmente na África subsaariana: o percentual de pessoas

Figura 10
Distribuição da ajuda alimentar do PAM

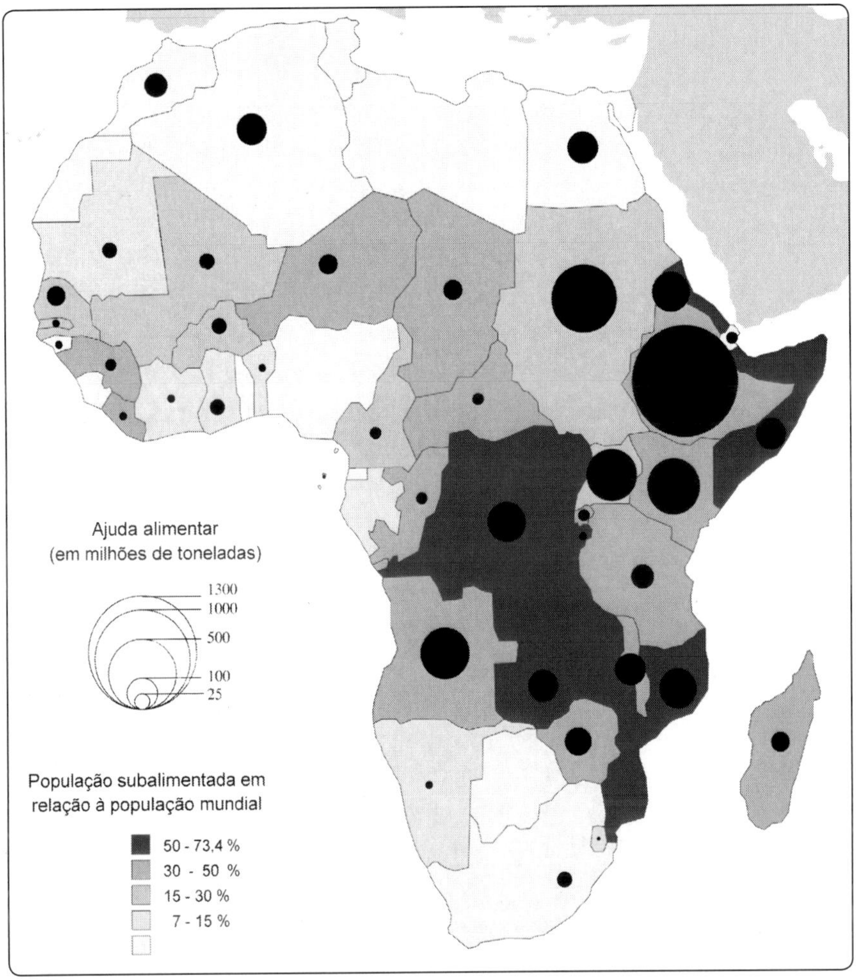

desnutridas passou de 34% para 57% na África central, de 33% para 43% na África austral, enquanto teria diminuído sensivelmente na África ocidental, passando de 40% para 14% (FAO, 2002).

Em uma escala planetária, de 27 países que têm mais de um terço de sua população desnutrida, 19 estão localizados na África subsaariana, e dos 10 países que têm uma taxa de desnutrição superior a 50%, 7 situam-se na África. As crianças com menos de 5 anos são as mais duramente afetadas pela degradação global das condições de existência: o número de desnutridos teria aumentado em cerca de 60% entre 1980 e 1995 e o percentual de casos de doenças foi estimado em 33% em 2000. Trata-se apenas de dados nacionais ou regionais, que nem sempre permitem levar em conta os 'bolsões" intersticiais de insegurança alimentar e de subnutrição.

Efetivamente, mesmo que a maior parte dos Estados da África subsaariana esteja ameaçada, o risco de insegurança alimentar está mais fortemente relacionado a certos países (figura 10) e a certas regiões: a África central parece especialmente afetada, apesar de suas potencialidades naturais serem maiores. Já a África ocidental o é menos, embora as imposições agroclimáticas sejam mais rigorosas e as potencialidades agrícolas, globalmente menores. O risco alimentar é, em geral, geograficamente localizado em razão de uma grande diversidade de condições, não apenas agroecológicas, mas também econômicas, culturais e políticas no próprio interior desses países. Essas regiões distinguem-se de outras por um maior grau de vulnerabilidade: sejam incertezas climáticas maiores (zonas áridas ou semiáridas, em particular), seja um desequilíbrio maior entre os ônus suportados pela população e as fontes de recursos (erosão dos solos, excesso de pastagens...), seja, ao contrário, o fato de haver uma dependência muito grande em relação a uma fonte momentaneamente ameaçada. A diminuição do comércio de uma cultura pode, como uma seca que dizima um rebanho, arruinar em alguns meses a esperança dessas sociedades de atender às suas necessidades. As numerosas guerras civis, assim como os conflitos étnicos mais ou menos ligados ao controle das fontes de recursos, também tornam certas regiões mais debilitadas que outras em função da evolução da periculosidade. Ao abandono dos campos, diante da insegurança, se soma, então, a angústia das populações refugiadas nos países vizinhos ou deslocadas em seu próprio país. Essas populações, reunidas em campos, constituem igualmente "bolsões" de insegurança alimentar. De uma maneira mais ampla, o estado de guerra torna o envio da ajuda aleatório, inacessível ou perigoso. Logo, infelizmente, nem sempre há uma relação estreita entre as necessidades alimentares das populações e o volume de ajuda enviado ao local.

Frequentemente, é a combinação de vários desses fatores que explica a crise alimentar, e, nesse contexto, a ajuda em alimentos se torna mais necessária na medida em que essas populações não têm recursos monetários que lhes permitam adquirir os gêneros de primeira necessidade cujos preços sobem em um período de fome. De modo evidente, a subalimentação está inicialmente relacionada à pobreza: quanto mais pobres são algumas regiões, mais elas são duplamente marginalizadas pelo seu isolamento geográfico, pois a deterioração das infraestruturas de transportes encarece o custo do envio da ajuda. É essa precisamente a situação que prevalece na região dos grandes lagos depois que uma década da guerra civil em Ruanda tomou a região. Mas é também a guerra que atua no norte do Quênia, na Somália ou no norte de Uganda.

Três tipos de causa são geralmente apresentados: primeiro, os efeitos das incertezas bioclimáticas sobre os ecossistemas não desprovidos de potencialidades, mas fragilizados pelas atividades antrópicas predadoras (excesso de pastagens e desmatamento). Essa situação não poupa nenhuma zona geográfica (Sahel, chifre da África, África austral). Segundo, a gestão do sistema alimentar, marcado por decisões macroeconômicas desestabilizantes (fim de subvenções aos insumos agrícolas, monocultura de exportação abalada pela queda do comércio mundial). Terceiro, o aumento da instabilidade política, concretizada pela extensão dos conflitos armados aos quais as populações civis pagam um pesado tributo e que têm como consequência imediata uma diminuição alimentar nas cidades. Em 1995, mais de 40% da população africana era afetada, ou seja, cerca de 260 milhões de pessoas. Em valor relativo, a situação é ainda mais dramática na África oriental (57%) e central (70% da população afetada).

Algumas dessas estatísticas vêm confirmar a ideia de que a África subsaariana não está condenada à insegurança alimentar e à desnutrição — no momento em que a produção alimentar se revela suficiente para alimentar a população mundial —, e que as soluções devem ser buscadas não somente em termos de regulamentação política dos conflitos e das trocas, mas também no desenvolvimento da própria agricultura africana.

Riscos alimentares e nutricionais: relações e conceitos

Ao longo das décadas de 1960 e 1970, o risco alimentar foi essencialmente enfrentado pelo ângulo da produção e do equilíbrio entre oferta e demanda alimentar, pela predicação categórica (preço, colheitas) e pela análise dos modos de gestão do espaço (glebas). Por muito tempo, afirmou-se que produzir mais ou criar riquezas (crescimento econômico) teria necessariamente efeitos positivos sobre os desnutridos ou os mais desprovidos, que o mercado asseguraria o ótimo alimentar. No entanto, essa asserção está longe de ser demonstrada em todos os lugares (Winter et al., 2001).

A partir de agora, é preciso entender por risco de insegurança alimentar a possibilidade de um indivíduo não poder ter acesso, em tempo oportuno, a uma ração adequada, em quantidade e qualidade, para que, sem ferir suas escolhas culinárias, goze de boa saúde. Essa definição integra a pluralidade das normas vigentes em matéria alimentar (norma nutricional de satisfação das necessidades definidas pela medicina, normas culturais das sociedades para as quais a alimentação é um marcador de identidade, normas sanitárias dos Estados). Ela se refere também ao acesso geográfico e econômico a uma ração alimentar adequada e escolhida pelos grupos populacionais mais fortemente inseridos nas trocas internacionais.

É por essa razão que o consumo de produtos produzidos pela própria comunidade e os termos da troca constituem pontos críticos tanto quanto a redistribuição dos gêneros de primeira necessidade, da renda (transferências sociais) e a gestão das reservas e estoques de segurança. Essa abordagem sistêmica leva em conta tanto o tempo biológico quanto o tempo da produção, os quais são, em igual medida, fatores de pressão na regularidade do aprovisionamento. Em suma, ela reintegrou perfeitamente o conceito, mais dinâmico, de vulnerabilidade alimentar – o qual combina certos indicadores de exposição ao risco, de medida de seus efeitos e da capacidade de enfrentamento dos indivíduos ou das comunidades com uma eficácia maior ou menor (resiliência) em função de seu capital produtivo, humano ou social (Bebbington, 1999) –, em uma perspectiva de ajuda à decisão.

O conceito de segurança nutricional se quer, claramente, mais amplo, pois inclui a satisfação das necessidades e os cuidados de saúde. Assim, no nível internacional, esse conceito é definido como

> o acesso físico, econômico, social e ambiental para todos, em todas as idades e a todos os momentos, a um regime alimentar equilibrado, que compreende os macro e micronutrientes necessários, uma água potável não poluída, um ambiente saudável, cuidados de saúde e uma educação alimentar e nutricional que permitam uma vida saudável e ativa (Cúpula Mundial da Alimentação, FAO, 1996).

A essa definição normativa, soma-se a ideia de satisfação das necessidades a partir de elementos escolhidos localmente, a fim de que seja evitada uma dependência econômica muito grande.

Tanto no domínio da nutrição quanto no das ciências sociais, as abordagens locais mais próximas dos atores vêm completar essas análises globalizantes. Com o enfraquecimento das estruturas nacionais de regulação (caixas de estabilização, estoques reguladores), passa-se a estar mais preocupado com a capacidade (ainda chamada de resiliência) dos atores, das comunidades e das regiões para enfrentar o risco de insegurança. Essa capacidade, ao mesmo tempo, depende tanto do capital disponível – produtivo, humano, social ou cultural – quanto dos direitos de acesso, de uso e de transmissão sobre as fontes de recursos. As desigualdades de condição e de estatuto, assim como as lógicas históricas e antropológicas, não podem, tampouco, ser negligenciadas.

Enfim, a comunidade internacional reconheceu progressivamente que nem os aportes alimentares, no nível das famílias, nem a ingestão de alimentos energéticos, no nível individual, constituem indicadores suficientes do estado nutricional. A emergência do conceito de segurança nutricional finalmente colocou a satisfação das "necessidades de saúde" e de *caring* no mesmo plano que a segurança alimentar como causas subjacentes da desnutrição. As necessidades de saúde ultrapassam aqui a noção de estado de morbidade/mortalidade dos indivíduos ou das populações para levar igualmente em conta as condições de higiene do meio, as atividades preventivas, o nível de conhecimento dos indivíduos, a qualidade dos cuidados, o funcionamento do sistema de saúde ou a influência das farmacopeias tradicionais. O conceito de *caring* recobre as atitudes, comportamentos, representações e práticas que influenciam o aporte alimentar, a saúde, o bem-estar e o desenvolvimento cognitivo e psicossocial dos indivíduos. Se é evidente que esse conceito se dirige, em primeiro lugar, às relações entre mãe e filho, ele se estende, ainda, ao conjunto da comunidade cujos membros são todos, em graus diversos, "doadores" e "receptores" de cuidados e de bens cambiáveis. Numerosos trabalhos sublinharam recentemente a importância da consideração dos indicadores de saúde e de *caring* entre os determinantes da segurança nutricional (Ruel et al., 1998).

Determinantes da insegurança alimentar

A insegurança alimentar tem causas múltiplas segundo os espaços geográficos e as sociedades consideradas. Em um meio onde a intervenção humana é pequena, por exemplo, as áleas naturais desempenham um papel muito importante: um agricultor saehliano estará, portanto, particularmente atento ao começo das chuvas que lhe permitirão semear no momento mais propício. Em contrapartida, em uma economia de *plantation*, um pequeno agricultor de cacau permanecerá desarmado e sem recursos para enfrentar uma quebra no aprovisionamento de insumos ou uma baixa nos preços de compra. Fora os riscos climáticos, que têm uma incidência direta sobre a produção agrícola (Eddin, Milleville, 1989), todas as outras variáveis decorrem, portanto, mais ou menos diretamente da "mediação humana".

Incertezas e pressões ambientais

Falar de risco ambiental implica levar em conta, em diferentes escalas espaciais de análise, o conjunto das pressões, de ordem essencialmente bioclimática (secas, inundações, ciclones), que podem intervir na emergência do risco alimentar (Le Floch et al., 1992).

Uma diminuição dos aportes em água compromete o desenvolvimento do ciclo vegetativo da planta e influencia o nível futuro das colheitas, portanto, dos estoques de reservas ou de sementes. Um déficit pluviométrico também penaliza as culturas rasteiras anuais em função da redução da cobertura arbórea e da competição pela água entre as diferentes espécies. Uma estação seca longa e severa acelera o fenômeno de dessecação dos solos e favorece a erosão eólica. Uma defasagem temporal (o atraso no começo das chuvas, a modificação do regime) entre o ciclo das chuvas e o ciclo vegetativo das plantas tem igualmente efeitos negativos sobre a produtividade como um todo. Juntamente com as regiões conhecidas pela intensidade e pela recorrência dos acidentes climáticos (secas no espaço saheliano ampliado do Senegal ao Sudão), numerosas regiões mais úmidas conhecem uma grande variabilidade de precipitações intra e inter anuais. Nas regiões de duas estações chuvosas, não é raro que um hiato pluviométrico aniquile uma das duas colheitas, tendo por consequência uma aparição precoce da entressafra e do aumento da demanda por alimentos.

Por outro lado, o excedente de água tem consequências nefastas para as culturas (desenvolvimento de doenças criptogâmicas, asfixia das raízes, apodrecimento). A submersão das superfícies agrícolas em seguida à ocorrência de intempéries pode destruir colheitas maduras ou postergar em vários ciclos agrícolas o período de cultivo. Em certos casos, ela pode igualmente tornar o solo impróprio para qualquer cultura. Em um contexto de estresse hídrico, o tapete gramíneo se degrada muito rapidamente, enquanto o abandono de técnicas defensivas (escamalhoamento, empalhamento, construção de terraços) favorece o aumento dos coeficientes de escoamento mesmo com uma pluviometria em diminuição regular (Sahel do oeste africano).

A destruição das culturas pelos pássaros, roedores, doenças ou insetos tem, enfim, consequências localizadas, mas, às vezes, catastróficas: em 1958, na Etiópia, 167 mil toneladas de cereais foram devoradas pelos gafanhotos peregrinos (Gillon, 1989).

Os limites dos sistemas agrários

Apesar da diversidade das condições agroecológicas e dos sistemas agrários, certo número de fatores comuns à agricultura africana explica, em grande medida, a subalimentação crônica do continente e as numerosas situações de insegurança alimentar transitória.

Com exceção de certas regiões em que a intensificação agrícola se impõe em razão da rarefação progressiva das terras cultiváveis e de uma carga demográfica elevada, os sistemas produtivos das pequenas unidades familiares, majoritárias mesmo em zonas de *plantation*, permanecem muito extensivos. As superfícies cultivadas *per capita* são pequenas (menos de um hectare), as ferramentas, na maioria das vezes, rudimentares, ainda que os agricultores frequentemente façam prova de engenhosidade e de uma capacidade renovada de adaptação. O uso de adubos de origem animal, pouco abundante, permanece geralmente mal valorizado, enquanto a tração animal ainda é pouco desenvolvida. Além disso, os insumos importados, inacessíveis financeiramente, são, na maioria dos casos, reservados ao campesinato que participa dos projetos de rizicultura ou às monoculturas de exportação (banana, algodão, café, cacau, abacaxi). Se em zona tropical úmida, tendo em conta as condições naturais mais favoráveis, uma família pode esperar atender ao conjunto de suas necessidades alimentares anuais com um cultivo intensivo, um agricultor saheliano deverá, em contrapartida, cultivar várias faixas de terra com painço ou sorgo sem garantia de autossuficiência nem, *a fortiori*, de um excedente comercializável. Se certas potencialidades são ainda insuficientemente valorizadas — os alagadiços permaneceram por muito tempo à margem dos sistemas de cultura —, o desequilíbrio entre as cargas demográficas e as fontes de recursos é às vezes atingido. Esse limite é muito variável de um tipo de meio agroecológico a outro: cerca de 50 habitantes por km^2 na zona saheliana, podendo atingir ou superar 250 habitantes por km^2 em regiões como Ruanda, Burundi ou nos altos planaltos etíopes.

De uma maneira geral, porém, esses sistemas produtivos não conseguem, ano após ano, gerar excedentes alimentares estocáveis em celeiros ou conversíveis em "poupança com patas" (rebanhos). O equilíbrio alimentar é, assim, frágil e constantemente ameaçado por imprevistos sociais aos quais é difícil escapar (cerimônias, doenças, funerais) e que são capazes de quebrar a poupança monetária disponível ou retardar os trabalhos agrícolas. Em numerosas áreas rurais africanas, os déficits alimentares são, portanto, estruturais e têm consequências marcantes sobre o estado nutricional (atraso no crescimento).

A exposição e a sensibilidade das sociedades pastoris ao risco de insegurança alimentar são também muito grandes. Dos afluentes do rio Senegal às terras áridas da Somália, pequenas comunidades ocupam espaços semiáridos deixados vagos pelas atividades agrícolas. Fortemente dependente de seu rebanho, do qual tiram o essencial de seus recursos (leite, pele, carne, dinheiro), seu modo de vida foi fragilizado pela degradação progressiva da pluviometria após os episódios de seca dos anos 1970. A reconstituição do rebanho, dizimado pelo desaparecimento das fontes de água temporárias e pela degradação das pastagens, é problemática, e a dependência da ajuda alimentar é frequentemente inelutável.

A questão do acesso, do uso e do domínio da terra pode, localmente, tornar-se crucial para a segurança alimentar das populações. Em zonas densamente povoadas, as comunidades autóctones têm se apropriado das melhores terras e aos alóctones só resta, muitas vezes, cultivar solos degradados. A privatização das terras com fins especulativos, especialmente nas periferias das cidades e nas regiões de *plantation*, atua de igual modo como elemento desfavorável para os mais vulneráveis. Além disso, contribui para cristalizar as tensões entre comunidades concorrentes quando as reservas de terra diminuem (Costa do Marfim, Zimbábue e República Democrática do Congo). O caso do Zimbábue é, em muitos aspectos, exemplar. Até o final dos anos 1990, esse país era apontado como "celeiro" da África austral. Isso ao custo de uma forte concentração de terras, uma vez que a herança não regrada do período colonial legou a cerca de três mil fazendeiros brancos as principais terras cultiváveis. Instrumentalizando essa questão por razões políticas, o presidente Mugabe empreendeu uma "reforma agrária" que consistiu em expropriar os proprietários dessas grandes explorações agrícolas. O resultado não se fez esperar: a produção desabou e os preços elevaram-se, conduzindo boa parte da população (tanto rural quanto urbana) à fome. A ajuda alimentar hoje concedida compensa apenas parcialmente a penúria.

No total, quer se trate de uma agricultura de simples subsistência, quer ela esteja associada a uma exploração comercial, os sistemas agrários são muito extensivos, não permitindo a liberação de reservas alimentares ou monetárias suficientes para evitar que as populações corram risco alimentar. O equilíbrio é, portanto, frágil e constantemente ameaçado pelo menor acontecimento. Na África, tudo se passa como se até o presente o risco alimentar tivesse sido a contrapartida ou o 'preço a pagar" por sistemas agrários que permitem um relativo equilíbrio entre a população e os recursos. De fato, é preciso repetir, se a África rural é subalimentada, o é menos por falta de espaço ou por uma população muito numerosa e mais por tratar-se, em um dado contexto político, de uma pequena agricultura familiar pouco capaz de produzir excedentes e, portanto, extremamente vulnerável aos diferentes riscos associados ao trabalho da terra.

Consolidação dos riscos econômicos

As famílias africanas, tanto rurais quanto urbanas, foram confrontadas, a partir do decênio de 1980, com mudanças macroeconômicas e políticas de grande envergadura que afetaram de forma durável seu nível de vida e sua capacidade de enfrentar os riscos e as incertezas.

Até os anos 1990, os pequenos agricultores africanos de culturas de exportação (algodão, café, cacau, açúcar, banana), inseridos há muito tempo no mercado mundial, foram beneficiados por medidas protecionistas resultantes dos acordos preferenciais herdados do "pacto colonial", as quais lhes garantiram um acesso privilegiado a certos mercados de consumo e às políticas nacionais de estabilização e de defesa (garantia de preço mínimo de compra, adubos e produtos fitossanitários subvencionados), capazes de amortecer as flutuações brutais e imprevisíveis dos preços mundiais. Eles foram, portanto, por muito tempo, rentistas de um sistema administrado que não sobreviveu aos diferentes planos de ajuste estrutural impostos pelas instituições internacionais e ao desengajamento de seus respectivos Estados. Na África ocidental, é com a desvalorização do franco francês em 1994 que o conjunto dos investidores aceitou a opção "liberalização dos mercados". As antigas caixas de estabilização e de perequação foram então desmanteladas. Entre 1995 e 2000, as cadeias produtivas do café, cacau, açúcar, algodão e banana foram alvos de políticas liberalizantes em inúmeros países produtores, as quais favoreceram a multiplicação dos intermediários, às vezes pouco escrupulosos, enquanto o alto nível do protecionismo nos Estados Unidos e na União Europeia deprimia as compras mundiais. Consequentemente, as pequenas unidades familiares de produção agora se encontraram em competição com as economias subvencionadas (União Europeia e Estados Unidos) em um mercado ampliado até a América Latina e o sudeste da Ásia (Vietnã e Indonésia).

Doravante, cada pequeno agricultor africano está em contato direto com o mercado mundial e deve sofrer as bruscas reviravoltas sucessivas do preço, como em 1989, 1994 e 1997. Por exemplo, o preço do café Robusta vendido em Nova York, passou um de 160 centavos de libra em 1995 para menos de 60 centavos hoje; o do algodão caiu 54% desde a metade dos anos 1990. Colocados em situação precária pelos preços internacionais pouco remuneradores, os produtores tornam-se igualmente mais vulneráveis em virtude de uma dependência reforçada por um ambiente global instável e aleatório. Na realidade, o mercado mundial do café e do cacau é diretamente controlado por algumas multinacionais que compram volumes consideráveis e estão, portanto, em condições de influenciar o comércio deprimido pela superprodução. A ONG Oxfam acusa, assim, as quatro principais multinacionais da indústria agroalimentar (Kraft, Sara Lee, Procter&Gamble e Nestlé) de obterem enormes lucros graças a margens compreendidas entre 17% e 24% para o café, nas costas de mais de 25 milhões de agricultores do sul, que não podem mais viver de seu trabalho. Essa instabilidade dos recursos conduz inevitavelmente os pequenos produtores a adiar as decisões de compra de insumos e a tirar algumas crianças da escola ou reduzir seus gastos alimentares.

Entretanto, foi no meio urbano que o recuo do Estado e a adoção de políticas liberais apresentaram os efeitos mais marcantes e mais dramáticos. Até os anos 1980, os consumidores urbanos beneficiaram-se de discriminações positivas por meio de políticas que favorecem o fornecimento de produtos alimentares importados ou locais a baixo preço (Maxwell, 1999), enquanto o Estado assegurava o pleno emprego dos diplomados, combinando um conjunto de vantagens em espécie (moradia, prêmios). Foram as classes médias — funcionários ou assalariados de empresas paraestatais — as mais duramente afetadas. "Comprimidas", "conjunturadas" e "deflacionadas" às dezenas de milhares, elas aprenderam a "viver miúdo", apesar de uma perda de *status* que as tornava pouco aptas a superarem as dificuldades. Estudos mostraram que numerosos consumidores urbanos em seguida a uma contração severa do poder de compra haviam procurado reduzir o "número de bocas para alimentar", espaçar as refeições, reduzir a parcela do orçamento reservada à alimentação (adotando alimentos substitutos locais menos onerosos ou de menor qualidade) ou cultivando víveres na cidade em pequenas faixas de terra. Esses ajustes têm consequências diretas não apenas sobre a sociabilidade e o sustento dos mais pobres, mas também sobre o crescimento das crianças. As estratégias alimentares das famílias refletem não somente a instabilidade da renda, mas igualmente as formas de sociabilidade em plena mutação (reforço do individualismo, maior seletividade nas ajudas, emergência das mulheres). Muitos citadinos estão, portanto, fortemente expostos ao risco de não poder ter acesso econômico a determinados gêneros alimentícios indispensáveis. Por outro lado, a maior parte das famílias urbanas não dispõem de "estoques de reserva" ou de poupança para antecipar suas compras e permanecem sob a ameaça de uma ruptura do aprovisionamento ou de uma alta especulativa do preço de certos itens. A gestão do dia a dia torna-se a norma coletiva. O risco de não poder "matar sua fome" é ainda reforçado pela dificuldade para mobilizar as ajudas e os socorros, aí compreendidos os obtidos pelo sistema de parentesco da aldeia.

Delinquência territorial e recuo estatal

Enquanto a subnutrição é um fenômeno difícil de ser combatido dada a multiplicidade de variáveis que a determinam, a maioria das situações de escassez de alimentos tem, em contrapartida, causas geopolíticas e econômicas bem identificáveis. Elas frequentemente são resultado da má regulação do sistema alimentar pelos Estados empobrecidos e fragilizados que não têm meios de intervir de forma eficaz: os estoques nacionais de segurança permanecem virtuais em razão da falta de meios financeiros suficientes; o sistema rodoviário muito degradado, como na República Democrática do Congo (RDC), cria bolsões de insegurança alimentar e de penúria, que é, assim, instrumentalizada politicamente por parte desses mesmos Estados ou das facções políticas em luta. Essas últimas podem, por sua vez, negar esse fato, ocultá-lo ou encobri-lo a fim de mobilizar a ajuda exterior ou de enfraquecer os movimentos de guerrilha. São frequentemente as populações civis que se tornam a variável em jogo, tendo como pano de fundo a dominação étnica e a luta pelo poder, como em Biafra, entre 1967 e 1970, e na Libéria, a partir de 1990. A fome de 1984-1995 na Etiópia não teria atingido a dimensão que atingiu sem os deslocamentos maciços da população organizados pelo poder.

Se as guerras na África foram, durante muito tempo, alimentadas pelo enfrentamento das grandes potências (como em Angola ou Moçambique, por exemplo), o fim do bloco soviético não marcou o fim das situações de conflitos e de fome. Nesses últimos anos, fora as divergências fronteiriças entre a Eritreia e a Etiópia, a maior parte dos conflitos contemporâneos são relativos a guerras civis que têm como pano de fundo rivalidades étnicas ou religiosas, as quais são reforçadas pelas perspectivas de enriquecimento ilícito e de captação de recursos (petróleo, diamante, ouro etc.). Essas são as únicas justificativas para a tomada do poder em Ruanda, Burundi, RDC, Angola, Sudão, Serra Leoa, Libéria, Somália... Todos esses conflitos jogaram na estrada milhões de desalojados ou refugiados que se dirigem aos países limítrofes. Reunidos em campos, às vezes durante dezenas de anos por falta de uma solução política durável, essas populações, após sofrerem fome, sede e com epidemias associadas ao êxodo, vivem, em seguida, na total dependência da ajuda humanitária (Cambrézy, 2000). Os casos recentes de Angola e da Libéria são, desse ponto de vista, ainda mais exemplares na medida em que esses países têm recursos minerais abundantes e não estão na situação agroecológica frágil dos países sahelianos. Não é menos verdade que após anos de guerra, milhares de hectares de Angola tornaram-se impróprios para a agricultura devido às minas pessoais que esterilizam as terras mais do que qualquer seca. Vê-se bem, nesse tipo de situação, que o risco alimentar não é, evidentemente, uma fatalidade e que, mais que nunca, é para a falência do Estado, para a patrimonialização dos recursos pelas classes dirigentes ou para os senhores da guerra, assim como para o fracasso das construções nacionais, que é preciso apontar o dedo (Bayart, 1989).

A regulação dos riscos alimentares

Com a mudança do contexto econômico e político, as modalidades de gestão do risco alimentar evoluíram de acordo com a capacidade de resposta dos lares, das famílias, das comunidades aldeãs e conforme o grau de participação e de eficácia dos diferentes atores coletivos (Estado, ONGs, instituições internacionais).

A gestão familiar dos recursos

Apesar da ajuda alimentar progredir constantemente, os lares e as comunidades aldeãs africanas têm, com frequência, de contar com seus próprios recursos (celeiros, rebanhos, renda) ou recorrer a seu capital social e relacional para enfrentar a subnutrição, a escassez e a carência alimentar. Trata-se, na maioria dos casos, mais de alternativas pontuais, adotadas em uma situação de crise que da antecipação estratégica, de médio prazo, geralmente destinada a minimizar o risco alimentar. "Três grandes tipos de estratégias aplicam-se tanto às situações variadas quanto aos riscos de natureza diversa: aceitar os riscos, mas tentar atenuar seus impactos, combatê-los, ou ainda se eximir" (Milleville, 1989).

Os lares rurais dispõem de um grande número de alternativas para tentar afastar o fantasma da escassez. A diversificação das espécies em meio a associações de culturas complexas, às vezes cultivadas em um mesmo campo, constitui frequentemente uma maneira eficaz de distribuir o risco de uma má colheita. As hortas caseiras em zona saheliana, os quadrados de hortas periurbanos, os jardins plantados em conjunto pelos camponeses (Madagascar, Ruanda, Camarões), graças aos cuidados intensivos de que se beneficiam, têm produções menos instáveis que os lotes de cultura pura.

Quando a carência alimentar se torna recorrente, os lares adotam uma gestão prudente dos celeiros onde são estocados os cereais colhidos anualmente. Uma pessoa é encarregada da gestão individual do celeiro enquanto as preparadoras determinam a quantidade a ser extraída em função do número de comensais. Os celeiros podem ser abertos e fechados alternativamente ou ainda colocados como reservas de segurança para os meses mais difíceis.

O milho e a mandioca desempenham um papel muito importante em caso de penúria. Da mesma forma, várias folhas e frutos que não são cultivados de forma sistemática, mas apenas coletados pelas populações (mandioca, baobá, sumaúma...*), são tradicionalmente utilizados na preparação de molhos culinários tanto em zonas de florestas quanto nas savanas arbustivas.

* N.T.: O fruto do baobá (pão-de-macado) é comestível e de sabor levemente acidulado.

Quando o volume das colheitas é insuficiente, os habitantes da zona rural podem adotar uma estratégia de "desestocagem patrimonial progressiva", que consiste em vender certos bens (rebanho, ferramentas) na medida das necessidades a fim de comprar gêneros alimentícios no mercado e proceder a certos ajustes alimentares (diminuição das quantidades e espaçamento das refeições). Todavia, a diminuição das dotações familiares representa grande risco para a sobrevivência alimentar dos lares caso os ativos não possam ser reconstituídos para prevenção de fomes futuras ou de imprevistos sociais frequentes (doença, funerais).

É por isso que, na maioria das zonas rurais e das cidades, a tendência geral é a diversificação das fontes de renda mediante a multiplicação das pequenas atividades artesanais e comerciais (entrega em domicílio, transporte, produção de carvão de madeira, preparação de comida caseira, realização de pequenos concertos, trabalhos por empreitada etc.). De fato, depois da desvalorização do franco CFA na África ocidental, inúmeros projetos setoriais, iniciados por diferentes agências de fomento (Banco Africano de Desenvolvimento – BAD, Banco Mundial, FAO, União Europeia), insistem em dois aspectos essenciais da securitização alimentar: reforço da capacidade de gestão comunitária dos recursos – no âmbito das glebas dos aldeões ou por meio dos grupos associativos (tontina*) – e melhoria da acessibilidade econômica aos gêneros alimentícios pelas populações cada vez mais dependentes de alimentos comprados, mesmo no meio rural. A utilização de microcréditos destinados a permitir o desenvolvimento de atividades geradoras de renda (AGR) é uma das vias privilegiadas pelos dirigentes. No entanto, frequentemente, todos esses esforços permanecem dispersos, pontuais e padecem de uma insuficiente consideração das representações e percepções dos riscos alimentares e dos modos de regulação comunitários de sociedades fortemente marcadas pelas diferenças individuais de *status*.

Regulação pelo Estado ou pelo mercado?

No espaço de um decênio, passou-se de uma gestão estatal dos riscos alimentares para uma regulação do sistema alimentar pelo mercado. Até os anos 1980, os Estados africanos não cessaram de intervir econômica e politicamente no funcionamento do sistema alimentar. As diferentes

* N.T.: Trata-se, na África, de uma associação de indivíduos que regularmente fazem depósitos em dinheiro em uma caixa comum cujo montante é revertido a cada vez para um dos contribuintes.

estratégias alimentares nacionais implantadas procuraram proteger o mercado a fim de evitar a concorrência "desleal" dos produtores de arroz asiáticos, sempre reproduzindo em escala africana o que se adotava na União Europeia. Paralelamente, foram consentidos esforços muito dispendiosos para intensificar e diversificar a produção de víveres por meio de projetos de irrigação com resultados controversos e economicamente pouco viáveis. Talvez seja no domínio da gestão das crises que o balanço se mostre menos negativo: silos para cereais em escala local e estoques reguladores foram por muito tempo mantidos operacionais em complemento à ajuda alimentar internacional. Todavia, muito rapidamente, Estados "contrabandistas" (Benin, Gâmbia) e as redes de comerciantes em um contexto de déficits nas contas e de ajustamento estrutural tiveram razão em suas iniciativas, de modo que, no momento atual, o mercado e a "sociedade civil" tornaram-se os principais atores de uma segurança alimentar que nem sempre está assegurada.

Por sua vez, a partir de 1985, as agências de fomento procuraram implantar diferentes dispositivos de prevenção e de gestão das crises alimentares (Aghrymet, Fivims, Fews, Siciav*), sem se preocupar em gerenciar o sistema de preços e sempre se apoiando confortavelmente na implantação de organizações de camponeses de todas as naturezas — notadamente na cultura do algodão (Curtis et al., 1988). Esses dispositivos fornecem balanços regionais, relatórios de preços úteis para mobilizar a ajuda alimentar, mas nem sempre eficazes para a definição dos grupos e dos indivíduos vulneráveis.

Alguns mitos e lugares comuns foram colocados em posição desconfortável pela mudança global. O operador privado — comerciante, intermediário ou transportador — não é mais o especulador de antanho, agora desempenha um papel determinante na gestão descentralizada da penúria. O pequeno produtor pode fazer valer seu poder de negociação por meio das organizações camponesas ou de embriões de sindicatos agrícolas (Janin, 1999).

* N.T.: Criado em 1974, o Centro Regional Aghrymet é uma instituição do Comitê Permanente Inter-Estados da Luta contra a Seca no Sahel (CILSS), que congrega nove estados: Burkina Fasso, Cabo Verde, Gâmbia, Guiné Bissau, Mali, Mauritânia, Níger, Senegal e Tchad. O Siciav — Sistema de Informação e de Cartografia sobre Insegurança Alimentar — é uma rede de dados que coleta, analisa e difunde informações sobre indivíduos sujeitos à insegurança alimentar no local em que se encontram. O Fews e o Fivims (Food Insecurity and Vulnerability Information and Mapping Systems) também são sistemas de informações sobre a questão alimentar, sendo que o último é o equivalente em inglês do Siciav.

Outros lugares-comuns também apareceram: notadamente, o de que os mecanismos do mercado são as soluções para os problemas de déficit e de excedente, ainda que as populações urbanas desejem uma alimentação que não seja unicamente local, desde que barata. A noção de preço mínimo garantido não é mais considerada uma condição necessária para atingir a segurança alimentar, e o preço máximo para o consumidor é doravante considerado *non sense* econômico, mesmo que seja eleitoralmente remunerador.

Os entraves burocráticos e as rendas ocasionais, induzidos pelos escritórios cerealistas, desapareceram para dar lugar a funções de arbitragem entre interesses divergentes no nível do Estado. Um único lugar todo particular foi dado ao aprovisionamento dos citadinos cujo peso político não se restringe à sua presença demográfica, ainda que o mundo rural se encontre, em muitos países, em uma situação menos favorável do que parece.

Hoje, a maior parte dos estados africanos deixou de subvencionar os adubos ou de sustentar o preço da produção nacional do arroz, mas seu desengajamento talvez não seja definitivo. A coexistência permanente de uma gestão estatal e uma gestão liberal da segurança alimentar não seria uma resposta politicamente adaptada à situação de risco alimentar e, sobretudo, às expectativas das diferentes categorias da população? O banco mundial parece reconhecê-lo hoje.

A armadilha da ajuda alimentar

Existe uma abundante literatura crítica sobre os efeitos da ajuda alimentar na África subsaariana (Naudet et al., 2000). Entretanto, dada a impossibilidade, no momento, de se atacar as causas primeiras do risco alimentar, a assistência humanitária surge como uma necessidade. Contudo, uma vez que a ajuda alimentar de urgência, dispensada pelo Programa Alimentar Mundial (PAM), passou, em menos de dez anos, de 60% para 80% do volume total da ajuda distribuída, coloca-se a questão dos riscos e da perversão desse sistema. Observa-se, de fato, uma forte correlação entre a desnutrição e a existência de conflitos armados. Ora, em decorrência da própria duração desses conflitos, a ajuda alimentar — como, aliás, o conjunto da assistência humanitária — não escapa ao que com frequência pertence à esfera do que se convencionou chamar *charity business*. Dos grandes cerealistas europeus ou americanos, cuja produção (e exportação) é grandemente subvencionada, até os transportadores locais e os senhores da guerra, passando pelas ONGs intermediárias, parece que é, talvez, mais fácil desencadear uma operação de distribuição alimentar (além do mais justificada pela urgência) do que interrompê-la. Tanto é verdade que a ajuda é às vezes desviada para fins verdadeiramente fraudulentos ou políticos.

As ajudas fornecidas são essencialmente destinadas a países cujas colheitas são deficitárias e, bem mais raramente, a programas de escolarização. Mas, nesses casos, certas regiões são mais atendidas que outras e muitas vezes é a deficiência das infraestruturas e a impotência do Estado que justificam o recurso à ajuda internacional. Por outro lado, frequentemente existe uma defasagem importante entre a instalação da ajuda e as necessidades reais das populações, em particular quando os doadores fornecem alimentos menos apreciados que os gêneros alimentícios locais tradicionais.

Na África, a assistência alimentar concedida pelas grandes potências ocidentais a agriculturas fortemente subvencionadas coloca — como, aliás, acontece com os transgênicos — o problema mais amplo das contradições da globalização e das relações norte–sul (Courade, Delpeuch, 2000). Efetivamente, essa assistência aparece em larga medida como uma prática que permite ter boa consciência a preços módicos enquanto a superprodução agrícola é escoada sem que se questionem as subvenções que ainda beneficiam os agricultores ocidentais, ao contrário do que ocorre com os pequenos produtores africanos. A introdução dos transgênicos na África também coloca numerosas questões. Ao passo que poucos recursos são dedicados à melhoria agroeconômica dos cereais tradicionais, e o fim do isolamento geográfico permite transferências rápidas de excedentes agrícolas de um país e de uma região a outra, a difusão de sementes melhoradas traz o risco de reforçar a dependência estratégica e econômica das agriculturas familiares africanas em relação às multinacionais agroalimentares proprietárias das patentes (Monsanto, Pioneer, Novartis). Os transgênicos são, certamente, capazes de permitir importantes ganhos de produtividade com a limitação dos insumos (pesticidas, herbicidas, adubos), mas seus efeitos de longo prazo sobre o ambiente e mesmo sobre a saúde ainda permanecem pouco conhecidos.

Um futuro incerto

Os riscos alimentares encobrem realidades diferentes de acordo com o contexto (guerra, paz), a escala espacial da análise (aldeia ou região), o meio (urbano, rural) e o grau de extroversão econômica. Como não estão ligados apenas à natureza dos ecossistemas, às condições biofísicas desse ou daquele meio, eles devem ser considerados em suas diferentes dimensões tanto naturais quanto econômicas, culturais e políticas. E está bem aqui a articulação de fatores explicativos, assim como o contexto geográfico, que determina suas formas. Em termos de risco, importa também fazer a distinção entre insegurança e inacessibilidade alimentar, escassez de alimentos, fome, penúria, desnutrição, subnutrição e carências alimentares, com intensidade e duração variáveis, mesmo que elas possam coexistir.

Na verdade, o futuro dependerá, sobretudo, da evolução das economias rurais. A redução do risco alimentar — se é que ela é realmente desejada — não está ligada somente a uma melhor remuneração e uma maior estabilidade das culturas. Ela também não é exclusivamente dependente — como certas análises tendem a afirmar — da política de subvenções concedidas aos produtores europeus e americanos. Esses dois fatores, sem serem negligenciáveis, nada são em comparação às estruturas agrárias africanas que, para serem adaptadas à falta de investimentos e à fraca produtividade do trabalho, devem, no mesmo processo, compor e viver em permanência com o risco agrícola. Dito de outro modo, agir sobre o risco alimentar faria supor uma verdadeira revolução agrária, que se traduz por um reordenamento da terra, pela introdução de insumos (adubos, pesticidas etc.) e por uma mecanização da agricultura; os únicos meios que permitem aumentar eficazmente o rendimento e a produção agrícola.

Mas para que tal evolução não gere mais e mais desigualdades, pobreza e escassez, deve ser integrada a uma perspectiva de desenvolvimento muito maior, que favoreça a ampliação da infraestrutura, a urbanização e o crescimento industrial, única maneira de absorver efetivos populacionais que se tornariam, então, excedentes em relação às necessidades de uma agricultura moderna. O desafio é enorme e as incertezas, imensas. Em todos os casos, a resposta não pode ser encontrada sem uma abordagem econômica, política e também cultural. Econômica, inicialmente, porque tal revolução não poderá se produzir sem importantes financiamentos; política, em seguida, porque está claro que a falência do Estado — é verdade, frequentemente sem recursos suficientes — explica em parte a subalimentação crônica; cultural, enfim, porque uma reforma fundiária eficaz não tem chance de obter sucesso a não ser em acordo com populações profundamente apegadas — na falta de termo melhor — a práticas agrárias largamente extensivas. A exemplo da revolução da agricultura francesa, que deixando de ser uma sociedade agrária tornou-se uma grande potência agrícola, seria preciso "esvaziar os campos para torná-los agrícolas"? (Hervieu e Viard, 2000). É uma questão fundamental pelo que implica em matéria de redistribuição da população e de organização do território. É uma escolha de sociedade e de modo de desenvolvimento. É igualmente um risco.

Referências bibliográficas

BAYART J.-F. (1989), *L'État en Afrique : la politique du ventre*, Paris, Fayard.

BEBBINGTON A. (1999), « Capitals and capabilities : a framework for analyzing peasant viability, rural livelihoods and poverty », *World Development*, vol. 27, n° 12, p. 2021-2044.

CAMBRÉZY, L. (2000), *Réfugiés et exilés ; crise des sociétés, crise des territoires*, Paris, Éditions des Archives contemporaines.

COLLOMB P. (1999), *Une voie étroite pour la sécurité alimentaire d'ici 2050*, Paris, Économica.

COURADE G., DELPEUCH F. (2000), « Cordon sanitaire pour le Nord et insécurité nutritionnelle pour le Sud : le dilemme alimentaire aujourd'hui », *in Développement durable ? Doctrines, pratiques, évaluations.*

CURTIS D., HUBBARD M., SHEPERD A. (1988), *Preventing famines : Policies and prospects for Africa*, London, Routledge.

ELDIN M., MILLEVILLE P. (1989), *Le risque en agriculture*, Orstom Éditions, Coll. « À travers champ ».

FAO (2002), *L'état 2002 de l'insécurité alimentaire*, FAO.

GADO A. (1993), *Une histoire des famines au Sahel. Études des grandes crises alimentaires (XIXe-XXe siècles)*, Paris, L'Harmattan, coll. « Racines du présent ».

HERVIEU B., VIARD J. (2001), *L'archipel paysan*, La Tour d'Aigues, Éditions de l'Aube.

JANIN P. (1999), *L'avenir des planteurs camerounais. Résister ou se soumettre au marché,* Paris, Karthala, coll. « Économie et développement ».

LE FLOC'H E., GROUZIS M., CORNET A., BILLE J.-C. (éds) (1992), *L'aridité. Une contrainte au développement*, Paris, Orstom Éditions, coll. « Didactiques ».

MATHIEU P. (1998), « Population, pauvreté et dégradation de l'environnement en Afrique : fatale attraction ou liaisons dangereuses ? », *Natures, Sciences, Sociétés*, Elsevier Sciences, vol. 6, n° 3, p. 27-34.

MAXWELL D. (1999), « The political economy of urban food security in sub-saharan Africa », *World Development*, vol. 27, n° 11, p. 1939-1953.

NAUDET J.-D., LECOMTE B.-J., (éds). (2000), « Survivre grâce à... réussir malgré... l'aide », *Autrepart*, Paris, IRD Éditions, n° 13.

WINTER G. et *al.* (2001), *Inégalités et politiques publiques en Afrique. Pluralité des normes et jeux d'acteurs*, Karthala-IRD, Paris, coll. « Économie et développement ».

O PAPEL DAS INSTITUIÇÕES INTERNACIONAIS NA PREVENÇÃO E NO DOMÍNIO DOS RISCOS: O EXEMPLO DE BANGLADESH

Até os anos 1970, a comunidade internacional considerava as catástrofes naturais fenômenos excepcionais de curta duração que excedem temporariamente a capacidade de resposta das populações locais. A própria noção de gestão das catástrofes naturais equivalia à de socorro de urgência e era considerada do domínio de competência exclusiva de organismos especializados, tais como o Comitê Internacional da Cruz Vermelha. Os anos 1980 viram os esforços de incremento das capacidades de preparação generalizarem-se. Entretanto, foi apenas com a instituição do Decênio Internacional para a Redução das Catástrofes Naturais, nos anos 1990, pela Assembleia Geral das Nações Unidas, que o conceito de prevenção dos riscos naturais tornou-se uma preocupação internacional maior.

O pequeno lugar reservado à prevenção dos riscos em escala internacional

Ainda hoje, a maioria dos investimentos em matéria de controle de riscos naturais é destinada ao socorro de urgência e à reconstrução. Apesar da eficácia dos esforços de prevenção e de preparação, as agências de fomento destinam menos recursos à redução dos riscos que ao socorro; o Escritório Humanitário da Comunidade Europeia (ECHO), por exemplo, destinou no último ano apenas 1,5% de seu orçamento de assistência à preparação para as catástrofes (Federação Internacional das Sociedades da Cruz Vermelha e do Crescente Vermelho – FISCRCR –, 2002). Vários elementos explicam esse grande desequilíbrio entre prevenção, preparação, resposta de urgência e reconstrução:

- A ausência de "visibilidade" dos esforços de redução dos riscos: em relação aos programas de resposta de urgência, grandemente midiatizados, os programas de desenvolvimento que integram um componente de redução dos riscos oferecem apenas uma pequena visibilidade às políticas, organismos oficiais nacionais e arrecadadores de fundos.
- A pequeníssima dotação orçamentária para a redução dos riscos é a regra nesses casos, ao passo que existem fundos de ajuda especiais para os socorros de urgência. A maior parte das agências de fomento e um grande número de agências nacionais mantêm linhas orçamentárias dedicadas ao socorro de urgência. Em contrapartida, as dotações orçamentárias para a redução dos riscos têm de concorrer com todas as outras prioridades de desenvolvimento quando da formulação de orçamentos anuais.
- A percepção da prevenção: o termo prevenção de riscos naturais evoca muito frequentemente imagens de obras faraônicas tais como a construção de milhares de quilômetros de diques de proteção e gigantescas barragens. Por razões comerciais, numerosos agentes estão muito satisfeitos por promover tal visão. Um trabalho considerável de popularização das abordagens de prevenção não estruturais (plano de ocupação dos solos, código de construção, sistemas de alerta preventivos...) precisa ser realizado para sensibilizar os dirigentes políticos para essas alternativas.
- A dificuldade para quantificar o custo das catástrofes naturais: os poderes públicos e as empresas têm dificuldades para justificar, sem maior precisão, gastos com a prevenção de acontecimentos que podem ocorrer em qualquer momento. Os efeitos econômicos das catástrofes naturais são numerosos e graves, mas sua quantificação permanece difícil.

As áleas em Bangladesh hoje e as áleas do futuro

Com uma superfície de 144 mil km^2, Bangladesh é ocupado por uma população de 125,7 milhões de habitantes (2002) que cresce 2% ao ano (estimativa de 1997), devendo, portanto, dobrar daqui a trinta anos. A população rural é de 75,5%, ainda que a crise no campo se traduza por um forte êxodo rural. Com um PIB por habitante de 370 dólares (2000), esse país encontra-se entre os mais pobres do mundo.

Bangladesh, um país sujeito a múltiplas áleas

Bangladesh está sujeito a numerosas áleas hidroclimáticas. O país ilustra de maneira particularmente traumática os desafios da prevenção e do controle dos riscos naturais para um desenvolvimento sustentável na Ásia. Entre abril e maio de 1991, Bangladesh foi sucessivamente atingido por um ciclone, um tornado, uma tormenta, cheias e um terremoto que provocaram a morte de cerca de 140 mil pessoas. As catástrofes de maio de 1991 foram responsáveis por dez milhões de sem-teto e de camponeses sem terra. Durante os vinte anos precedentes, o número de vítimas das catástrofes naturais ultrapassou o milhão.

A maior parte de seu território é ocupada pelo delta de baixíssima altitude de três grandes rios, o Ganges, o Brahmaputra e o Meghna (chamado Barak na Índia). A cada ano, sob o efeito da monção, um terço do país é inundado. As altas águas sazonais médias não devem ser confundidas com as inundações

Quadro 3

Os principais ciclones de Bangladesh de 1960 a 1991

Ciclone	Maré de tempestade (em metros)
Maio de 1960	3,2
Outubro de 1960	5,1
Outubro de 1960	6,6
Maio de 1961	3,0
Maio de 1961	6,0~8,0
Maio de 1965	7,6
Dezembro de 1965	8,8
Outubro de 1967	7,6
Maio de 1970	5,0
Outubro de 1970	4,7
Novembro de 1970	9,0
Setembro de 1971	5,0
Dezembro de 1973	4,5
Agosto de 1974	6,7
Novembro de 1975	3,1
Maio de 1985	4,3
Novembro de 1988	4,4
Abril de 1991	4,0~8,0

Fonte: OCDE, 2003a.

catastróficas que acontecem por ocasião de cheias excepcionais. Por outro lado, elas desempenham um papel essencial na fertilização dos solos e na manutenção das reservas haliêuticas, primordiais para a alimentação da população.

As inundações catastróficas estão ligadas aos ciclones e aos efeitos de marés excepcionalmente altas. Sob a ação dos ciclones, o mar pode penetrar amplamente no delta. As costas baixas, muitas ilhotas emersas com dificuldade, fundos marinhos de baixa profundidade, explicam a grande vulnerabilidade do país às marés ciclônicas. Quando os ciclones sobrevêm, a forte queda das pressões atmosféricas (até 900 hPA) aspira a superfície do mar. A essa aspiração se soma o efeito do vento que contribui para acumular as águas na costa e reforçar a elevação do seu nível.

Esse fenômeno se produziu em novembro de 1970, marcado por uma maré de tempestade estimada em mais de 6 m com ventos de 130 nós. De 300 mil a 500 mil pessoas teriam perecido em um ciclone nessa data. A inadequação dos socorros prestados após essa devastação foi uma das causas da guerra de independência de Bangladesh contra o Paquistão em 1971. Uma outra *raz-de-marée*, de 29 de abril de 1991, fez 130 mil vítimas.

Uma grande vulnerabilidade

Além da amplitude das áleas hidroclimáticas, a vulnerabilidade da população e dos equipamentos públicos é ainda agravada por certas práticas de gestão do território. A fim de encorajar o desenvolvimento rural, Bangladesh iniciou um programa ambiental de desenvolvimento das infraestruturas rodoviárias. Assim, o Banco Mundial (1998, citado pela OCDE, 2003a) estima que esse país possua uma das maiores densidades rodoviárias do mundo, com 143.820 km de estradas pavimentadas e de terra (mais de 1 km linear por km). Um grande número dessas estradas atravessa e bloqueia as áreas de drenagem, que devem permanecer abertas para permitir o escoamento das águas nas regiões baixas.

O desflorestamento das encostas do Himalaia é também considerado uma causa importante do agravamento e da irregularidade crescente das cheias em Bangladesh (Elhance, 1999). Ainda que essas conclusões sejam discutíveis, a cobertura florestal restante no sul da Ásia não representa mais que 15% total do território, 8% em Bangladesh, 60% no Butão, 15% na Índia e 34% no Nepal.

Enfim, a pobreza estrutural leva uma grande parte da população a se instalar em zonas geográficas marginais, superexpostas aos riscos naturais. Assim, mais de cinco milhões de pessoas vivem em ilhas do Ganges, do Bramahputra e do Maghna. Formadas de areais e aluvião, essas ilhas (*carros*, em Bengali) são tão férteis quanto precárias. No ponto mais forte da estação das chuvas, alguns dias são suficientes para fazer desaparecer um *carro* de várias centenas de hectares (Saussier, 1997). Acima das cheias e do lento roer das terras pela erosão, os camponeses não podem se esquecer da ameaça dos ciclones que paira sobre os grandes *carros* que estão desprotegidos no oceano Índico.

A necessidade de uma preparação para a gestão das áleas e dos riscos naturais em Bangladesh

As comunidades de Bangladesh gradualmente reforçaram sua capacidade de resposta às inundações dos rios e aos efeitos dos ciclones.

Previsão dos ciclones

Ao longo dos anos 1990, apesar de 140 mil pessoas terem sido mortas por ciclones, o programa de "preparação" para os ciclones, implantado pelo governo de Bangladesh com a assistência da comunidade internacional, permitiu evacuar previamente e colocar em segurança 2,5 milhões de habitantes, que sobreviveram graças a esse dispositivo (CICR — Comitê Internacional da Cruz Vermelha, 2003). Em 1994, o sistema de alerta mostrou seu valor quando um ciclone devastador de uma intensidade comparável a de 1971 e de 1991 varreu o arquipélago. Esse ciclone, denominado "02B", fez pouco mais de 250 vítimas e cerca de 500 mil sinistrados, o que está claramente abaixo do balanço dos dois ciclones evocados (OMM, 2002).

Os riscos ligados a uma urbanização galopante

Como muitas grandes cidades do sul, Daca, a capital de Bangladesh, que no momento não detém mais que 7% da população total do país, cresce a um ritmo desenfreado (mais de 8% ao ano), principalmente em razão do êxodo rural. A cidade deverá ultrapassar 19 milhões de habitantes em 2015. Mais de 50% dos citadinos de Daca vivem hoje em favelas ou em zonas de habitação precárias (PNUD, 1998). Sua hipertrofia e a de outras grandes cidades de Bangladesh as tornarão cada vez mais vulneráveis aos incêndios, aos terremotos, às inundações, aos riscos industriais, às epidemias e aos problemas civis. Os mais desprovidos serão forçados a viver em bairros expostos aos riscos naturais, em zonas inundáveis, sobre encostas íngremes e na proximidade de cursos de água poluídos ou de esgotos a céu aberto.

As densidades de ocupação em certos bairros de Daca já são hoje tão elevadas e as ruas tão estreitas que os veículos do corpo de bombeiros não podem alcançá-los. Uma vetusta rede de alimentação de gás agrava os riscos de incêndios. Um terremoto de magnitude moderada poderia ter consequências catastróficas ao provocar um gigantesco incêndio.

A poluição natural da água, o arsênico

A intoxicação crônica generalizada por arsênico em Bangladesh é a história de um sucesso em matéria de saúde pública que se transformou em tragédia. Ao longo dos três últimos decênios, o governo de Bangladesh, com a ajuda da comunidade internacional, realizou um ambicioso programa de revestimento dos poços das aldeias para reduzir os problemas de contaminação fecal ligados ao aprovisionamento de água a partir de fontes de superfície. Até a aparição de problemas de saúde na população, as fortes concentrações de arsênico de origem geológica presentes nas águas subterrâneas de Bangladesh não haviam sido percebidas. A extensão do problema só foi descoberta quando os efeitos da intoxicação foram largamente diagnosticados na população. Constatou-se, então, que o oxigênio levado pelas bombas liberava o arsênico contido nos sedimentos e lhe permitia, assim, passar para a água.

O limite superior aceitável de arsênico na água foi reduzido progressivamente: antes de 1993 era de 0,5 mg por litro, segundo as normas da OMS de então; hoje, ele é de 0,1 mg por litro.

Até o momento atual, 15 mil pessoas gravemente doentes foram oficialmente identificadas, mas numerosos casos já levaram à morte (Schuler, 2003). Todavia, trata-se apenas da face visível do *iceberg* e cerca de um terço da população pode estar ameaçada. Além disso, a intoxicação com arsênico é um mal pernicioso, pois são necessários vários anos antes de se poder revelar a patologia. A exposição ao arsênico pela água de beber causa cânceres de pele, da bexiga e dos rins, assim como mudanças cutâneas, tais como a hiperceratose (placas rugosas) e modificações na pigmentação. Estima-se que uma pessoa em dez que bebe água contendo 500 mg de arsênico por m^3 pode morrer de câncer de pulmão, de bexiga ou de pele (OMS, 2001).

As possíveis respostas ao problema do arsênico em Bangladesh compreendem, essencialmente, a reparação dos poços não contaminados, o revestimento dos poços profundos — 200 m ou mais — para permitir a retirada de água de camadas isentas de arsênico, a coleta de água da chuva com ajuda de sistemas que limitam o risco de contaminação fecal, o desenvolvimento de sistemas de filtragem de baixo custo e a sensibilização da população aos efeitos do arsênico e as maneiras de evitr o contato. A situação de urgência devido a essa contaminação em Bangladesh mostra o interesse de uma abordagem exaustiva do controle dos riscos para antecipar as consequências prejudiciais decorrentes de mudanças estruturais no meio ambiente ou de práticas socioeconômicas.

A necessária previsão de outros riscos

Outros acontecimentos recentes lembraram de maneira dramática a importância da preparação de um maior inventário dos riscos naturais. A onda de frio que atingiu Bangladesh em dezembro de 2002 fez várias centenas de vítimas. As populações desse país, onde reina em tempo normal um clima tropical, foram pegas desprevenidas por temperaturas próximas de 0°C. A situação foi particularmente dramática nos distritos do norte e do noroeste, onde muitos habitantes sofriam de desnutrição e tinham perdido seu teto e todos os seus bens nas inundações do ano precedente (CICR, 2003).

A metade das áleas naturais que nossas sociedades devem e deverão enfrentar não eram reconhecidas como tais no começo do último século (Kotlyakov, 2002). Essas novas áleas naturais estão notadamente ligadas à mudança climática, à perda da biodiversidade.

– *Os efeitos do aquecimento climático*

O aquecimento climático, tal como considerado mais frequentemente, poderá afetar Bangladesh em razão de um derretimento rápido e considerável das geleiras himalaianas e do consequente aumento dos débitos dos rios. Alguns especialistas consideram que poderia haver um aumento sensível das precipitações e das cheias de verão e uma elevação do nível do mar capaz de inundar 16% do território de Bangladesh e provocar o deslocamento de 15% da população (até 30 milhões de habitantes em 2150). A frequência e a intensidade dos ciclones também poderiam aumentar. No caso de uma elevação do nível do mar de 0,3 m e das médias de temperatura em 2°C, Ali (1996, citado por OCDE, 2003a) calculou que um ciclone da magnitude do de abril de 1991 inundaria uma superfície 20% superior à inundada naquela ocasião.

– *A perda da biodiversidade e a questão dos recursos*

Bangladesh conheceu na segunda metade do século XX um dos desflorestamentos mais rápidos da Ásia. Essa situação é cheia de consequências não só para as populações rurais, que tiram a maior parte de seus meios de subsistência de seu meio ambiente, mas também para a erosão dos solos e para a perda da biodiversidade e do patrimônio genético. A produção de bens de primeira necessidade pelas populações rurais — alimentos, madeira de aquecimento e de construção e produtos florestais não lenhosos — encontra-se grandemente reduzida (OCDE, 2003).

Trabalhos recentes levam à conclusão de que os problemas sociais aumentam em conjunto com o esgotamento dos recursos naturais (Dixon,

2000). A perda da biodiversidade em Bangladesh, associada à redução da produtividade dos ecossistemas, poderia aumentar de maneira significativa a probabilidade de ocorrência de problemas sociais; na verdade, de picos de violência. Bangladesh sofreu durante mais de trinta anos uma luta aberta com grupos étnicos das colinas da região de Chittagong. Esse conflito, que tem impacto sobre a distribuição e as condições de acesso aos recursos naturais, pode recomeçar a qualquer momento.

A prevenção e o controle dos riscos naturais, uma prioridade internacional

Bangladesh recebe mais de um bilhão de dólares por ano da Ajuda Oficial para o Desenvolvimento (AOD), ou seja, o equivalente a cerca de 2,5% do seu PNB. Esse número não se compara a um investimento direto privado de somente 53 milhões de dólares em 2000. O elevado percentual de ajuda de urgência e de atividades de domínio dos riscos naturais no auxílio oficial ao desenvolvimento reflete a extrema vulnerabilidade de Bangladesh nessa área. Esse setor representa, de fato, 9% da AOD total.

A ajuda oficial ao desenvolvimento para a prevenção e domínio dos riscos naturais

Apesar da constatação precedente, o número de projetos de reforço da prevenção dos riscos naturais permanece muito fraco. O quadro 4 apresenta de maneira concisa os principais projetos da Ajuda Oficial ao Desenvolvimento para a prevenção e a proteção dos riscos naturais que estão em curso em Bangladesh (PNUD, 2003).

As ameaças que anunciam os novos riscos, como aquecimento climático, perda da biodiversidade e efeitos do crescimento urbano, muito raramente são levadas em consideração na elaboração dos projetos da AOD. Mais da metade dos projetos de investimento sustentados pela comunidade internacional é, certamente, sensível ao aquecimento climático (OCDE, 2003); entretanto, poucos levam em conta esse risco, inclusive quando se trata de elaborar projetos de gestão de recursos hídricos ou de conservação da biodiversidade costeira.

Assim, o projeto que o PNUD e o governo de Bangladesh estão implantando atualmente para reforçar a segurança alimentar das pequenas comunidades de pescadores na região de Cox Bazar não considera a possível mudança climática e seus efeitos. Esse projeto tem por objetivo reforçar as capacidades de mobilização e a realização de ações em conjunto com as comunidades-alvo, promover alternativas econômicas à pesca artesanal e desenvolver a capacidade de adaptação das comunidades aos ciclones.

Entretanto, em 2002, o PNUD identificou um importante número de sinergias entre seus projetos que visam tanto ao desenvolvimento sustentável quanto à luta contra a pobreza, para a governança democrática e seus esforços com o objetivo de incrementar as capacidades nacionais de adaptação à mudança climática. A análise efetuada pelo PNUD destaca a importância da sensibilizar os dirigentes locais e os especialistas dos organismos de cooperação para o desenvolvimento e a prevenção para os "novos riscos naturais" a fim de integrar os esforços preventivos às atividades de desenvolvimento em vias de realização.

Quadro 4

Principais projetos de prevenção dos riscos e de proteção em Bangladesh

Organismo internacional	Descrição do projeto
Programa das Nações Unidas para o Desenvolvimento (PNUD).	Incremento das capacidades do departamento de gestão das catástrofes naturais.
Sociedade da Cruz Vermelha de Bangladesh/ Federação internacional das Sociedades da Cruz Vermelha e do Crescente Vermelho (IFRC).	Programa de gestão integrada das zonas costeiras.
Banco Mundial/Departamento Internacional para o Desenvolvimento (DFID)/ Cooperação neozelandesa.	Estratégia quinquenal detalhada de gestão dos riscos naturais/Plano NIRAPAD, atenuação comunitária dos riscos naturais.
OXFAM (ONG), projeto financiado pela cooperação britânica (DFID).	Construção e manutenção de abrigos contra os ciclones, de escolas e de outros edifícios polivalentes.
CARE (ONG), projeto financiado pela cooperação dos Estados Unidos (USAID).	Alerta preventivo de inundação.
Cooperação dinamarquesa (DANIDA).	Projetos de gestão das catástrofes naturais, inclusive programas de formação, em nível regional, do bairro da Upazila (distrito), da comunidade e da família.
World Vision (ONG), USAID.	Estudo de um projeto polivalente para a construção de um abrigo contra ciclones.
Comunidade europeia.	Construção de escolas com abrigos contra ciclones nas regiões costeiras do Chittagong e nos bairros da Cox Bazar (206 no total).
Comunidade europeia.	Programa de gestão integrada das zonas costeiras.

Fonte: PNUD, 2003.

Uma necessária gestão integrada dos riscos

A maioria dos esforços de gestão dos riscos em Bangladesh está fundada na resposta de urgência e na reconstrução. Além disso, o governo de Bangladesh e os organismos de cooperação para o desenvolvimento tendem a favorecer abordagens setoriais (tais como a gestão dos recursos hídricos, a agricultura, a saúde) e estruturais (reforço/construção de diques, canais de irrigação) para a prevenção dos riscos naturais. Ora, em razão dos seus custos representados, essas duas abordagens de controle dos riscos estruturais quase não são possíveis em Bangladesh. Assim, Huq et al. (citado pela OCDE, 2003a) estimam que 4,8 mil km de infraestruturas de proteção costeira existentes deveriam ser soerguidos e que 4 mil km de novas proteções seriam necessárias para neutralizar, a partir de soluções estruturais, os efeitos de uma elevação do nível do mar em 100 cm em Bangladesh. As estratégias de gestão integrada dos riscos naturais implantadas com sucesso em determinados países em desenvolvimento (Nações Unidas, 2002) militam em favor de uma abordagem similar m Bangladesh.

Principais obstáculos a uma gestão integrada dos riscos em Bangladesh

A partir de 1999, o governo de Bangladesh concluiu pela necessidade de elaborar um programa de gestão integrada dos riscos naturais. Com a ajuda do PNUD e de várias outras agências de fomento, o governo iniciou, em março de 2000, a elaboração de um plano diretor com esse objetivo. Sua formulação envolveu mais de mil pessoas (Rector, 2000) e permitiu a identificação dos obstáculos institucionais para a gestão integrada dos riscos naturais:

- Ausência de coordenação setorial. A concepção e a implantação de estratégias de prevenção e de controle dos riscos naturais deveriam pertencer não a um ministério, mas a todas as instâncias de governo implicadas. Ora, em Bangladesh, a prevenção e o domínio dos riscos naturais foram colocados sob a responsabilidade do Ministério de Catástrofes Naturais e da Ajuda de Urgência (MCNAU). Evidentemente, não cabe ao ministério elaborar as políticas de setores-chave para a proteção dos riscos, tais como a energia ou a agricultura. Isso frequentemente está na origem do bloqueio ao processo de integração setorial das políticas.
- Articulação com os processos de planificação e de dotação orçamentária: as estratégias de prevenção e de controle dos riscos naturais devem ser integradas ao processo de decisão oficial em escala nacional, setorial e intersetorial. Em muitos casos, essas estratégias foram concebidas de forma independente dos mecanismos de planificação e de constituição das dotações orçamentárias

específicas. Consequentemente, a seleção de investimentos considerados em estratégias de prevenção não foi sistematicamente feita em conformidade com as disponibilidades orçamentárias.

• Incremento da capacidade de avaliação dos riscos em nível local, intranacional e nacional: a prevenção e o controle dos riscos naturais exigem um aprofundamento das análises e das ações em todos os níveis administrativos. Os esforços empreendidos para tanto não se limitam aos organismos de resposta de urgência nem aos estabelecimentos universitários/científicos especializados. A implantação de estratégias intersetoriais demanda o desenvolvimento de ferramentas e de uma capacidade de análise que facilitem a identificação das relações entre as problemáticas setoriais que, frequentemente, não são consideradas nos níveis local e distrital.

• Ausência de coordenação operacional: um número cada vez maior de organizações intervém na área de controle dos riscos naturais, principalmente no nível comunitário. A maior parte desses projetos é financiada pelas agências bilaterais de cooperação para o desenvolvimento e tende a se concentrar em um único aspecto do controle dos riscos naturais (prevenção, preparação, resposta de urgência, reconstrução). A ausência de recenseamentos sistemáticos dessas iniciativas torna extremamente difícil o desenvolvimento de sinergias e a troca das experiências entre os projetos. Na ausência de tal mecanismo, apenas uma minoria de comunidades é atingida e a maior parte do país permanece vulnerável.

• Ausência de uma instância de coordenação: as catástrofes são problemas complexos que exigem respostas complexas. Estando a redução dos riscos no centro do processo de desenvolvimento, o desafio supera largamente a competência dos responsáveis pela gestão de catástrofes. Para suprir essa falta, é necessária uma estreita cooperação entre as agências de desenvolvimento, os governos, as organizações não governamentais, as empresas, o mundo científico e as comunidades vulneráveis. Fóruns que reúnem múltiplas partes interessadas são indispensáveis para criar pontes entre os diferentes segmentos da sociedade e obter a adesão de todos.

O apoio do PNUD na elaboração e na implantação de políticas de gestão integrada dos riscos naturais

Tendo como ponto de partida o plano diretor elaborado em 2000, em janeiro de 2003 o governo de Bangladesh assinou, com o Programa das Nações Unidas para o Desenvolvimento (PNUD) e o Departamento para o Desenvolvimento Internacional do Reino Unido (Departament for International Development, DFID), um programa de cooperação para a gestão integrada dos riscos naturais (Comprehensive Disaster Management Programme).

Objetivos e ações do PNUD

O PNUD tem por objetivo promover a elaboração e a implementação de estratégias multissetoriais para a prevenção dos riscos naturais. O programa envolve cinco aspectos para uma gestão integrada dos riscos naturais em Bangladesh. Trata-se de:

- desenvolver a capacidade de análise e de planificação multissetoriais;
- incorporar os riscos aos processos de tomada de decisão;
- incrementar as capacidades de prevenção das comunidades em risco;
- favorecer a pesquisa sobre os riscos relacionados à hipertrofia urbana e à mudança climática;
- aumentar as respostas em caso de urgência.

Esse programa de 14 milhões de dólares deveria durar 5 anos e ser seguido de uma segunda fase mais importante de consolidação das aquisições.

Os aspectos do programa

O desenvolvimento das capacidades de análise e de planificação multissetoriais

O Ministério das Catástrofes Naturais e da Ajuda de Urgência divide-se em suas seções principais: o departamento dos socorros de urgência (DSU) e o departamento de gestão das catástrofes naturais (DGCN). Cerca de 99% dos agentes do ministério trabalham para o DSU (4,5 mil agentes lotados nessa seção contra 52 no DGCN) e não participam das missões do DGCN. Essa distribuição dos recursos humanos reflete a missão histórica do ministério: a organização da distribuição de socorro em período de urgência, o que lhe valeu o apelido de "Ministério da Distribuição do Trigo". Ao longo dos anos 1990, o ministério esforçou-se para ampliar sua missão a fim de melhor apoiar os esforços de preparação para os riscos naturais, mas a grande maioria dos agentes do ministério não tem a formação necessária para exercer essas novas funções.

A primeira etapa do programa, isto é, o desenvolvimento da capacidade de análise e de planificação multissetoriais, deve facilitar a reforma do ministério ao apoiar a ratificação de certos projetos de lei que reforçam o quadro jurídico da gestão dos riscos em Bangladesh. Um programa de formação profissional deve ser implantado e institucionalizado para permitir aos 4,5 mil agentes do DSU aumentar sua área de competência e respaldar as ações de prevenção empreendidas pelos 52 funcionários do DGCN fora dos períodos de urgência.

A incorporação dos riscos naturais ao processo de decisão

A implantação de uma política de prevenção dos riscos naturais pelo Ministério das Catástrofes Naturais e da Ajuda de Urgência só pode ser feita mediante uma cooperação ativa com outros ministérios relacionados e com dirigentes de todos os níveis administrativos. Essa segunda etapa do programa tem por objetivo sensibilizar os dirigentes políticos para as estratégias de prevenção dos riscos naturais nos níveis local, intranacional e nacional:

- No nível nacional, as ações de sensibilização devem enfocar a importância da agricultura, da energia, dos equipamentos, dos recursos hídricos, da saúde e de outros setores-chave para a prevenção dos riscos naturais. Os especialistas nacionais e internacionais em análise multissetorial ajudarão os dirigentes dos ministérios e das instituições incumbidas de identificar e de incorporar, no âmbito de suas estratégias e projetos, iniciativas destinadas à prevenção dos riscos (desenvolvimento de novas espécies, modificação dos planos de construção de instalações).
- No nível local, a ação deve se concentrar na definição de atividades-alvo (preparação de mapas de áleas, localização de áreas de refúgio, modificação dos calendários de semeadura e das culturas, gestão da informação no nível local...).

Essas ações devem ser buscadas em parceria com vários agentes nacionais e internacionais, organizações não governamentais e instituições acadêmicas. No âmbito das agências das Nações Unidas, a Unicef cofinanciará e desempenhará um papel-chave na realização das atividades de sensibilização dos representantes da sociedade civil.

O incremento da capacidade de prevenção das comunidades em risco

Conforme mencionado anteriormente, não existe um levantamento sistemático das atividades de prevenção dos riscos naturais atualmente empreendidas pelas instituições nacionais, pelos organismos multilaterais e bilaterais de cooperação para o desenvolvimento e pelas organizações não governamentais. Submeter essas atividades ao exame sistemático no plano local poderia ajudar a colocar em evidência relações importantes e, em certos casos, a sugerir mudanças necessárias para assegurar que essas diferentes ações sejam coerentes.

Nessa ótica, trata-se de criar uma base de dados sobre as atividades locais que têm uma incidência direta sobre os riscos naturais. Essa base de dados deveria desempenhar um papel importante ao facilitar a coordenação entre as agências de fomento e permitir uma melhor troca de informações e uma utilização mais eficaz dos recursos.

As comunidades em risco desempenham frequentemente um papel motor em matéria de desenvolvimento de soluções inovadoras de prevenção adaptadas às condições locais. Assim, nas ilhas de limo que adornam o rio Jumuna, onde os habitantes se servem de uma variedade local de juta para fixar as novas aluviões e torná-las próprias para a cultura, o calendário das semeaduras e das colheitas e os tipos de culturas são determinados em função do ciclo anual de inundações. São encorajados casamentos entre habitantes de ilhas diferentes a fim de fornecer lares de acolhida para as famílias sinistradas pelas inundações (FISCRCR, 2002).

A prevenção das catástrofes por meio de esforços alicerçados na participação da comunidade permite uma definição mais precisa dos problemas e das soluções, pois estes se apoiam na experiência concreta das pessoas confrontadas com esses fenômenos. Eles também dão crédito à aplicação eficaz de métodos adaptados ao contexto e de baixo custo. Enfim, as medidas têm um impacto mais durável, pois as comunidades tocadas "apropriam-se" delas uma vez que contribuem para reforçar as capacidades locais (2002).

O ponto fraco dessas abordagens reside em seu alcance muito limitado. Para ampliar sua abrangência e aumentar o impacto dos esforços comunitários de prevenção, um outro objetivo do programa consiste em estabelecer um fundo de pequenas subvenções para permitir às comunidades comandar novas abordagens de prevenção ou apropriar-se de soluções desenvolvidas por outras comunidades.

Os projetos de pesquisa-ação realizados pelos membros da comunidade serão analisados e sintetizados anualmente para informar os responsáveis nacionais sobre as estratégias de prevenção e as iniciativas adotadas. A FAO é chamada a exercer um papel importante na análise e na divulgação dos resultados.

A pesquisa sobre novos riscos naturais (consequências da hipertrofia urbana e da mudança climática)

Vários projetos de pesquisa são conduzidos no âmbito do quarto ponto do programa a fim de que seja avaliada a provável incidência da degradação do meio ambiente mundial e do crescimento urbano em Bangladesh. Essas pesquisas devem permitir a sensibilização dos dirigentes para os novos riscos naturais e para as possíveis respostas para atenuar seus efeitos ou controlá-los.

No que concerne aos riscos urbanos, mapas de áleas devem ser elaborados para as cidades de Daca e de Chittagong. Esses mapas permitirão às municipalidades afetadas reexaminar seus planos de ocupação dos solos sob o enfoque dos novos riscos e melhor definir suas prioridades em matéria de investimento para a prevenção e a proteção (novos diques ou canalizações de gás, infraestruturas ou sensibilização de empresas e particulares...). O pessoal das brigadas de incêndio dessas duas cidades se beneficiará também de programas apropriados de formação profissional.

As pesquisas para a adaptação à mudança climática devem apoiar-se em determinado número de iniciativas (conservação da biodiversidade costeira...) que dependem do *Department for Internacional Development* (DFID), do PNUD e de outros organismos internacionais. Seu objetivo será incrementar a capacidade de coleta de dados, de modelização e de análise intersetorial para a adaptação à mudança climática em Bangladesh. Elas serão realizadas conjuntamente pelas instituições especializadas do Ministério do Meio Ambiente e do Ministério das Catástrofes Naturais e da Ajuda de Urgência. Essas pesquisas se esforçarão também para identificar as sinergias com iniciativas que se encontram em vias de realização tendo em vista uma estratégia de adaptação.

O incremento da resposta em caso de urgência

A capacidade do Ministério das Catástrofes Naturais e da Ajuda de Urgência para coordenar o socorro em períodos de urgência é fortemente limitada pela ausência de meios de comunicação e de análise da informação adequados. A quinta e última etapa do programa tem por objetivo melhorar a capacidade de gestão das informações durante e entre os períodos de urgência.

Referências bibliográficas

ELHANCE A.P. (1999), *Hydropolitics in the Third World: Conflict and Cooperation in International River Basins*, United States Institute of Peace.

FISCRCR (2002), *Rapport sur les catastrophes dans le monde*.

HOMER-DIXON T. (2000), *Environment, Scarcity, and Violence*, Princetown.

KOTLYAKOV M.V. (2002), *Natural Disasters*, EOLSS/UNESCO.

NATIONS UNIES (2002), *Vivre avec le risque*.

OCDE (2003a), *Development and Climate Change Project, Case Study of Bangladesh*.

OCDE (2003b), *Intégrer les Conventions de Rio dans la coopération pour le développement*.

OMM (2002), *Faire face aux catastrophes, réduire la vulnérabilité*, Journée internationale de la prévention des catastrophes.

OMS (2001) « L'eau et la Santé », Journée mondiale de l'eau.

PNUD (1998), *Urban CEP*, document de projet.

RECTOR I. (2000), *Framework Design Document, Comprehensive Disaster Management Programme*.

SAUSSIER G. (1997), *Vivre dans la marge*, projet documentaire.

SCHULER K. (2003), *Quand L'eau devient source de mort*, Fédération internationale des Sociétés de la Croix Rouge et du Croissant Rouge (FISCRCR).

OS RISCOS NOS PAÍSES RICOS

Os trabalhos realizados pela Unesco comparam o impacto dos riscos naturais e das catástrofes nos países ricos (países europeus, Estados Unidos e Japão). Eles estimam que o número de áleas por unidade de superfície no Japão é quase quatro vezes maior que nos Estados Unidos e quase duas vezes maior que na Europa. Sendo a densidade populacional no Japão quase 15 vezes maior que a dos Estados Unidos, é preciso concluir que há uma vulnerabilidade maior no arquipélago nipônico. No entanto, as perdas devidas às catástrofes naturais representam no Japão apenas um quarto das registradas na Europa e um oitavo das sofridas pelos Estados Unidos. Essa comparação de três polos industrializados permite, portanto, relativizar o peso do determinismo físico e o papel das áleas. Na verdade, essa constatação, que pode surpreender, permite destacar a importância das políticas de prevenção.

O balanço mais ou menos pesado das catástrofes depende muito da planificação do uso dos solos, dos códigos de construção, dos esforços de educação da população afetada e da organização dos socorros em caso de crise. Normas antissísmicas aplicadas de forma diferente explicam por que o terremoto de São Francisco, em outubro de 1989, causou uma dezena de mortos enquanto o de Spitak, na Armênia, de magnitude similar, em dezembro de 1988, provocou 25 mil vítimas. As catástrofes que atingem os países ricos podem provocar mais prejuízos (ciclones nos Estados Unidos), mas geralmente não são responsáveis senão por um número reduzido de vítimas. Entretanto, a catástrofe de Kobe, em 1995, mostrou os limites do sistema japonês em matéria de gestão dos riscos sísmicos, e as milhares de mortes ocorridas nessa cidade fazem com que se questione a observação precedente.

É, portanto, evidente que a apreensão do risco pela população, a sua gestão e a da crise são excelentes indicadores do funcionamento e, às vezes, das disfuncionalidades político-administrativas dos Estados envolvidos.

Nos países ricos, um esforço é feito e, às vezes, há muito tempo, para a prevenção e a proteção (edificação de diques e barragens desde o século XII na França...); entretanto, o investimento do Estado nesse esforço varia conforme o país; provavelmente, é menor nos Estados Unidos que na França, maior na França que na Inglaterra e no País de Gales... Em certos países mediterrâneos e nos Estados Unidos, a ênfase é antes colocada na gestão da crise do que no risco.

Analisaremos o exemplo da França e da Europa. O caso francês é considerado sobre o duplo enfoque dos riscos naturais e dos riscos tecnológicos. Certos países europeus permitirão colocar em evidência diferentes culturas do risco, aquelas em que o Estado é o principal ator da prevenção, aquela em que os cidadãos são muito mais mobilizados e solicitados. O Japão fornecerá material para a reflexão, uma vez que a própria noção de risco não existe nesse país. O exemplo dos Estados Unidos sublinha o quanto permanece difícil para esse país separar a gestão do risco da gestão da crise. Mas esse exemplo mostra também um papel do Estado Federal mais destacado do que se poderia pensar.

OS RISCOS NATURAIS NA FRANÇA

A França está sujeita a diversas áleas; algumas, nos departamentos e territórios ultramarinos, têm uma intensidade e uma frequência consideráveis, mas o território metropolitano sofre, essencialmente, com áleas de menor amplitude. Entretanto, estas são variadas: litosféricas, como testemunham os perigos sísmicos e os movimentos do solo; hidroclimáticas, tais como as tempestades frequentes nos litorais, as fortes chuvas responsáveis por inundações, os episódios de seca, as precipitações de granizo. As avalanches não são raras na montanha. As inundações têm os efeitos mais custosos. Ora, desde 1982, mais de 80% dos processos abertos após a decretação de catástrofes naturais correspondem a inundações. Elas são de diversos tipos: no sul, as cheias-relâmpago são frequentes; as de 12 e 13 de novembro de 1999, na região de Aude, ou de setembro de 2002, na região de Nîmes-Montpellier, fornecem os exemplos mais recentes. As cheias lentas se devem aos cursos de água da França do norte (Somme, Oise, Marne...) e, globalmente, às provenientes das grandes bacias Senna, Garonne, Rhône...

A gestão dos riscos naturais na França

Um antigo conhecimento das áleas

As áleas são conhecidas há muito tempo pela população; assim, em sua tese magistral, Dion (1934) destaca a antiguidade do conhecimento das inundações do Loire e de seus efeitos, mas o autor mostra também que, em alguns casos, em certas partes do Val, essas áleas foram aceitas após a população considerar as vantagens econômicas obtidas pela utilização do leito maior dos rios durante os períodos que escapavam à inundação. O autor testemunha igualmente a antiguidade das intervenções (diques) efetuadas para limitar os efeitos da inundação.

Desde muito tempo, as áleas são percebidas na montanha (Veyvret, 2001); a população montanhesa escolhia cuidadosamente o local de instalação das vilas ou das granjas, longe de corredores ativos de avalanche, de canais ou cones torrenciais e de setores instáveis (desmoronamentos, desabamentos, deslizamentos). Em certos casos, ela protegia as construções com quilhas de navios ou as posicionava em setores cuidadosamente escolhidos para que uma avalanche passasse por cima sem fazer estragos maiores (Barrué-Pastor et al., 1996, Barrué, in Favier, 2002). As áleas de inundação e de seca eram levadas em conta pelas populações rurais mediterrâneas, de um lado, na organização das glebas e, de outro, na escolha das técnicas e dos materiais de construção na ocupação de encostas e na implantação da pequena hidráulica (Meschinet de Rischemond, 1997 e Broc et al., 1992).

No passado, diversos regulamentos nasceram para tentar limitar o desflorestamento na montanha, o qual se tornava responsável pelos riscos ligados à torrencialidade e às inundações (leis de 1860 e de 1882). Ao longo do século XX, outros regulamentos tiveram por objetivo reduzir os efeitos desses desastres; assim, a lei de 1935, ao implantar os Planos de Superfícies Submersíveis (PSS) e, depois, o artigo R 111-3 do código de urbanismo contribuíram para esse fim antes que fossem implantados Planos de Ocupação dos Solos (POS), hoje substituídos pelos Planos de Locais de Urbanismo (PLU).

Entretanto, foi preciso esperar pelos anos 1970 para que os riscos, na sequência do drama de Val d'Isère* (Savoia) passassem a ocupar a frente da cena dos interesses públicos. A razão se deve, essencialmente, ao grande crescimento da presença turística e à necessidade de oferecer o máximo de segurança aos novos usuários da montanha. Além disso, em 1976, a erupção do vulcão Soufrière, nas Antilhas, e as dissensões entre especialistas-cientistas constituíram um outro revelador do risco e mostraram a necessidade de regulamentar a gestão. Sob a pressão das companhias de seguro, notadamente, em 1982 o Estado promulga

* N.T.: Em 10/02/1970, uma enorme avalanche atingiu a região turística de Val d'Isère, soterrando 39 jovens que estavam em férias. Depois do acidente, vários dispositivos contra avalanches foram instalados.

uma lei relativa à indenização das vítimas das catástrofes naturais, e o decreto de 1984 precisa as modalidades de elaboração dos Planos de Exposição aos Riscos naturais previsíveis (PER). É um movimento importante na consideração do risco. Em 1995, os Planos de Prevenção de Riscos (PPR) substituem os precedentes no quadro de uma nova lei, dita lei Barnier. A prevenção que assim se instala consiste essencialmente em limitar a urbanização nos setores perigosos.

Dos Planos de Exposição aos Riscos (PER) aos Planos de Prevenção dos Riscos (PPR)

A prevenção dos riscos é de responsabilidade do Estado por meio de seus serviços descentralizados, o que explica que ela pertença a uma cultura essencialmente técnica, a dos engenheiros. Até hoje, as populações ameaçadas não foram suficientemente envolvidas na gestão preventiva dos riscos.

Os Planos de Exposição aos Riscos (PER) e seus limites

Os PER (lei de 1982 e decreto de 1984) mobilizam o conhecimento de especialistas antes que os serviços do Estado tomem as decisões. Trata-se de definir níveis hierarquizados de áleas e de riscos a fim de estabelecer um zoneamento ao qual estão associadas prescrições regulamentares. A especialização ocupa um lugar central; ela permite ao Estado impor aos atores locais normas de ocupação e utilização do solo. A análise prévia conduzida desde o início dos anos 1970 — notadamente, pela Agência de Pesquisa Geológica e Mineral (GRGM), que elaborou vários mapas de zonas expostas aos riscos de movimentos do solo (ZERMOS) — permitiu recensear cerca de 12 mil municípios dentre os 36 mil presentes no território e que necessitam de um PER seja porque registram uma álea principal (álea de inundação ao longo dos principais vales, movimentos de terreno em certos litorais...), seja porque estão sujeitas a várias áleas (especialmente na montanha: avalanches, inundações, movimentos de terreno).

Os PER, que deveriam ser realizados no quadro municipal, apoiam-se em um mapa das áleas que traz as indicações sobre a frequência e a intensidade de processos dinâmicos, orientações obtidas a partir de pesquisas históricas realizadas junto à população. Em matéria de inundação, a regra era o uso de modelos hidráulicos e hidrológicos para avaliar os fenômenos e mapear as áleas. A introdução de uma componente socioeconômica por meio da vulnerabilidade constituía uma outra etapa. Entretanto, as tentativas de análise fina da vulnerabilidade praticamente não apresentaram resultados, provavelmente em razão — se seguimos Ledoux (1995) — dos meios limitados, das competências insuficientes dos serviços do Estado no assunto e talvez também por falta de uma visão clara sobre os fins esperados. A confrontação do mapa das áleas e do mapa da vulnerabilidade está na origem do zoneamento estabelecido com base em um cadastro.

O PER sofre de certo número de deficiências. A definição do nível aceitável de riscos é omitida e a abordagem rígida deixa pouca liberdade aos atores locais. A sociedade civil e os ocupantes das zonas em risco não se interessam pelo processo decisório. Os ajustes entre o regramento e a pressão dos eleitos locais são considerados, quando realizados, uma distorção do regramento. A oposição de uma comuna à aplicação do PER obrigaria a recorrer ao Conselho de Estado, o que aumentaria grandemente os procedimentos. A implantação dos PER se traduziu em numerosos conflitos. Houve legiões de controvérsias envolvendo a legitimidade do Estado para implantar um regulamento sobre territórios geridos por coletividades e sobre a validade dos conhecimentos científicos. O zoneamento induz às vezes a uma desvalorização da terra e a uma perda para a comuna, a qual deve renunciar à fixação de uma população e à realização de novas atividades.

Dos 12 mil PER previstos, somente algumas centenas estavam aprovadas quando, em 1995, o ministro Barnier modificou os regulamentos.

A contribuição dos Planos de Prevenção de Riscos – (PPR)

Os planos de prevenção dos riscos instituídos pela lei de 1995 ou "lei Barnier" substituíram os PER e todos os outros regulamentos precedentes em vigor. As finalidades dos PER e dos PPR são idênticas, entretanto, as diferenças correspondem à vontade dos últimos de "corrigir" certas disfuncionalidades dos primeiros. Assim, a realização dos PPR deveria ser conduzida de modo que os atores fossem mais amplamente consultados. Agora, a informação e o acordo estão inscritos no processo decisório. O PPR prevê igualmente a divulgação do risco, cuja definição não deveria mais estar estritamente ligada a uma especialidade validada pela administração e depois imposta aos atores locais. O Estado tenta, portanto, ancorar a gestão do risco no local, mas é bem verdade que a "delimitação espacial das áleas repousa sempre sobre um requerimento dos especialistas".

Os PPR permitem uma abordagem por bacia de riscos e não mais somente por comuna, como os PER. A dimensão intercomunal aparece, em muitos casos, mais pertinente que a escala comunal.

A fim de estabelecer a cartografia regulamentadora, os estudos físicos devem doravante ser mais qualitativos que quantitativos, permitindo que os documentos sejam elaborados mais rapidamente e de maneira menos custosa. Os dados históricos constituem o pilar dos diagnósticos muito mais que a modelização. Não se trata mais de vulnerabilidade, mas de avaliação dos desafios, indicação de uma abordagem quantitativa fundada na avaliação monetária dos prejuízos e em uma apreciação qualitativa das características e da especificidade dos territórios expostos. Essa avaliação está fundada nas análises dos eleitos locais, os quais fazem sobressair as especificidades sociais, econômicas e patrimoniais do setor afetado.

Uma gestão ainda insuficiente

Um primeiro balanço da implantação dos PPR pode ser realizado após dez anos de existência. Apesar das modificações que acabaram de ser evocadas, sua utilização, em resposta ao perigo esperado, está longe de ser satisfatória. Várias razões o explicam (Pottier et al., 2003): a dificuldade de diálogo, prática pouco familiar aos serviços técnicos, que consideram, às vezes, essa etapa como uma perda de tempo; a simplificação da *expertise* física, a qual é mal aceita por esses mesmos serviços para os quais o resultado é, na verdade, a redução da confiabilidade do documento. Esses dois aspectos resultam da visão tecnicista do risco por parte dos atores da administração, de sua cultura de engenheiro e do fato de que, para muitos dirigentes, é suficiente conhecer bem a álea para resolver o problema do risco.

Outras questões, que se colocam no caso de inundações, referem-se, por exemplo, à escolha da cheia a ser usada como referência para fixar a linha das águas mais altas. Caso se utilize uma cheia extraordinária, portanto, de intensidade muito grande, em nome, principalmente, do princípio da precaução, os constrangimentos para a comuna serão, provavelmente, extremos.

Eventualmente, os eleitos locais que são responsáveis por esses procedimentos podem ser culpabilizados pelas consequências advindas da adoção do PPR; eles encontram-se, assim, acossados entre a Administração e seus eleitores, os quais têm dificuldade em compreender que a gestão do risco limite sua liberdade (*not in my backyard!*). O ponto de vista dos políticos, que têm uma visão de curto prazo ligada às mudanças eleitorais, e o da administração, que pensa e trabalha mais em longo prazo, são às vezes divergentes e podem constituir ainda outra dificuldade. Cada um dos grupos de atores define o risco aceitável segundo seus próprios critérios, sua própria escala espacial e temporal...

Uma das limitações mais importantes à aplicação dos PPR deve-se ao fato de esses últimos não levarem em conta o desenvolvimento da comuna ou da comunidade de comunas. Trata-se, ao contrário, de congelar a ocupação do solo em um instante T, de dominar a urbanização. Quais serão as consequências da regulamentação sobre o desenvolvimento local? Qual será a avaliação das comunas em termos socioeconômicos e espaciais quando o PPR for aprovado?

Na elaboração do PPR, os ausentes ainda são numerosos, trata-se dos usuários e, mais largamente, dos cidadãos. Os habitantes da zona inundável são formalmente interrogados quando da pesquisa pública, isto é, muito depois do processo de elaboração da cartografia. Essa pesquisa permite que os cidadãos tomem conhecimento do documento regulatório, disponível para consulta na prefeitura durante um mês, e que formulem observações por escrito, as quais levam à modificação do documento, mas isso demanda da parte dos cidadãos um trabalho voluntário que poucos realizam.

As populações sujeitas à álea são diretamente afetadas por esses procedimentos uma vez que os proprietários devem arcar com a carga financeira dos trabalhos de proteção prescritos pelo PPR para o imóvel (no limite de 10% do valor venal do bem). Ora, em muitos casos, a população é pouco mobilizada e, quando é, isso se deve geralmente à sua oposição ao PPR e ao zoneamento no âmbito de associações de ribeirinhos muito ativas. É verdade que os proprietários instalados nos setores regulamentados veem nos PPR uma limitação à propriedade privada.

Uma ajuda para financiar as providências que devem ser tomadas individualmente é indispensável para reduzir a vulnerabilidade dos habitantes. A não compensação pelas medidas impostas aos imóveis existentes, em um contexto marcado pelo poder da propriedade privada, conduz ao fracasso da prevenção. Sabe-se que em situação de conflito o Estado pode impor o PPR como permite a lei, seja fazendo concessões para tornar o documento aceitável pelos atores locais e pela população, seja, enfim, abandonando o procedimento e postergando o tratamento do risco. Em certos casos, a pressão exercida pelos políticos, pelos cidadãos ou pelas associações leva à elaboração de mapas regulamentadores bem distantes dos das áleas e cuja eficácia em termos de proteção parece bastante discutível.

Em termos espaciais, a aplicação do procedimento PPR não é sempre totalmente satisfatória. É o caso, por exemplo, da comuna de Chanteloup-les-Vignes (10 mil habitantes), no oeste da região parisiense, que, para enfrentar os perigos relacionados à existência de minas subterrâneas, implantou um PER que depois se transformou em um PPR. A aplicação desse documento permitiu ao prefeito tomar medidas de expropriação nos setores mais perigosos. Quais foram as consequências de tal prática? Ela contribui para regrar a questão dos espaços perigosos? Vinte e três propriedades situadas em setores que estão sobre minas e de estabilização difícil foram expropriados, mas como tratar e securitizar esses espaços de máximo risco que, de fato, passaram a constituir terrenos vagos muito perigosos?

Ao imóvel construído em zona azul, de álea média, foram impostas obras que devem ser realizadas em um prazo de cinco meses, enquanto nenhuma disposição foi aprovada para as construções da zona vermelha, que não foram objeto de uma expropriação, mas cujos trabalhos superariam os 10% do valor venal do bem.

Esse exemplo, que revela um determinado número de incoerências, lembra que o PPR permite constatar uma situação de fato, sem enfrentar todas as consequências (Veyvret, Bouchon, 2002).

Seguros e PPR

Em contrapartida, o papel do seguro parece se afirmar tanto em relação à população quanto diante das empresas. As seguradoras dispõem do direito de rescindir o contrato após o sinistro. O código dos seguros oferece, então, para os segurados que foram recusados por duas empresas de seguro, a possibilidade de recorrer ao Escritório Central de Tarifação (BCT), que imporá condições à seguradora escolhida pelo reclamante (a saber, o montante da franquia e a extensão da cobertura). As franquias podem ser elevadas; por exemplo, 30% dos prejuízos por estabelecimento e evento (prejuízos diretos) e 30 dias em caso de lucros cessantes.

Um segundo caso previsto pelo código de seguros dispensa o segurador, no momento em que um PPR é adotado, de segurar qualquer construção nova em zona vermelha, e subordina o seguro de novas construções em zona azul ao respeito de medidas de redução da vulnerabilidade. Os proprietários dispõem de um prazo de cinco anos para colocar a habitação em conformidade com as prescrições do PPR; esgotado o prazo, a seguradora pode solicitar a verificação da conformidade e se esta não for constatada ela poderá recorrer ao Escritório Central de Tarifação a fim de que sejam impostas condições restritivas ao segurado do mesmo tipo das indicadas anteriormente (Nussbaum, 2002).

Enfim, a evolução recente do regime de seguros introduz modalidades de franquias em caso de repetidos decretos de estado de catástrofe natural e na ausência de um PPR prescrito para a comuna. Esses dispositivos devem favorecer a realização de um PPR nos territórios onde são necessários. De fato, um recuo de vários anos mostra que comunas sinistradas a cada dois ou três anos nem sempre são respaldadas por procedimentos PPR.

O regime de indenização tende a reduzir pouco a pouco o benefício da solidariedade nacional em caso de inundação apenas aos atores que assumiram sua responsabilidade em matéria de prevenção individual e coletiva. As empresas, as comunas ou os particulares sujeitos ao risco têm interesse em reduzir a vulnerabilidade. Estima-se em dois milhões o número de pessoas que vive em zonas inundáveis na França e que não dispõem de informações quantitativas suficientemente precisas sobre o que está em jogo em termos econômicos. Na bacia do Loire, um estudo foi conduzido pela equipe "Plano Loire Tamanho Natural", que elaborou um atlas de todos os alvos socioeconômicos no Loire médio e pôde, assim, avaliar em mais de 13 mil o número de empresas expostas em caso de inundações comparáveis às do século XIX. A Câmara de Comércio e Indústria da Cidade de Paris realizou estudos do mesmo tipo em parceria com a Instituição das Grandes Barragens e Reservatórios do Sena.

O importante papel da informação preventiva

O conhecimento da álea e do risco ainda permanece frequentemente insatisfatório, mesmo que um grande número de pessoas afetadas pela álea seja informado pelos antigos ocupantes ou pelo notário (Pottier et al., 2003). A cartografia regulamentar quase não melhora o nível de informação da população sobre o risco ou sobre as servidões ligadas à regulamentação. A existência de um PPR raramente é conhecida.

Os atlas das zonas inundáveis respondem parcialmente à necessidade de conhecimento da álea; por outro lado, a lei instituiu um comunicado sobre os riscos nos departamentos e nas comunas afetadas. A informação é também fundamental quando o perigo é iminente, ela é efetuada principalmente pelo Serviço de Anúncio das Cheias. Examinaremos sucessivamente esses três elementos, sendo que o primeiro e o último dizem respeito às inundações e o segundo, ao conjunto dos riscos naturais e tecnológicos.

Os atlas das zonas inundáveis

Os atlas, que constituem um elemento importante para o conhecimento das áleas de inundação, têm por finalidade fazer um levantamento das zonas inundáveis. Generalizados para o conjunto dos cursos de água franceses que apresentam riscos, eles foram inspirados em uma iniciativa realizada no Loire por uma decisão governamental em 1990. Tratou-se, então, de elaborar atlas das zonas inundáveis no âmbito de uma reavaliação do programa de organização do Loire, cujo vale é coberto por 17 atlas, que vão da confluência de Allier a Nantes. Desde 1994, a elaboração sistemática de atlas das zonas inundáveis para o conjunto de cursos de água franceses relacionados às inundações está a cargo dos Diren.*

* N.T.: Os Diren – Direção Regional do Meio Ambiente –, criados em 1991, são um serviço descentralizado do Estado francês que, sob a autoridade de um prefeito de região e dos prefeitos de departamento, exerce certas atribuições relacionadas ao meio ambiente.

O atlas contribui para uma melhor avaliação do risco na organização territorial do vale na medida em que possibilita uma escolha racional do instrumental de prevenção melhor adaptado ao caso: elaboração de um PPR ou integração do risco ao Plano Local de Urbanismo (PLU). Desse ponto de vista, ele constitui um documento de referência à disposição dos dirigentes e permite sensibilizar e informar os eleitos e os responsáveis socioeconômicos da extensão e da importância da álea. O atlas estabelece também a existência de zonas inundáveis pouco ou não urbanizadas, contribuindo para a proteção dos setores situados mais em aval.

Para cada setor estudado, os atlas do Loire compreendem três séries de mapas desenhados sobre um fundo topográfico do Instituto Geográfico Nacional (IGN) na escala a 1/25.000, podendo alguns setores ser aumentados para a escala 1/10.000. Um primeiro mapa refere-se à rede hidrográfica que drena os vales, assim como os aterros e os escoadouros. Ele apresenta o zoneamento dos planos de superfícies submersíveis oriundos do decreto-lei de 1935, os quais distinguem uma zona A, dita de grande escoamento, e uma zona B, dita complementar, incluindo, às vezes, algumas zonas inundáveis não regulamentadas. Um segundo mapa é destinado às cheias históricas, aos limites das mais altas águas conhecidas e, eventualmente, às de outras cheias características: especialmente, a cheia decenal. A localização de fissuras nas barragens, as alturas das águas constatadas nos vales quando das grandes cheias, em particular as de 1856, 1866 ou 1910 podem ser indicadas. O último mapa apresenta um zoneamento em função da gravidade dos riscos; ele distingue quatro classes de áleas segundo a altura e a velocidade da água.

- álea fraca: profundidade inferior a 1 metro, com velocidade reduzida;
- álea média: profundidade de submersão compreendida entre 1 e 2 metros com velocidade de nula a fraca ou profundidade inferior a 1 m, com velocidade de média a forte;
- álea forte: profundidade de submersão superior a 2 metros com velocidade de nula a fraca ou profundidade compreendida entre 1 e 2 metros com velocidade de média a forte ou zona de perigo particular, constituída por uma faixa de 300 m após uma barragem (risco de ruptura);
- álea muito forte: profundidade de submersão superior a 2 metros com velocidade de média a forte ou zona de perigo particular situada imediatamente abaixo de um escoadouro.

Além disso, certos atlas completam os mapas precedentes com um mapa hidromorfológico dos vales.

O mapa da álea não constitui em si mesmo um documento regulamentador que se somaria aos já existentes. Ele precede os documentos regulamentares e não se opõe a um terceiro.

Se, por um lado, a contribuição dos atlas e sua generalização constituem elementos importantes para o conhecimento da álea, por outro, esses documentos não estão mais isentos de certo número de imperfeições que limitam seu alcance. As lacunas de conhecimento, as imprecisões de certos documentos são às vezes destacadas pelos especialistas. Nem todas as partes de um vale ou dos diferentes vales conservaram os traços das inundações passadas com a mesma precisão. Como, então, definir de maneira precisa o limite das mais altas águas conhecidas? A cheia dramática que afetou os vales do departamento de Aude e os departamentos limítrofes em 1999 mostrou que o limite das mais altas águas conhecidas e desenhadas no atlas devia ser modificado; ora, essa linha havia servido de referência para a construção de loteamentos em certos setores considerados mais seguros, mas que, na verdade, foram inundados.

A questão dos dados históricos de referência, de sua sensibilidade e confiabilidade se coloca de igual forma. A pesquisa complexa do historiador a partir dos arquivos e de testemunhos nem sempre é familiar aos autores dos mapas, o que justifica certo número de lacunas de simplificações; na verdade, de imprecisões ou de erros às vezes transpostos para os mapas.

Uma vez estabelecidos, os mapas podem servir de base para os PPR mesmo que tenham sido elaborados sem que tenha havido tempo de refinar uma metodologia unificada; e é verdade que os mapas de diferentes atlas parecem muito discrepantes.

Hoje se trata, portanto, de elaborar atlas segundo um modelo claramente delineado. Os mapas deveriam ser mais visíveis, seguir uma pesquisa naturalista (abordagem hidromorfológica) e incorporar em abundância os dados históricos disponíveis.

Enfim, a difusão dos atlas poderia ser melhorada. Até o momento, eles dificilmente estão disponíveis para consulta. A não ser que se resida em um setor afetado e pertencente às comunas por eles representadas, nem sempre esses documentos estão muito acessíveis. Eles deveriam ser objeto de uma divulgação mais ampla e sistemática. Isso é tão mais necessário à medida que cada vez menos a população conserva a memória das áleas. Os indivíduos, que mudam de residência muito mais que no passado, também se deslocam para turismo ou lazer e, em geral, ignoram a presença ou a amplitude do perigo.

Trata-se, portanto, de contribuir, de alguma maneira, para recuperar a memória que as populações estáveis mais próximas da natureza conservavam no passado.

O comunicado regulamentado nos departamentos e comunas em risco

O comunicado foi instaurado pela lei de 22 de julho de 1987 segundo a qual "os cidadãos têm direito à informação sobre os riscos por eles incorridos em certos pontos do território e sobre as medidas de salvaguarda para se proteger". O decreto de 11 de outubro de 1990 precisou o conteúdo e a forma das informações às quais as pessoas podem ter acesso. A informação é reunida e difundida pelo governador da região. O prefeito tem um papel igualmente importante.

– *O papel do prefeito da região*

A fim de coletar dados sobre as áleas e sobre os perigos tecnológicos e para estabelecer documentos regulatórios que facilitem a difusão da informação preventiva para as populações, uma Célula de Análise dos Riscos e da Informação Preventiva (Carip) foi criada em cada departamento e colocada sob a autoridade do governador da região. Ela reúne os principais atores departamentais envolvidos com o risco maior e a segurança civil: os membros nomeados pelo prefeito do departamento provêm da administração do Estado (Diren, Drire, DDE, DDAF, DDASS, Educação Nacional), das coletividades territoriais (eleitos, bombeiros, serviços técnicos, serviços médicos e sociais, CHS, SAMU), das associações de proteção civil, do meio ambiente, dos industriais etc.

As missões do Carip são múltiplas, trata-se de reunir a informação e a documentação que permite definir os documentos reguladores (DDRM, DCS) e desempenhar um papel de especialista e de conselho. O Carip deve elaborar o Dossiê Departamental dos Riscos Maiores (DDRM), documento de sensibilização que agrupa as principais informações sobre riscos no departamento e que deve permitir a mobilização dos eleitos e dos parceiros em relação aos alvos de seus departamentos e de sua comuna. Espera-se que o documento de referência auxilie a elaborar os Dossiês Comunais Sintéticos (DCS) e que ele alimente e enriqueça todas as ações de informação no departamento. A partir do DDRN, o Carip extrai os elementos que dizem respeito a essa ou àquela comuna (informações, mapas) e os reagrupa no Dossiê Comunal Sintético (DCS) com eventuais acréscimos (apresentação das especificidades da comuna). O prefeito da comuna é notificado sobre os DCS por decreto do prefeito do departamento. O Dossiê Comunal Sintético é um documento regulamentador que apresenta os riscos naturais e tecnológicos incorridos pelos habitantes das comunas relacionadas. Seu objetivo é informar e sensibilizar os cidadãos e, a esse título, ele constitui o documento base do direito à informação fixado pela lei e pelo decreto.

– O papel do prefeito da comuna

O prefeito da comuna, por sua vez, define o Documento de Informação Comunal sobre os Riscos Maiores (Dicrim). Para tanto, é de sua responsabilidade reunir os dados necessários à elaboração da informação preventiva na comuna conjuntamente com o Dossiê Comunal Sintético (DCS). Para elaborar o Dicrim, o prefeito da comuna pode apoiar-se em uma Célula Municipal de Riscos Maiores e Proteção do Meio Ambiente (CMRME) por ele reunida, para ajudá-lo em sua tarefa (por similitude com o Carip). Apoiando-se no DCS, o Dicrim é elaborado integrando também as medidas de prevenção ou de proteção eventualmente já adotadas na comuna. Ele é acompanhado de fichas ou plaquetas de informação destinadas aos cidadãos. Os próprios Dicrim e DCS devem ser colocados à disposição dos cidadãos na prefeitura, devendo o Dicrim ser enviado aos principais atores do risco da comuna. Os avisos elaborados segundo um modelo acordado serão colocados nos locais e terrenos definidos pelo artigo 6 do decreto. Esses documentos levam ao conhecimento do público as instruções de segurança que figuram no documento de informação e as eventualmente fixadas pelos proprietários ou arrendatários.

Assim, a informação preventiva na comuna é constituída pelo prefeito graças ao DCS e ao Dicrim depositados na prefeitura e por uma campanha de divulgação que parte do prefeito da comuna e dos proprietários (de *campings*, por exemplo). O conjunto das comunas afetadas pelos riscos naturais está longe de ser dotada de um Dicrim. No final de 1999 haviam sido elaborados 99 processos departamentais. As campanhas de informação, mais frequentemente realizadas para os riscos tecnológicos que para os riscos naturais, deveriam ser largamente generalizadas.

Os intervenientes e as informações regulamentares nos departamentos e comunas em risco

O departamento

O prefeito do departamento:

- elabora o DDRM (Dossiê Departamental de Riscos Maiores);
- é assistido pelo Carip (Célula de Análise dos Riscos e Informação Preventiva).

A célula é composta por membros nomeados que são oriundos do Diren, Drire, DDAF, da Educação Nacional, por membros dos serviços médicos, por sócios de associações de proteção ao meio ambiente e por industriais. Ela reúne informações e elabora documentos regulamentadores.

O DDRM tem por objetivo:

- mobilizar os eleitos em relação aos alvos dos riscos naturais e tecnológicos;
- estabelecer um documento de referência para estabelecer dossiês comunitários;
- informar sobre os riscos que concernem ao departamento.

A comuna

O DCS (Dossiê Comunal Sintético):

- apresenta os riscos naturais e tecnológicos existentes na comuna. É produzido a partir do DDRM-fonte do Carip para extrair elementos relativos às comunas;
- é notificado ao prefeito por decreto do governador.

O Dicrim (Documento de Informação Comunal sobre os Riscos Maiores) é:

- estabelecido pelo prefeito auxiliado pela CMRME (Célula Municipal de Riscos Maiores e da Proteção do Meio Ambiente):
- elaborado a partir do DCS enriquecido de medidas de proteção e de prevenção adotadas pela comuna.

O alerta e o anúncio de cheia

Trata-se da terceira etapa de conhecimento do risco, que acontece no momento em que a situação obriga a alertar a população da iminência da crise. É o tratamento preventivo da catástrofe em vias de ser desencadeada que é considerado e está fundado sobre um sistema de vigilância e de alerta.

– A vigilância

O primeiro nível de vigilância das áleas hidrosférica pertence à meteorologia nacional, cuja rede de vigilância está fundada em medições (pluviométricas), imagens de satélites e registros de radar. Um boletim de alerta é emitido se há previsão de uma forte chuva ou tempestade; ele é então enviado aos representantes do Estado: governadores, serviços departamentais de anúncio de cheias e centro inter-regional de coordenação operacional da segurança civil. Esse boletim está agora mais simples do que os documentos anteriormente emitidos, que, às vezes, eram de difícil interpretação pelos leigos. Trata-se de um mapa de vigilância meteorológica que oferece quatro níveis: o nível 1, verde, significa "inexistência de vigilância especial'; o segundo, amarelo, pede atenção à evolução meteorológica; o nível 3, laranja, impõe uma grande vigilância, fenômenos meteorológicos perigosos são previstos; enfim, o nível 4, vermelho, pede uma vigilância absoluta, fenômenos perigosos de intensidade máxima podem ocorrer. Informado, o prefeito do departamento deve prevenir as autoridades locais e, especialmente, o prefeito de comuna.

As limitações dessa sequência são facilmente imagináveis: como a análise meteorológica ainda não é suficientemente precisa e apurada para estabelecer o local exato onde ocorrerá um grande aguaceiro, o documento pode apontar um setor que, afinal, não será afetado.

Além disso, uma falha na formação das populações explica por que estas não seguem à risca os boletins especiais e de alerta. As tempestades de 1999 revelaram claramente essa carência que apenas uma educação para os riscos permitirá suprir.

Previsões muito alarmistas também podem provocar movimento de pânico na população quando, afinal, nada acontece, fato que contribui para desacreditar o organismo-fonte.

Em alguns casos, o sistema de alerta não funcionou e a transmissão por telefone não pôde ser realizada por razões climáticas... Em Vaison-la-Romaine, em 1992, o centro meteorológico de Marignane havia emitido vários boletins, e os meios de socorro foram colocados em estado de alerta na expectativa de informações complementares que jamais chegaram em razão de uma interrupção nos serviços de telefonia. Em Nîmes, o boletim meteorológico especial de 2 de outubro de 1988 indicava a chegada de chuvas intensas na região, mas isso não impediu que a população fosse pega de surpresa. Esse boletim informou o serviço de alerta de cheias do departamento, que acompanhou a evolução do nível da água dos rios Vidourle e Gardon, ignorando o que se desenrolava no coração da cidade.

O tratamento das inundações torrenciais mediterrâneas é difícil e o tempo de alerta nem sempre é suficiente para evacuar a população, sobretudo se o alerta é acionado durante a noite. De maneira geral, a previsão das cheias rápidas é muito aleatória.

– *O alerta*

O alerta é dado pelo serviço de comunicação de cheias, cujos trabalhos na França iniciaram-se em 1854 nas bacias dos rios Sena e Loire e, em 1857, na bacia do Garonne. Os serviços dependem das seções departamentais dos Ministérios dos Transportes, Instalações, Turismo e do Mar, dos serviços de navegação e, às vezes, das direções departamentais da Agricultura e da Floresta. Todos estão sob a autoridade do Ministério do Meio Ambiente. Sua missão, de acordo com as instruções do decreto de 27 de fevereiro de 1984, consiste em recolher observações hidrológicas e meteorológicas, centralizá-las, analisá-las e obter conclusões e previsões para as autoridades territoriais, que adotarão as medidas aferentes à segurança pública.

Seu objetivo é, portanto, a previsão, a informação, o alerta, mas o anúncio das cheias não é uma obrigação para o Estado.

O relatório para o presidente da República, apresentado por Haroun Tazieff em 1983 e elaborado após um levantamento da situação em 1982, mostrava que existiam então cerca de 50 serviços de anúncio de cheias usando as informações de mais de 850 estações de medidas coletadas por um observador, com frequências que variavam segundo as características da elevação das águas. O envio da informação ao centro de gestão e aos eleitos se dava principalmente por telefone; quatro redes assegurariam a transmissão automática dos dados por um processamento rádioelétrico na bacia dos rios Vézère e Corrèze, em Gard, nos Pireneus orientais, e na bacia do Garonne. Ora, as cheias de 1981-1982 no Garonne expuseram as limitações desse sistema: a insuficiência no tempo e no espaço das observações hidropluviométricas, o problema da transmissão dos dados e o caráter muito geral das mensagens e avisos de cheia.

O relatório de Tazieff denunciava a inexistência da prevenção em certos segmentos dos cursos de água, a má difusão das mensagens, a falta de pessoal e as carências materiais, o que, somado, explicava a morosidade do encaminhamento das mensagens aos prefeitos envolvidos.

A partir de 1984, o serviço de anúncio das cheias foi reorganizado, passando, então, a apoiar-se tanto em uma rede de captadores instalados ao longo dos cursos da água quanto em captadores gerenciados por outros serviços ou organismos (Ministério da Agricultura, Electricité de France – EDF – etc ...). Em 1986 foram recenseados 5 mil postos pluviométricos destinados a fornecer dados diários e 1,1 mil pluviógrafos que permitem a análise detalhada da intensidade das chuvas. As estações hidrométricas permanentes eram mais de 2 mil, às quais se somavam estações não permanentes ligadas à gestão de certas obras. Em 1988, o Ministério do Meio Ambiente construiu um banco PLUVIO e um banco HIDRO, sendo que a operação do primeiro ficou a cargo do Ministério da Agricultura e a do segundo permaneceu em mãos da meteorologia nacional.

Doravante, as medidas são reagrupadas por bacia hidrográfica e parcialmente centralizadas no Ministério do Meio Ambiente no âmbito do SIG, permitindo aplicações tais como as modelizações.

Hoje, o alerta é da competência de 52 serviços de anúncio de cheias relacionados a 6 mil comunas. Todas as informações são encaminhadas ao prefeito, a quem cabe prevenir a população do risco de inundação iminente e tomar todas as medidas apropriadas para reduzir as perdas e os danos. Entretanto, às vezes, o acionamento do estado de alerta é difícil para o prefeito, que para emiti-lo deve se apoiar na interpretação dos dados transmitidos pelos serviços técnicos do

Estado. Ora, nem sempre há uma clara consciência do perigo que representam as informações transmitidas. Assim, em Rennes, em 1987, o fato de não ter sido acionado o estado de alerta e de os ribeirinhos não terem sido alertados, especialmente os industriais, da proximidade do perigo constituiu uma grave falta, imputável ao prefeito que deveria ter tomado as medidas que se impuseram.

Referências bibliográficas

BARRUÉ-PASTOR M., BARRUÉ M. (1998), « Mémoire des catastrophes, gestion des risques et architecture paysanne en montagne », *Revue de géographie alpine*, tome 86, n° 2.

DION R. (1934), Le Val de Loire : étude de géographie régionale, thèse, Paris, Arrault Éditions.

MESCHINET DE RICHEMOND N. (1997), *Les inondations catastrophiques sur la bordure montagneuse du Roussillon : dégâts et sinistrés*, université Paris X-Nanterre.

NUSSBAUM R. (2002), Communication, *in* Actes du colloque « Risques naturels et aménagement en Europe », Paris, Arche de la Défense.

POTTIER N., RELIANT Cl., HUBERT G., VEYRET Y. (2003), « Les plans de prévention des risques naturels à l'épreuve du temps : prouesses et déboires d'une procédure réglementaire », *Annales des Ponts et Chaussées* n° 105.

VEYRET Y. (2001), *Géographie des risques naturels*. Paris, La Documentation française. Documentation photographique n° 8023.

VEYRET Y., BOUCHON S. (2002), « Les risques liés aux carrières souterraines. Diversité des réponses et aménagement en Ile-de France », *Annales de Géographie* n° 626.

O RISCO INDUSTRIAL NA FRANÇA

A indústria, particularmente a química e a nuclear, com seus serviços de transporte e armazenagem, é uma atividade perigosa. A catástrofe de Toulouse, em 21 de setembro de 2001 e, mais recentemente, a explosão da fábrica de dinamite de Billy-Berclau, no norte da França, em 28 de março de 2003, recolocaram de forma eloquente o problema da localização dessas indústrias nas cidades. Esse perigo provoca riscos quando a atividade está inserida em um tecido urbano denso e, por causa disso, vulnerável. Mas ela pode representar também uma grande ameaça para as áreas rurais. Assim, após ter criado novos espaços urbanos e novos recursos (o que sempre ocorre nesse caso), esse tipo de atividade tornou-se um fator de pressão. A problemática do risco, seja ele industrial, natural ou social, reveste-se de três dimensões:

Uma *dimensão social*, pois a presença da indústria na cidade, se ela representar um inconveniente e, ainda mais, um perigo, significa um problema. O debate não deixou de ressurgir após Tolouse. Do "devemos temer?" ao "verdadeiras bombas em potencial" de algumas revistas, a alternativa estava entre a transferência ou o fechamento das fábricas ("isso nunca mais"), e o deslocamento da população. Se a questão das relações entre cidade e indústria é uma (velha) questão geográfica, a questão da localização da indústria é de ordem social. Efetivamente, o debate se coloca em termos de custo econômico, de pressão e de vantagens para as empresas e para a coletividade.

Uma *dimensão epistemológica*. De fato, o risco é um tema importante para uma geografia que procura centrar-se em alguns conceitos sistêmicos. Elemento constitutivo de um geossistema do risco natural, ele participa cada vez mais de uma interface espacial para o risco industrial. Os conceitos e as problemáticas são os mesmos, apesar de os processos serem evidentemente diferentes. É por isso que a distinção de categorias de riscos em função da natureza é artificial e subsiste apenas pela facilidade. Embora os pontos de partida sejam diferentes e a história de cada uma dessas categorias seja bastante distinta, a definição do campo conceitual de uma nova disciplina (a cindínica, enquanto ciência do perigo) é um dado imprescindível a toda convergência entre as abordagens do risco pela geografia física e pela geografia social (industrial, no caso).

Uma *dimensão didática*, enfim, uma vez que o tema da "sociedade diante dos riscos" constitui o arcabouço do programa do segundo grau das escolas na França.

Em decorrência desses fatos, tentaremos aprofundar a reflexão sobre a dimensão geográfica do risco industrial antes de avaliar o impacto sobre o território.

O risco, entre perigo e vulnerabilidade

O campo conceitual do risco industrial

Indústria e natureza: dois domínios antagônicos, e no entanto...

Em matéria industrial, preferiremos falar antes de perigo que de álea. O funcionamento da indústria é tudo, menos aleatório! Em contrapartida, na indústria química, na nuclear, a situação de perigo é permanente. O que é aleatório é o evento desencadeador do acidente, resultado de uma conjunção de fenômenos nos quais o acaso pode desempenhar algum papel (pela palavra *hazard*, o inglês associa o perigo à álea), ainda que a análise de algumas catástrofes recentes tenha mostrado que a parcela do acaso era, em definitivo, bem reduzida em relação ao que se convencionou chamar "erro humano" e aos problemas da organização de sistemas cada vez mais complexos. Fora essa nuança, as definições são as mesmas das dos outros riscos.

Diferentemente do risco natural, com o qual os geógrafos mantêm uma longa relação de familiaridade, o risco industrial foi inicialmente assunto de engenheiros. Assim, ele foi definido pelo par probabilidade/consequência ou frequência/gravidade. Se os dois critérios forem relacionados, será obtida uma curva, a dita curva de Farmer (figura 11), que permite quantificar o fenômeno e definir os níveis de aceitabilidade.

Figura 11

A curva de Farmer

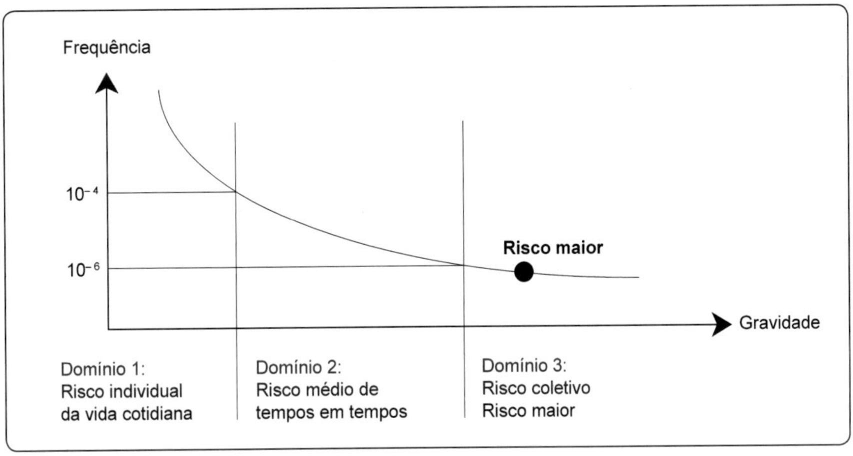

Além de determinado limite, surge a noção de risco maior, assim definido por Propeck-Zimmermann: "probabilidade de ocorrer um acontecimento fora do comum, temporalmente inesperado, ligado à disfuncionalidade de um sistema complexo e cujas consequências são de uma amplitude excepcional, mas não delimitável no espaço e no tempo, e que pode afetar a coletividade no seu conjunto e desestabilizar os poderes instalados" (Zimmerman, 1996). A probabilidade de ocorrência é tão pequena que seríamos tentados a afirmar que ela é nula. Estamos no domínio da incerteza, em que se deve aplicar o princípio de precaução e o princípio segundo o qual o risco zero não existe. A noção de risco industrial que tende a generalizar-se é, portanto, mais vasta que essa do risco tecnológico maior. De igual modo, ela não deve ser confundida com as noções de nocividade e de poluição, pois as temporalidades e o grau de gravidade são diferentes, mesmo que signifiquem um risco para a saúde pública. Em suma, o problema é saber como representar qualquer coisa que não existe em si mesma e que é do domínio do incerto.

A geografia, uma chegada tardia

O risco industrial tem uma história, ritmada por duas séries de batidas de "gongo". De 1966 a 1979, as catástrofes de Feyzin (1966, 17 mortos e 40 feridos), de Flixbourg (1974, 28 mortos e 104 feridos), de Seveso, em 1976 (fuga de dioxina), e de Three Miles Island, em 1979 (falha em reator nuclear nos Estados Unidos), significaram uma elevação do nível de gravidade dos acidentes. Eles estiveram na origem da diretiva Seveso 1, da Comunidade

Europeia, que data de 1982. No entanto, desde 1979, Lagadec mostrava em sua tese (Lagadec, 1981) que tinha havido uma ruptura entre os acidentes conhecidos no passado e os daquele decênio. Ele foi o inventor do conceito de risco tecnológico maior (RTM). Essa hipótese foi confirmada por três catástrofes de uma amplitude jamais conhecida até então (mesmo que a catástrofe da mina de Courrière* tenha feito 1.100 mortos em 1906): a explosão da refinaria da PEMEX no México, em 19 de novembro de 1984 (500 mortos, 1.200 desaparecidos, 7.000 feridos), Bhopal, em 3 de dezembro de 1984 (balanço oficial em 1994: 6.500 mortos, 10.000 feridos) e, enfim, Chernobyl, em 26 de abril de 1986. É nesse contexto que foi votada na França a lei de 22 de julho de 1987, relativa à organização da segurança civil, à proteção da floresta contra o incêndio e à prevenção de riscos maiores. Indo ainda mais longe, ela integrava a diretiva Seveso 1 à legislação francesa. A diretiva Seveso 2, de 9 de dezembro de 1996, retoma vários desses dispositivos, em particular os relativos ao controle da urbanização.

Essa história explica por que o tratamento dado ao risco natural, ao risco nuclear e tecnológico é diferenciado. Ele resulta de abordagens setoriais muito cartesianas as quais, em suma, privilegiam a classificação analítica das fontes de perigo para melhor delimitá-las, embora as interações entre os diferentes tipos de risco constituam um sistema. Esse é o objeto dessa nova ciência do perigo, a cindínica (do grego *kindunos*), inspirada no mundo dos seguros, e que tem o mérito de fazer sobressair uma unidade conceitual, uma hierarquização dos problemas e de propor uma abordagem sistêmica (o arquipélago do perigo – Kerven, Rubise, 1991). De igual modo, esse sistema não é espacializado, isto é, "geografizado", mesmo que as últimas pesquisas tenham se esforçado para integrar os sistemas de informação geográficos (SIG). Para o momento, os pontos de convergência entre as ciências dos engenheiros e a geografia ainda são raros. Os SIG podem ser um deles.

A identificação e a avaliação do perigo

A indústria química na linha de frente

As fontes de perigo estão bem identificadas: o gás tóxico, em particular o cloro; o amoníaco e o fosgênio (o gás mostarda da guerra de 1914-18, de longe

* N.T.: O acidente ocorreu em 10 de março. Vinte dias mais tarde, 14 sobreviventes foram retirados dos escombros. Extremamente divulgada pela mídia, essa catástrofe repercutiu pelo mundo inteiro e ficou relacionada à conjuntura econômica, social e cultural da França da Belle Époque, contribuindo para dividir dois momentos em matéria de segurança e salvamento nas minas: um antes e um depois da catástrofe de Courrière, na região de Nord-Pas-de-Calais.

o mais perigoso); os fluxos térmicos emitidos por um incêndio ou uma explosão que ocasionam queimaduras — em particular o fenômeno Bleve (*Boiling Liquid Expanding Vapor Explosion*) observado em Feyzin, no México, e em explosões como em Toulouse. Resta quantificá-los para medir seus efeitos sobre a saúde e sua extensão no espaço. Na França, o Ministério do Meio Ambiente estabeleceu cenários de referência para acidentes apoiando-se no acúmulo de experiência e na modelização de fenômenos (Fontanille, 1996). Eles estabeleceram uma hierarquia entre os efeitos mortais e as queimaduras com sequelas permanentes aos limites espaciais. A extensão das áreas sujeitas aos efeitos é calculada em função das quantidades estocadas e potencialmente liberáveis na atmosfera. Obtêm-se, assim, zonas de perigo cujo raio pode ser, às vezes, considerável. O guia de controle da urbanização nos arredores dos sítios de alto risco, editado em 1990 pela Secretaria de Estado do Meio Ambiente, indica, por exemplo, que a ruptura total de um duto de cloro de 40 mm de diâmetro criaria uma zona 1 (efeito mortal) com um raio de 1.380 m e uma zona 2 (queimaduras com sequelas permanentes) de 3.940 m — isso sem levar em conta o contexto. Compreende-se que esses resultados dependem, evidentemente, dos parâmetros inseridos no modelo e das escolhas subjacentes. É justamente o objeto de um debate em escala europeia, no qual a geografia tem sua participação.

Uma regulamentação cada vez mais severa

Os estudos sobre o perigo tornaram-se obrigatórios em função da lei de 19 de julho de 1976, relativa às instalações classificadas para a proteção do meio ambiente. Eles devem ser elaborados pelo empresário com base em cenários de referência e sob a supervisão da Direção Regional da Indústria, da Pesquisa e do Meio Ambiente (Drire), que representa o Estado. Vê-se nesse momento que a gestão do meio ambiente na França é dividida em duas: a relativa à natureza, a cargo da Diren, e a que se ocupa da indústria, a cargo da Drire. No interior dessa última, a proteção do meio ambiente é associada ao desenvolvimento da indústria. É a diretiva Seveso que estabelece a classificação dos produtos perigosos e os limites quantitativos. Enfim, a lei de 1987, já citada, torna obrigatória a elaboração de um Plano Particular de Intervenção (PPI) que organize o socorro no exterior do estabelecimento e assegure o direito à informação e o controle da urbanização (o industrial deve elaborar um Plano de Operação Interna – POI). É em razão dessa lei que os territórios agora se veem brutalmente confrontados com o risco tecnológico maior. Os estudos sobre o perigo realizados a pedido do Estado deviam de fato ser "levados ao conhecimento" das coletividades territoriais, as quais seriam obrigadas a inserir o risco em seu Plano de Ocupação dos Solos (POS).

O mapa contribuía, assim, para a "afixação" do risco, para sua criação enquanto objeto geográfico, ao passo que no ponto de partida ele não era senão um objeto regulamentar abstrato.

Se, por um lado, o perigo diminuiu em razão da implantação de políticas de prevenção e de gestão da qualidade ou do fechamento de fábricas, a evolução da regulamentação pode, por outro lado, aumentar o espaço do risco. Seveso 1, revogada em fevereiro de 1999, foi substituída pela diretiva Seveso 2, de 9 de dezembro de 1996, que entrou em vigor em 3 de fevereiro de 1997. Os prazos

Figura 12
Estabelecimentos sujeitos à diretiva Seveso 2 (limite alto) em 2003

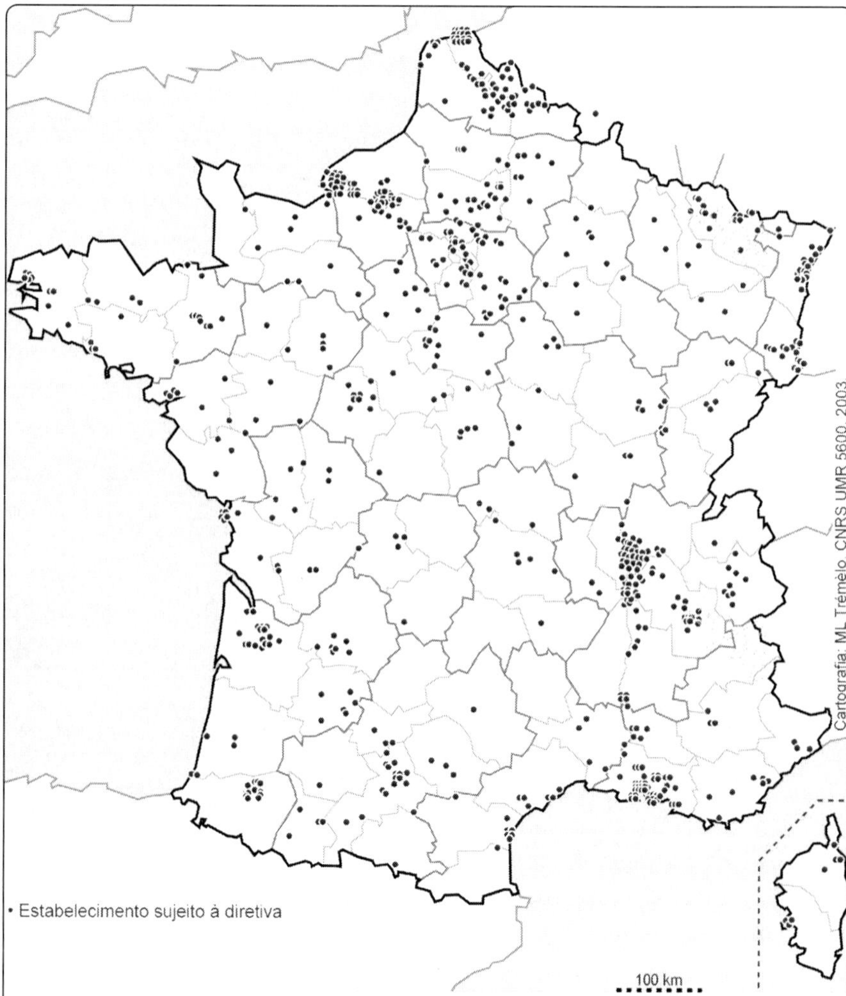

Fonte: Ministério da Ecologia e do Desenvolvimento Sustentável, 2003

Figura 13
Estabelecimentos sujeitos à diretiva Seveso 2 (limite baixo) em 2003

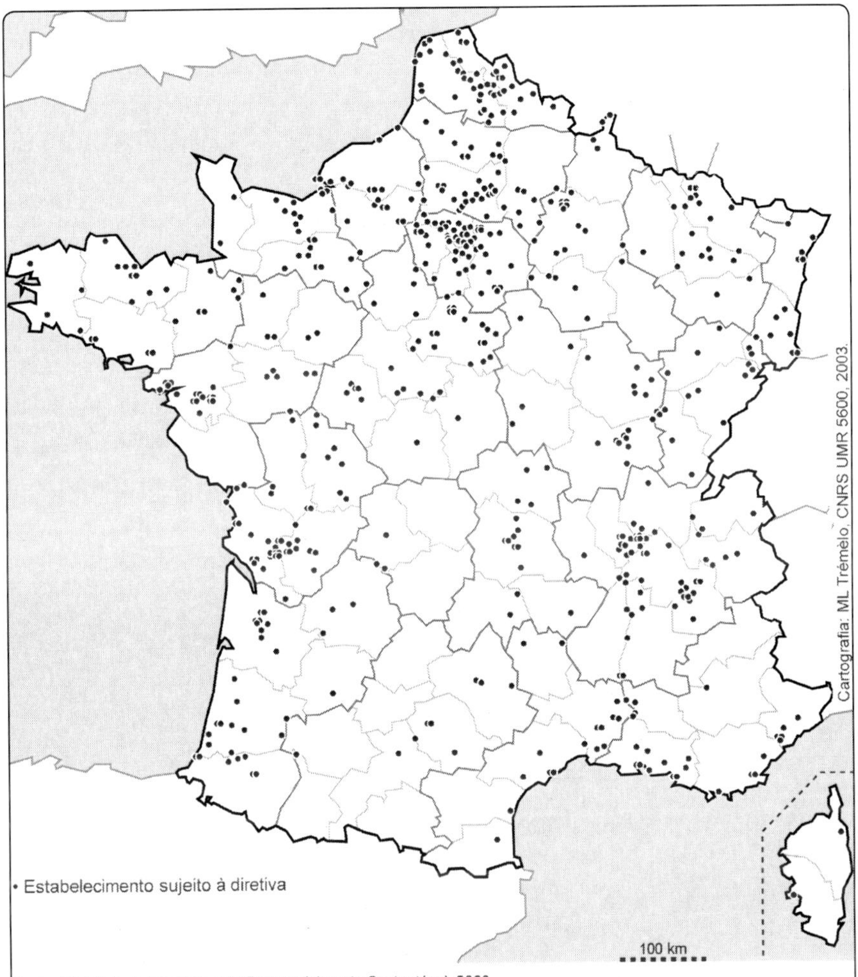

Fonte: Ministério da Ecologia e do Desenvolvimento Sustentável, 2003.

para aplicação desta última se estenderam até 3 de fevereiro de 2002, conforme o tipo de estabelecimento (notemos, de passagem, que a catástrofe de Tolouse se produziu em plena fase de transição). Observe-se que Seveso 2 se aplica ao estabelecimento inteiro e não mais apenas à área de produção; isto é, agora abrange toda uma superfície onde reina uma família de produtos perigosos (estocagem e processos produtivos) e de infraestruturas (ramais ferroviários, píers) — isso para levar em conta o efeito dominó. A redução dos limites quantitativos para certas substâncias e sua "aditividade" provocam o aumento do número de estabelecimentos sujeitos à diretiva Seveso 2.

O princípio da diretriz Seveso 2 está fundado na distinção entre duas espécies de instalações: de um lado, as de limite alto, que são as que já pertenciam a essa categoria, mas estavam sujeitas a estudos mais elaborados sobre o perigo. Por outro lado, os estabelecimentos de limite baixo têm a obrigação de implantar um sistema de gerenciamento da segurança. Trata-se de uma política de prevenção de acidentes maiores, a qual implica a responsabilidade penal do chefe do estabelecimento e é objeto de auditorias. Entretanto, os efeitos do acidente praticamente não deveriam superar os limites desses estabelecimentos e isso não deveria provocar zonas de proteção muito importantes. Se não há certeza de que essa nova diretiva vá ocasionar um aumento considerável da superfície na qual há controle da urbanização na França, é certo que esse incremento ocorrerá na Europa, uma vez que os dispositivos da lei francesa de 1987 agora estão incluídos na legislação europeia (artigo 12), eliminado, assim, os desequilíbrios que aconteciam em concorrências e eram provocados pelo menor rigor da lei de certos países (da Alemanha, em particular). Em compensação, a diretiva provoca a duplicação do número de estabelecimentos etiquetados "Seveso": na França, em janeiro de 2003, havia 1.250 Seveso 2 (670 limites altos, os mais perigosos, e 580 limites baixos), contra 596 Seveso 1 (371 no sentido estrito e 225 assimilados), de maneira que se chega a um paradoxo bem conhecido: quanto mais a regulamentação melhora, maiores os problemas!

Um fenômeno concentrado no espaço

O mapa dos estabelecimentos que em 2003 estavam submetidos à diretiva Seveso 2 (limite alto) revela uma dispersão maior do que poderíamos pensar (figura 12). Embora as grandes concentrações de indústrias químicas tradicionais sempre sejam identificadas de maneira bastante clara (regiões de Lyon e de Grenoble, Marselha-Fos — onde a precisão do mapa permite traçar o contorno do lago de Berre —, a reserva hulhífera do norte e de Dunquerque, a região de Basse-Seine, as aglomerações de Estrasburgo, Mulhouse, Toulouse, Bordeaux, e Lacq), observa-se um aumento do fenômeno em Île-de-France, com prolongamentos no vale do Oise e em Seine-et-Marne, regiões que estão a serviço da capital francesa e onde se encontram numerosos estoques de hidrocarbonetos e de silos de grãos, a partir de então classificados como Seveso. No Grande Oeste, cada capital regional conhece o fenômeno de maneira muito regular. O mapa dos estabelecimentos sujeitos à diretiva Seveso 2 (limite baixo) em 2003 (figura 13) confirma esse modo de repartição, conquanto poder-se-ia esperar uma dispersão maior. O mapa revela, sobretudo, diferenças na estrutura da indústria química regional. Poucas cidades possuem uma rede de pequenas e médias empresas (PME) ou estoques regionais de produtos petrolíferos (Nantes, Angoulême). Já as grandes concentrações são originárias de um maior número de grandes estabelecimentos de base, sem a presença de uma rede de PME intermediário (Toulouse, Marselha-Fos, Dunquerque, Le Havre). Apenas as aglomerações de Lyon e Grenoble e a parisiense têm uma composição equilibrada. Finalmente, a "diagonal vazia" caracteriza-se mais pela ausência de PME da química que pela ausência total de grandes estabelecimentos ou de centros de estocagem.

O perigo ligado à indústria é, portanto, um fenômeno concentrado espacialmente. No entanto, a escala tem um efeito ilusório. Em uma pequena escala, o conjunto da região urbana de Lyon, aumentada até Péage-de-Roussillon, no sul, constituiria um exemplo de concentração de risco particularmente impressionante. Essa impressão é falsa. A nebulosa de pontos não significa, de modo algum, que essas fontes de perigo, muito distantes entre si, possam interferir umas nas outras (efeito dominó), ainda que haja um fluxo de trocas de materiais perigosos entre as fábricas. Nessa escala, o RTM permanece um fenômeno pontual, e não regional.

A singularidade da questão nuclear

A atividade nuclear, ao menos na França, é objeto de uma regulamentação diferente. Apenas a indústria química de fabricação de combustíveis é afetada por Seveso (Pierrelatte, por exemplo). As centrais e as instalações militares estão excluídas. Notemos que o centro de tratamento de dejetos nucleares da cidade de La Hague não aparece no mapa. As causas são sua anterioridade (os decretos de criação das instalações nucleares de base e de proteção contra os raios ionizantes datam de 1963 e 1966), sua origem militar e, sobretudo, o fato de a atividade nuclear ter sido exemplo mesmo de gestão tecnocrata, antidemocrática e superarriscada, ao menos até 1986. De fato, nessa data, o controle e a vigilância das centrais foram desarticulados nos Drire, que fizeram esforços concretos para difundir a informação. Contudo, o controle se apoiava sempre na *expertise* científica e na avaliação do Instituto de Proteção e de Segurança Nuclear (IPSN), subordinado ao Comissariado de Energia Atômica (CEA), que era, ele próprio, usuário das instalações de pesquisa e de fabricação nucleares, portanto, incentivador do uso da energia nuclear para produção da eletricidade. O Ministério da Saúde também participava em razão da intermediação do Escritório de Proteção Contra os Raios Ionizantes (Opri). Assinalemos que em 1986 o professor Pellerin, a quem se atribui a afirmação de que a nuvem radioativa de Chernobyl havia estacionado nas fronteiras da França, era diretor desse escritório. Mas foi somente em 2002 que um decreto do governo criou uma instância verdadeiramente independente de controle da segurança eletronuclear: o IPSN e o Opri foram fundidos dando origem ao Instituto de Radioproteção e de Segurança Nuclear (IRSN), que passou a encarregar-se da avaliação das escolhas — sem a intervenção da Direção da Segurança Nuclear e de Radioproteção, que ficou incumbida apenas do controle. Os resultados não demoraram a se fazer sentir. Em abril de 2003, um relatório do IRSN difundia mapas da contaminação do solo em decorrência do acidente de Chernobyl, muito próximos dos difundidos há muito tempo por especialistas independentes (CRII-RAD no caso), mas em flagrante contradição com as publicações precedentes. O debate acirrou os ânimos no interior do próprio IRSN, entre os representantes do CEA, agora mais próximos da indústria e das instâncias europeias e os representantes do Opri, partidários de uma gestão mais "política".

Os argumentos em favor da manutenção de um tratamento diferenciado para a indústria nuclear são os seguintes: contrariamente à indústria química, em que a diversidade dos procedimentos torna a quantificação das probabilidades difícil, a construção de centrais nucleares foi objeto, desde sua origem, de uma política de garantia de qualidade e de redundância dos sistemas de segurança. A padronização por etapas permite constituir bancos de dados confiáveis, facilitando o cálculo das probabilidades. Além disso, um incidente só se desenvolveria de forma mais lenta (uma dúzia de horas em princípio) e protegido por sucessivas barreiras de confinamento. Sabemos, em contrapartida, que os efeitos seriam mais duradouros: apenas algumas vítimas fatais de imediato em Chernobyl, mas uma estimativa de quarenta mil mortes indiretas. Assim, na atividade nuclear, privilegiou-se a probabilidade e o nível de aceitabilidade, ao passo que na indústria é a gravidade dos efeitos que é levada em conta, segundo uma abordagem determinista. Essa opção foi feita inicialmente após o relatório Rassmussen nos EUA, em 1974, que desempenhou um papel pioneiro no desenvolvimento da avaliação probabilística como ferramenta de controle dos riscos. Não há servidões legais para o controle da urbanização em torno de sítios nucleares, mas distâncias de proteção de dois mil metros para as vias de grande circulação e para novas instalações industriais e um estímulo à não ocorrência de densificação; o zoneamento é, portanto, menos rigoroso, mas muito mais vasto: 5 km para a zona de evacuação e de uso de pastilhas de iodo e 10 km para a zona de confinamento. Assinalemos, enfim, que desde 1981 comitês locais de informação permitem, quando funcionam bem, difundir a informação de maneira mais eficaz que a das fábricas Seveso. Seu exemplo, aliás, deveria ser seguido.

Uma central nuclear representa, portanto, um conjunto de restrições e um perigo certo. No entanto, nesse domínio, talvez mais que em outros, é preciso colocar na balança o impacto econômico local. O cálculo foi feito *ao contrário* no momento de anúncio do fechamento da central de Creys-Malville. Na ocasião, contatou-se claramente que o interesse coletivo ia de encontro ao interesse local!

Além dos conflitos de escala, não há, portanto, uma gestão global de riscos no nível de um território. É aí que pode se dar a atuação do geógrafo.

A dimensão geográfica do risco industrial

Uma construção social

Das representações à realidade

O risco inscreve-se inicialmente no domínio das representações antes de pertencer ao das realidades. Sua definição está relacionada a campos particulares de jogos de atores que podem perfeitamente ser contraditórios: o controle administrativo e técnico (os Drire, representando o Estado); a *expertise* científica (o IRSN ou Ineris – Instituto Nacional do Meio Ambiente Industrial e dos Riscos); os seguros; o diretor da fábrica cujos interesses podem divergir ou convergir com o dos sindicatos; os gestores do território (eleitos, técnicos, organizadores); a população (o cidadão em geral ou o vizinho das instalações). A avaliação e a representação do perigo jamais são neutras. Trata-se de uma construção intelectual que reflete as representações, as pressões ou os objetivos daqueles que estão na origem de sua elaboração, os que estão encarregados da prevenção e da informação e os que vivem na proximidade. O nível de aceitabilidade e de tolerância é primordial. Sabe-se que ele varia muito de acordo com o ator: se é um vizinho ou não, se é trabalhador da fábrica ou um estrangeiro. Um dos problemas com os quais se chocam as campanhas de informação tem origem nas mudanças sociológicas que essas comunidades industriais conheceram: os assalariados das fábricas moram cada vez mais longe e esvaziam as cidades onde são substituídos por populações que não têm uma cultura do risco. São, talvez, dois mundos que se ignoram. De maneira mais teórica, tentou-se medir, nos Países Baixos notadamente, o limite do risco individual tolerado ou inaceitável. Estabeleceu-se na ocasião uma frequência de 10^{-6}, isto é, o risco de morrer em um acidente industrial para o indivíduo permanentemente presente deve ser inferior a um por um milhão de anos. O risco industrial tem no início uma dimensão coletiva e compreende-se que o Estado, mantenedor da segurança pública, seja mais tentado a agir sobre a gravidade (a proteção) do que sobre a probabilidade (a prevenção).

Contrariamente à poluição (barulho, odores) ou, simplesmente, a uma paisagem marcada pela indústria, o risco não é diretamente perceptível pela população. Os efeitos visíveis, sensíveis, não são mensuráveis senão *a posteriori*, em razão dos danos provocados pelo acidente ou pela catástrofe. O problema apenas se coloca no momento de determinar o peso do conhecimento do perigo na evolução do valor da terra ou dos imóveis (Sauvage, 1997). Por outro lado, a carga emocional pode ser maior, ainda que muito episódica. Em uma comunidade da periferia da cidade de Saint-Étienne, pôde-se mostrar que as pressões antigas relacionadas a um aeroporto e a uma zona inundável eram muito mais amplas que as zonas de perigo decorrentes de uma instalação recentemente classificada como Seveso limite alto, cujo anúncio havia, entretanto, provocado grande comoção.

O que está em jogo na cartografia

A partir do momento em que uma nuvem se dispersa, um líquido se esparrama, uma deflagração se propaga, o documento cartográfico passa a constituir um elemento fundamental na compreensão e na gestão do fenômeno. Por esse motivo, ele está incluído nos estudos sobre o perigo que as empresas que possuem instalações ou unidades perigosas devem realizar. O mapa permite que qualquer elemento virtual e fugaz torne-se perceptível visualmente ao lhe dar uma forma e um contorno. Ele viabiliza a representação da extensão espacial do fenômeno. Essa cartografia depende da natureza da atividade, das propriedades e das quantidades de produtos envolvidas. Cada tipo de perigo gera uma zona de geometria variável; uma fábrica gera uma superfície circular ou em forma de penacho conforme a direção e a força do vento; um transporte de material perigoso (TMP) ou um rio produz um espaço linear mais ou menos largo; uma epidemia ou um medo dá origem a um espaço difuso constituído de uma soma de impactos pontuais. Isso constitui o componente intrínseco do risco (a zona potencialmente perigosa).

Na França, os métodos adotados para estimar os parâmetros utilizados na alimentação dos modelos matemáticos de dispersão refletem a maneira como os riscos tecnológicos são definidos pelo Estado. Os objetivos são expressos em termos de segurança coletiva, responsabilidade civil e seguros. A solução adotada, viu-se, foi decididamente determinista. Ela consiste em considerar o maior risco possível, generalizando as condições mais adversas e tornando cumulativas as hipóteses de acidentes mais graves. A partir do momento em que o potencial de perigo existe, considera-se que sua ocorrência pode se dar em toda sua amplitude. O zoneamento dos estudos de perigo demarca, assim, as zonas de efeitos potenciais máximos (mortais ou causadores de lesões permanentes), mas não zonas de risco propriamente ditas. Elas só se tornariam assim se o acontecimento se produzisse. Outras abordagens são possíveis, mais probabilistas, como a que foi adotada nos Países Baixos, onde desde o início se leva em conta a densidade populacional e os fatores geográficos. Elas dão origem a mapas diferentes que representem melhor os alvos (Douze, 1966). O debate extrapolou as fronteiras nacionais quando foi preciso aplicar o artigo de Seveso 2, que trata do controle da urbanização.

Assim, o direito apoia-se em modelos matemáticos e em um saber geográfico normativo. Nem um nem outro pode representar a realidade por pelo menos duas razões: eles não integram o incerto que o engenheiro procurou reduzir o máximo possível e não são territorializados. A incerteza advém justamente dos fatores geográficos ou humanos, pouco considerados ou dificilmente modeláveis (relevo, meteorologia, densidade, mobilidade e comportamento da população, forma do hábitat, "rugosidade" do solo). Ora, a questão não pode se limitar a uma abordagem puramente tecnicista. Efetivamente, o espaço sobre o qual pesam as ameaças não é neutro. Um território é objeto de projetos, estratégias, representações significantes igualmente legítimas e pertinentes. É nesse momento que o mapa se torna um instrumento de mediação para a negociação entre os diferentes parceiros e que aparecem os componentes extrínsecos do risco. A cartografia contribui para a afixação do risco; as zonas de perigo tornam-se zonas de acordo.

A questão dos limites constitui um problema geográfico maior. De um lado, a dinâmica do perigo abole as fronteiras — a difusão da "nuvem" de Chernobyl é o melhor exemplo —; de outro, a permanência de limites administrativos não cessa de introduzir distorções na aplicação da regulamentação. Um caso célebre no (pequeno) mundo dos RTM (Riscos Tecnológicos Maiores) é o da comuna de Aumale, em Seine-Maritime (Haute-Normandie), na divisa com a região da Picardia, onde se encontram importantes depósitos de hidrocarbonetos. As zonas de perigo ultrapassam os limites comunais, portanto, departamentais e regionais... Desse modo, a demarcação de zonas de efeito nos POS (Planos de Ocupação do Solo) não é feita com o mesmo rigor nos dois lados da "fronteira". A comuna de Aumale vê, então, uma parte importante de seu território "congelada", apesar de não haver falta de recursos, enquanto é a comuna vizinha – em teoria, igualmente perigoso – que recebe os novos equipamentos urbanos. Do mesmo modo, a redução da expansão espacial do risco, das zonas de perigos às zonas de acordo, e em seguida à sua inscrição nos POS não deixa de provocar questionamentos.

Um objeto geográfico

Uma interface espacial

O risco é, certamente, um objeto geográfico. É preciso, portanto, tratá-lo em termos espaciais. Ele se situa na interface entre um espaço industrial e espaços urbanos (ou rurais) que o englobam. Constitui uma interface espacial cuja consistência não é tanto histórica, como entendia Péguy para os fenômenos climáticos, mas ambiental (atmosfera, relevo, rugosidade do solo), que forma um sistema de três dimensões. Essa interface funcionaria nos dois sentidos:

Da empresa-sujeito ao território-objeto. É o esquema clássico em que se privilegia a estratégia das empresas. O território constitui seu meio ambiente, o suporte de suas atividades em que ela obtém externalidades, recursos e define seu limite natural. Os efeitos se medem em termos de impactos econômicos e financeiros (benefícios), de empregos (benefícios ou pressões conforme a conjuntura), de danos, poluições ou riscos (ameaças). No que concerne aos riscos, a estratégia da empresa é se proteger contra os efeitos de um acidente cercando-se de um *no man's land*. O alvo é bem o domínio da urbanização, ao menos a "estabilização" da existente.

Do território-sujeito à indústria-objeto. É uma relação que privilegia as estratégias da coletividade. Ela pode ser medida em termos de informação, de imagem, de representações, de aceitação ou rejeição da indústria, mas também de organização do território. A questão é, portanto, saber qual papel o território pode desempenhar na gestão do risco como ator e recurso específicos. Blancher (1996 e 1999), interrogando-se sobre em que medida a indústria química da cidade de Lyon seria uma componente essencial do patrimônio da aglomeração, defende a ideia de que a questão ambiental, após ter criado as condições para uma ruptura, teria, ao contrário, se tornado uma componente essencial da interação entre as empresas e o território, um incentivo para o aumento da eficácia do sistema produtivo. A integração do meio ambiente às estratégias industriais reforçaria, assim, a qualificação e a especificação dos recursos, isto é, aqueles cuja obtenção em outro local seria mais custosa que uma subcontratação, a qual constitui justamente um dos pontos fortes da aglomeração. Em compensação, a qualidade de vida e a atratividade do território, mesmo que os odores não tenham sido todos eliminados, encontram-se reforçados. Assim, o compromisso das empresas químicas com o progresso da região representa um engajamento voluntário para progredir em termos de segurança, de saúde e de qualificação ambiental de modo a reforçar sua ancoragem territorial. O interesse dos industriais é claro: assegurar a perenidade dos sítios que têm uma importância estratégica no interior dos grupos e o desenvolvimento sustentável de uma indústria que se orientou para uma química da espacialidade.

Além do debate sobre a manutenção da indústria em um tecido urbano, aposta-se na informação. A lei de 1987 precisa que ela é um direito dos habitantes, o que significa que sua divulgação é uma obrigação daqueles que a detém. As dificuldades encontradas para tornar eficazes as campanhas de informação mostram que, nesse domínio, resta muito a ser feito. É claro também que a ausência de um tratamento global para os riscos é um obstáculo, pois o território é um todo, e as coletividades têm que gerir a complexidade.

A territorialização do risco

Entre o espaço do risco e o território há uma distância que decorre da diferença entre perigo e vulnerabilidade. Fez-se um grande progresso no conhecimento do perigo, da prevenção e da organização do socorro, mas a abordagem puramente espacial dos engenheiros quase não se preocupava com as diversas vulnerabilidades do território.

A territorialização intervém quando se procura inscrever o "risco", isto é, o perigo, no território. Isso se faz no momento de sua inscrição no POS (Programa de Ocupação do Solo, que se transformou em PLU). É justamente aí que surgem os conflitos: incompreensão em relação à abordagem determinista; crítica aos parâmetros levados em conta nos modelos de dispersão que excluem os fatores geográficos; ausência de definição de um nível de risco idêntico que seja aceitável em todo o território, a qual provoca incoerências e sentimentos de arbítrio. Se as comunas rurais de pouco peso tiveram que inscrever o risco tal e qual em seus POS, provocando o congelamento de superfícies importantes e onerando seu potencial de desenvolvimento futuro, algumas comunas mais densamente povoadas e mais industrializadas defenderam-se com uma obstinação à altura do que estava em jogo, preferindo a imposição, pelos prefeitos da região, do procedimento autoritário do Projeto de Interesse Geral (PIG). Esse foi o caso no vale do Ródano ao sul de Lyon e ao sul de Tolouse. A diferença entre as zonas de perigo e as zonas de proteção, objeto do controle da urbanização, pode ser enorme. Em Toulouse, pode-se dizer que foi mais o mapa que se adaptou ao que já existia, e não o contrário, pois, de fato, as fotografias aéreas mostram que em 1989, data do PIG, tudo já estava urbanizado (figura 14).

O "congelamento do existente" já não era, portanto, suficiente. A demonstração havia sido feita no "corredor da química", na aglomeração de Roussilon e na periferia sul de Grenoble (Donze, 1996 e 2001). Chega-se, assim, a outro paradoxo: quanto menos o espaço é povoado, isto é, quanto menor é a quantidade de alvos em jogo, mais a extensão espacial do risco é importante. Dois modelos se afrontam: de um lado, o do Estado centrado na organização

Figura 14
A urbanização de Toulouse e a localização das indústrias químicas

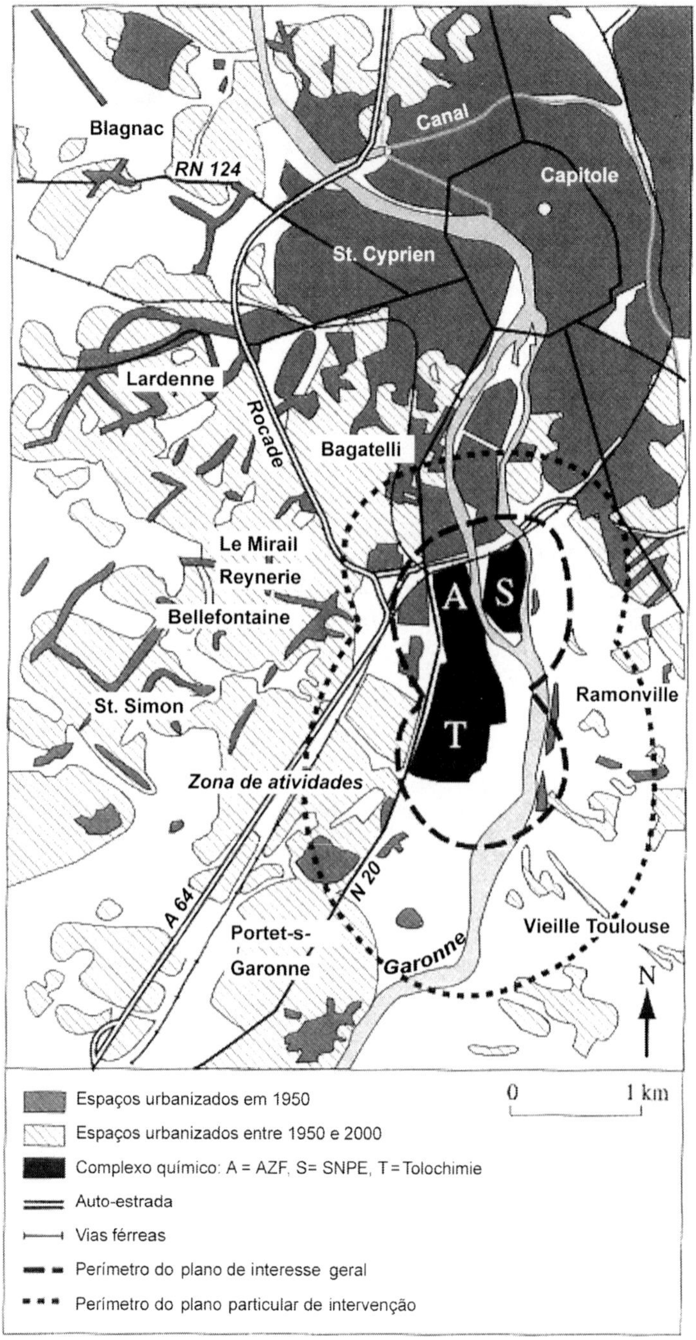

Fonte: *Mappemonde* (65), 2002, nº 1.

romana, regalista, que privilegia a proteção e as lógicas técnicas e de *expertise*, que concebe a informação e procede à afixação dos riscos; de outro, o Estado centrado no território (a *polis* grega), que raciocina em termos de riscos e é partidário de uma democracia direta e de uma definição negociada dos zoneamentos de maneira a facilitar sua aceitação. Assim, a inscrição do risco nos POS é um compromisso, o resultado de uma negociação.

Ele dá indicação da aceitabilidade do risco por uma sociedade. A redução do espaço concernente (até que ele se torne aceitável em um dado momento) representa a zona de incerteza cuja avaliação e responsabilidade competem ao corpo social.

A definição do risco inclui, entretanto, as características do local onde mora o perigo: densidade, modo de urbanização e de organização das redes, fluxos de circulação. Partir do território é se ocupar de sua configuração, suas pressões (que devem ser mensuradas) e, se possível, integradas ao domínio da urbanização. Essa avaliação é difícil. A superfície do risco só pode ser calculada a partir da cartografia levada ao conhecimento das coletividades. No entanto, devem ser consideradas as zonas de proteção onde é exercido o controle da urbanização ou a área de organização dos socorros e das campanhas de informação no âmbito dos PPI, que é bem mais vasta? Quando se sabe que esses últimos geralmente refletem a extensão do risco calculado nos primeiros estudos do perigo, mediante a aplicação dos princípios deterministas preconizados pela administração, o exercício não pode deixar de ser artificial. Tomando por base a definição pela Drire das zonas de proteção dos 47 estabelecimentos classificados como Seveso 1 na região Ródano-Alpes, a superfície acumulada das zonas de proteção próximas (ZPR – efeitos mortais) cobria 2,5 mil hectares e a das zonas de proteção distantes (ZPE – lesões permanentes), 4.850 hectares suplementares. No há total, mais de 6,3 mil ha, dos quais 80% estão situados nas aglomerações de Lyon, de Grenoble e de Roussillon (84 comunas afetadas) (Donze, 2001). Isso não corresponde exatamente ao território do risco, sobre

Quadro 5

Número de habitantes e de estabelecimentos afetados pelo RTM na Grande Lyon

	Zonas PPI		Zonas inscritas nos POS	
Habitantes	55.584	4,7%	11.720	1,0%
Estabelecimentos	3.206		820	
Postos de trabalho	39.320	7,04%	18.974	3,5%
Estabelecimentos escolares	63		13	

o qual a vulnerabilidade é, de fato, medida, pois a Drire não leva em conta a maneira como o risco foi inscrito nos POS nem o número de pessoas afetadas. O exercício foi tentado pela agência de urbanismo da Grande Lyon em 2002, para as unidades fixadas (quadro 5). Seria preciso acrescentar os estabelecimentos que atendem ao público, cuja baixa frequência não foi avaliada (salvo para os estabelecimentos escolares) e os fluxos de passagem.

Uma vez que permitem levar em conta simultaneamente fatores certos e fatores prováveis, os SIG constituem uma excelente ferramenta de gestão do território. É o recurso adotado pela comuna de Feyzin, no Ródano, onde um dos bairros, situado no "corredor da química", encontra-se diretamente exposto aos perigos (e poluições!) de uma refinaria. O projeto consiste em representar em escala cada um dos fatores de vulnerabilidade do bairro (densidade populacional, nível de renda, qualidade dos imóveis, localização dos estabelecimentos que atendem ao público (ERP), organização das redes) e relacioná-los à área das zonas de perigo e de barulho com o objetivo de escolher a disposição territorial mais acertada e evitar que esse bairro se torne um gueto. É um projeto ambicioso.

É ainda mais difícil medir o impacto sobre o valor dos bens. Se por meio da multiplicação de estudos de caso isso é possível em projetos de urbanismo das comunas, no caso em análise apenas a presença permanente de "observadores locais" permitiriam fazê-lo. Entretanto, ninguém duvida que a nova lei sobre prevenção dos riscos naturais e tecnológicos provoca reações mais rápidas dos indivíduos e do mercado em geral.

Ainda que a noção não seja citada, a lei faz supor uma verdadeira governança do risco. Ela recomenda a criação de Comitês Locais de Informação e de Acordo (CLIC) no modelo da indústria nuclear e a elaboração de Planos de Prevenção dos Riscos Tecnológicos (PPRT) no modelo dos Planos de Prevenção dos Riscos Nucleares (PPRN), ainda que as imperfeições sejam conhecidas. São previstos o direito de expropriação, de preempção e de renúncia indenizáveis de maneira conjunta pelas coletividades locais, pelo Estado e pelos industriais, que também deverão indenizar as servidões em caso de expansão da fábrica. Finalmente, a informação deveria ser obrigatória para os atos registrados em cartório quando das cessões ou locação de bens.

O debate entre mudança da população ou transferência/fechamento das fábricas perigosas, que se manteve aquecido após a catástrofe de Toulouse, agora poderá ser avaliado de maneira mais objetiva a partir da comparação entre o custo da renúncia (indenizar os vizinhos) e o custo do fechamento da fábrica (e da despoluição do local...). A nova lei deveria permitir às coletividades locais obter meios de gerenciar um risco territorializado de comum acordo com os industriais. Isso supõe um melhor conhecimento dos alvos, isto é, das vulnerabilidades, de maneira preventiva e não mais somente *a posteriori*, apenas pelo cálculo dos danos. Essa abordagem prospectiva sobre a dinâmica do território permanece ainda embrionária. É um campo de pesquisa largamente aberto.

Assim, o risco industrial, mesmo sendo uma manifestação episódica no tempo e pontual no espaço, coloca a questão da presença da indústria nas cidades. O interesse coletivo deve garantir, ao mesmo tempo, um desenvolvimento sustentável para as empresas e uma qualidade de vida satisfatória e segura para a população.

Referências bibliográficas

BLANCHER P. (1996), « Industries chimiques et territoire : contraintes et opportunités des développements », *Revue de Géographie de Lyon*, vol. 71, n° 1, p. 23-31.

BLANCHER P., PAQUIET P. (1999), « Qualité des territoires et performance des entreprises. Démarches territoriales pour un management environnemental », *Revue de Géographie de Lyon*, vol. 74, n° 3, p. 199-209.

DONZE J. (1996), « L'impact des RTM sur l'urbanisation : les cas de Pont-de-Claix et de Saint-Fons », *Revue de Géographie de Lyon*, vol. 71, n° 1, p. 45-55.

DONZE J. (2001), « Risques technologiques et urbanisation », Colloque international *Risques et territoires, la gestion des risques territorialisés*, vol. 2, CNRS, UMR 5600, Lyon-Vaulx-en-Velin.

FONTANILLE P. (1996), « La maîtrise de l'urbanisation autour des sites industriels à risque majeur », *Revue de Géographie de Lyon*, vol. 71, n° 1, p. 7-11.

KERVERN G.-Y., RUBISE P. (1991), *L'archipel du danger. Introduction aux cindyniques*, Paris, Économica.

LAGADEC P. (1981), *Le risque technologique majeur*, Paris, Pergamon Press.

SAUVAGE L. (1997), *L'impact du risque industriel sur l' immobilier*. Paris, ADEF.

ZIMMERMANN E. (1996), « De l'usage de la cartographie dans l'appréhension du RTM », *Revue de Géographie de Lyon*, vol. 71, n° 1, p. 11-17.

OS RISCOS NATURAIS NA EUROPA: A DIVERSIDADE DAS RESPOSTAS

Abordar a gestão dos riscos na Europa não é fácil: as evidentes dificuldades de terminologia e a variedade das áleas e dos riscos considerados constituem entraves a uma abordagem comparativa. Assim, em Portugal, onde o terremoto de Lisboa permanece uma referência graças, notadamente, aos escritos de Voltaire e de Rousseau, não são os terremotos que mais inquietam, mas, antes, os incêndios das florestas – e o verão de 2003 confirmou de um modo triste essa percepção, com numerosas vítimas e áreas queimadas que ultrapassam a superfície de Luxemburgo. A Itália ou a Grécia e a maior parte da Europa mediterrânea devem enfrentar uma multidão de áleas naturais: localmente, terremotos e vulcanismo, desmoronamentos do solo, inundações, ondas de frio ou de calor, secas ou fortes chuvas. Isso justifica o fato de esses países se dedicarem mais à gestão das crises do que à promoção de uma política de prevenção dos riscos, a qual pode ser utópica em razão da importância e do número de áleas? A percepção e o tratamento das áleas e dos riscos diferem de acordo com o espaço geográfico envolvido: maciços montanhosos, litorais ou planícies, espaços sujeitos a tempestades... Alem disso, a relação com o perigo e com a "construção" do risco varia em cada país em função de seu passado e da diversidade cultural que os caracterizam. Diferenças maiores são devidas ainda à organização político-administrativa dos Estados: centralizados, federais ou confederais... Diferenciações "culturais" do risco aparecem, portanto, na Europa também em função da relação que as populações mantêm com a natureza e a história das catástrofes anteriores pelas quais passaram.

Entretanto, a ampliação da União Europeia implica uma homogeneização dos dados espaciais e ambientais relacionados aos riscos. O primeiro exame efetuado em Paris, em outubro de 2002, quando do colóquio "Riscos naturais e organização do território na Europa" (Veyvret, Garry, Meschinet de Richemond, 2002), permitiu constatar que alguns países gerenciam o risco (Inglaterra e País de Gales, *Lands** alemães, França, Suíça), ao passo que outros se concentram na gestão da crise (Portugal, Grécia). Essas situações estão em processo de evolução mediante a implantação de novos regulamentos na Itália, Hungria, Romênia.

Comparações difíceis

Uma harmonização entre os diversos países europeus é necessária no que diz respeito à definição das áleas, dos riscos aceitáveis e, de igual modo, no que se refere à terminologia. A vulnerabilidade, cuja importância e complexidade destacamos no capítulo "O risco: definições, vulnerabilidades", demanda uma reflexão que já é comum e que é ainda mais útil quando se trata de considerar espaços transnacionais sujeitos a áleas sísmicas e hidroclimáticas. Desse ponto de vista, um conhecimento e uma gestão consensuais do risco são indispensáveis entre a Espanha e a França; entre a França, a Itália e a Suíça; entre a França, a Alemanha e os países do Benelux... e entre os diversos países banhados pelos grandes rios transnacionais.

As bases de uma análise comparativa

Vários elementos fundam as bases de uma análise comparativa dos Estados europeus.

A álea

Como ela é considerada? Qual posição lhe é conferida na cartografia do risco? Em que escala é efetuada? Com qual finalidade?

Mapas de áleas são elaborados em inúmeros países europeus em diversas escalas, que, basicamente, variam entre 1/25.000 e 1/10.000. Em contrapartida,

* N.T.: *Land* é o nome dado na Alemanha à unidade administrativa e territorial correspondente aos estados brasileiros.

o uso desse recurso não é generalizado, ainda que a importância dos sistemas de informação geográfica aumente. Em inúmeros países europeus, mapas de áleas elaborados com base em informações topográficas ou cadastrais são utilizados na organização do zoneamento do território: são os "dispositivos sobre a construção" na Baviera e os planos de organização do território na Suíça. No Val d'Aoste, região autônoma italiana, o zoneamento é feito no âmbito de um plano regulador geral, que corresponde na França ao antigo Plano de Ocupação dos Solos (POS).

Conforme o país, o mapa pode ser considerado tanto uma ferramenta de conhecimento quanto a base da regulamentação: assim, na França, na Suíça e na Áustria, ora ele tem um alcance jurídico, ora funciona como uma ferramenta de comunicação destinada a informar e a mobilizar as populações. Essa segunda orientação, inicialmente escolhida pela Inglaterra e pelo País de Gales, é hoje questionada tendo em vista uma cartografia destinada a uma gestão mais rigorosa.

O nível de precisão dos mapas varia em função da demanda e do usuário; na Suíça, pode ser desenhado em pequena escala, mas a escolha é determinada pela questão a ser tratada. O custo da cartografia depende da escala privilegiada; desse modo, pode ser triplicado ou quadruplicado ao passar da escala 1/10.000 para 1/5.000 ou 1/2.000. Em alguns países, a cartografia se mostra muito complexa, dificilmente legível e compreensível pelo público. É, de fato, um assunto para especialistas o que explica que seu alcance permaneça limitado em matéria de informação.

Qual lugar é reservado aos dados históricos? Como eles são integrados à avaliação do risco?

Nos países europeus, a história constitui um fator de conhecimento da álea, de consideração do risco e de seu controle? Os trabalhos realizados por Meschinet de Richemond (1997) mostram claramente a persistência implícita de escolhas efetuadas no século XVIII na gestão dos riscos em Roussilon. Eles indicam que a proteção contra as inundações provocadas por "transbordamento" de fato cabia ao Estado. Em geral bem realizada, a proteção resulta da existência na França, desde há muito, de um corpo de engenheiros competentes para construir diques. Os riscos ligados às inundações rápidas eram gerenciados pelos particulares (trabalhos de pequena hidráulica agrícola, manutenção de canais...).

No caso da Suíça, Pfister destaca a antiguidade da assistência aos sinistrados das catástrofes e a importância desta no fortalecimento do sentimento de identidade nacional, como testemunha o exemplo do desabamento de Goldau, em setembro de 1806 (in Favier, 2002). Após esse episódio, "a assistência pública foi organizada de acordo com o princípio de níveis subsidiários; inicialmente, dois (na base, os recursos

Quadro 6

A cartografia da álea em alguns países europeus

País	Origem das leis	Objetivo
Suíça	Leis e recomendações federais para criar uma definição comum de álea. Insistência sobre os tempos de retorno e intensidade.	Tornar obrigatória a elaboração de mapas de áleas tendo em vista o estabelecimento de uma política de redução do risco para os trabalhos de prevenção. Escala: de 1/2.000 a 1/10.000.
Alemanha	Exemplo: o *land* da Baviera.	Inventáriar e mapear os desmoronamentos do solo, fonte de perigos conhecidos. Criar um sistema para as autoridades locais que às vezes demandam instruções complementares antes da organização do território. Sistema de informática: *georisk.sig*. Escala: 1/10.000. Não existe zoneamento institucionalizado, mas o estabelecimento do *Bebauung Plan* ("disposições construtivas") que integra o risco.
Itália	As regiões definem a política de cartografia. A lei de 1998 impõe uma cartografia para todo o território para abranger as áleas de origem hidrogeomorfológica. No Piemonte, insiste-se sobre a intensidade e a energia (a massa e a velocidade).	Elaborar mapas que sejam utilizados para definir planos de desenvolvimento urbano e para concessão de uma autorização para construir (em Émilie-Romagne). Escalas 1/10.000 e 1/25.000; às vezes, 1/5.000 (Val d'Aoste). De acordo com a região, o mapa pode ter ou não valor jurídico. No Piemonte, os mapas elaborados sob a autoridade da região devem ser levados em conta nos planos de desenvolvimento. Mapas de áleas elaborados com base em um cadastro.
França	Lei 1995, PPR. O Estado elabora os PPRs e os impõe às comunas.	Atlas de zonas inundáveis. Mapas regulamentadores no âmbito dos PPR. Plano de zoneamento do PPR 1/25.000 adaptação ao PLU 1/5.000.
Inglaterra – País de Gales	2001 PPG 25, *Planning Policy Guidance*, que implica uma melhoria da cartografia e uma regulamentação do desenvolvimento urbano.	Mapas indicativos considerados insuficientes e até agora publicados na internet foram elaborados a partir de dados históricos e de modelos hidráulicos. A partir de 2003, elaboração dos mapas de áleas previstos na aplicação do PPG 25.

dos municípios; em seguida, os recursos dos cantões). Após 1848, passam a existir três níveis" (a participação da Confederação é solicitada quando uma campanha nacional de solidariedade se revela necessária).

Tais heranças, ainda hoje presentes em determinados comportamentos dos cidadãos, da administração ou dos eleitos, podem constituir um entrave, raramente levado em conta na dupla gestão do risco e da crise ou, ao contrário, alimentar uma verdadeira cultura do risco.

A estrutura político-administrativa e as especificidades dos seguros

Esses aspectos manifestam-se por profundas diferenças na gestão do risco. Quem o gerencia? O Estado ou uma outra estrutura administrativa tal como o cantão na Suíça, ou o *Land* na Alemanha? Em quais níveis territoriais o risco é integrado às políticas de organização do território? A dimensão das subdivisões territoriais é o único critério de equivalência para uma comparação internacional (e uma eventual transposição) ou é preciso privilegiar os níveis de competências administrativas, jurídicas, executivas? Quais são os atores? Qual lugar está reservado às seguradores que parecem participar cada vez mais da prevenção e não mais apenas da gestão do pós-crise?

Os atores da gestão do risco e os aspectos espaciais

Conforme foi citado, alguns países da Europa meridional e da Europa oriental gerenciam a crise e não o risco (Portugal, Grécia) em razão de ainda não existir um regulamento global sobre a gestão do risco. É notadamente o caso da Hungria e da Romênia, ainda que a prevenção se desenvolva graças a leis nacionais recentes, frequentemente posteriores a 1995 (1998 na Itália; de 1995 a 2001 na Grécia e na Romênia; 1999 na Hungria), que se inspiram às vezes em medidas mais antigas implantadas para enfrentar a álea dominante. Os primeiros regulamentos parassísmicos gregos, constantemente atualizados, datam de 1980.

A complexidade das regulamentações

Vários países europeus dispõem de leis destinadas a integrar o risco em sua política de organização do território (quadro 7).

O estudo dos riscos e de sua participação nas políticas de organização do território é um excelente indicador do funcionamento político-administrativo das unidades territoriais dos países e das competências a elas associadas. Os estados federais ou centralizados incluem o risco em vários níveis de decisão, nacional, regional, local, mas, na maior parte dos casos, eles concedem a um dos três níveis uma posição proeminente (regional na Alemanha: *Lander*; local na Inglaterra ou nos Países Baixos,). Ainda que a França, assim como a Romênia e a Grécia, tenha quatro níveis de organização territorial, ela se apoia essencialmente em dois deles; trata-se do Estado e de seus serviços descentralizados no nível departamental e das comunas; por outro lado, os departamentos e as regiões contribuem essencialmente com o financiamento dos trabalhos de prevenção e com a educação para os riscos.

A realização de comparações na divisão das competências revela-se muitas vezes uma tarefa difícil em razão dos níveis de intervenção que recobrem realidades extremamente variadas de acordo com o país.

Outros exemplos revelam o peso muito desigual de certos níveis de decisão; assim, na Catalunha, o nível comunal aparece muito fraco e a escala nacional, muito distante. A Suíça, em razão de seu tamanho, oferece uma situação original: aparentemente, a estrutura confederada não prejudica a coordenação indispensável na escala supranacional. A colaboração e a confiança entre os atores cantonais e locais são mais fortes que em outros países.

Quadro 7

Principais textos de leis concernentes ao risco na organização do território em alguns países europeus

País	Leis
França	Lei nº 95-101, de 2 de fevereiro de 1995, relativa ao incremento da proteção do meio ambiente, chamada lei "Barnier", que implantou os PPR. Ela substituiu as leis e regulamentos precedentes (PSS, de 1935; lei de 1982, relativa à indenização das vítimas das catástrofes naturais). A lei de 1987 — sobre a organização da segurança civil, a proteção da floresta contra o incêndio e a prevenção dos riscos maiores — estabelece o princípio da informação para o cidadão.
Suíça	Em 1991, a lei federal que dispõe sobre a gestão dos cursos de água e das florestas foi modificada; ela fixa os objetivos, as competências e as medidas a serem tomadas, exige que os cantões estabeleçam mapas de perigos que já estavam indicados na lei de 1979 sobre a organização do território. Em princípio, a confederação, os cantões e os municípios estão obrigados, na realização das atividades que têm um efeito sobre o espaço, a "levar em consideração os dados naturais". Um artigo constitucional em matéria de riscos econômicos está sendo preparado.
Áustria	A lei florestal de 1975 constitui a base legal para a planificação das zonas em perigo e sua aplicação é regulamentada pelo decreto relativo aos planos para essas zonas (1976). Em conformidade ao direito florestal federal, os planos são estabelecidos pelo serviço florestal responsável pela defesa contra as avalanches no nível regional. Ele compreende zonas ameaçadas pelas cheias e avalanches, especifica o grau de perigo (zona vermelha ou amarela) e as áreas que devem ser demarcadas para atender às medidas de proteção. Os programas de organização do território em escala regional determinam que as zonas de perigo sejam consideradas na definição do uso das superfícies.
Alemanha	Wasserhaushaltsgesetz: lei federal de prevenção de inundações. Importância dos *Landers* e das autoridades especiais, notadamente para o que concerne aos desmoronamentos do solo. Bundersanstalt für Gewässerrkunde (BfG). Landerrarrbeitsdemeinschaft Wasser. Lei ministerial relativa à atividade de mineração que é afetada por desmoronamentos do solo.
Eslovênia	A lei sobre a organização do território condicionou a autorização para construir à existência de uma *expertise* relativa aos perigos naturais. Ao final de 1999, o parlamento aprovou uma lei sobre a proteção contra esses perigos.
Itália	A base legal para a cartografia das zonas de perigo é dada pela lei nacional nº 183, de maio de 1989, intitulada "disposições para uma reorganização estrutural e funcional da proteção do solo" e pela criação de seis autoridades de bacias hidrográficas. A lei nº 267 introduz a planificação e a cartografia do risco.
Grécia	Transcrição em direito grego de diretivas europeias para a gestão da água, acordos EUROPA Riscos maiores.Regulamentação antissísmica desde 1980.

Inglaterra – País de Gales	Estratégia de defesa contra as inundações fluviais e costeiras definida em um documento nacional de 1993, que fornece as diretrizes. Land Drainage Act, de 1994. Em 1996, o Estado fixa os objetivos e as estratégias de conjunto e cria a agência de meio ambiente a quem é confiada a responsabilidade pela defesa contra as inundações. Guia técnico na Inglaterra: PPG 25, de 2001. No País de Gales: Technical Advice Note, de 1998.
Hungria	Lei 1995 relativa à gestão dos recursos hídricos. Lei de 1999 define as responsabilidades e a divisão de tarefas em matéria de água e de gestão das planícies inundáveis.
Espanha	Lei sobre a água 29/1985. Regulamentações do controle público no tocante à água (lei 849/1996). Direção da proteção civil contra os riscos de inundação (lei 124/1995). Essas leis definem o controle público da água. Normas de construção antissísmicas NCSR-02, de 27 de setembro. Planos regionais de proteção SISMAT. Lei 4/1997 de planos particulares em escala municipal para a proteção contra os movimentos do solo. Algumas recomendações nos planos de urbanismo.
Países Baixos	Transcrição em direito holandês de diretivas europeias em 1987 e 1991: procedimento MER Meio Efeito Reportagem, que é um estudo de impacto ambiental. 1993: lei sobre a proteção do meio ambiente.1995: lei de urgência para o reforço dos diques do delta do Reno (Destawet Grote Rivieren).1996: Directive Ruimte Voor de Rivier (do espaço para os cursos de água), que visa a preservar as zonas de expansão das cheias. Lei sobre a construção de diques. Wet Op De Waterkering. Lei de 1991, relativa à administração pública local. Regulamentação concernente ao zoneamento ligado aos riscos sísmicos. Lei 525/1996 aprova a regulamentação da ocupação urbana (delimitação em cada distrito dos setores sujeitos aos riscos naturais).
Romênia	Lei 210/1997 sobre a organização e o funcionamento da comissão central para a defesa contra as inundações, os fenômenos meteorológicos perigosos e os acidentes nos sistemas hidrotécnicos. Lei nº 575/2001 define um zoneamento de áleas em escala nacional. Lei 350/2001 concernente à ocupação e à planificação urbana com a proteção que integra proteção contra os riscos.

Quadro 8

Nível de decisão e organismos de alguns países europeus que possuem uma política de gestão do risco

País	Organismos, conteúdo e adoção
Europa	
	Federalização das ações, estímulo à pesquisa, cooperação em matéria de segurança civil. Adoção pelos Estados da União Europeia.
França	
Estado	Ministério da Ecologia e do Desenvolvimento Sustentável (MEDD). Regulamentação. Informação, conhecimento do risco.
Regiões e departamentos	Serviços descentralizados do Estado. Controle da obra: o prefeito departamental que representa o Estado nos departamentos inicia a planificação do PPR e o conhecimento do risco DDS.
Comunas	O prefeito intervém na outorga da autorização para construir. Competência em matéria de urbanismo.O risco tecnológico ou natural deve se tornar conhecido por meio do Dicrim e adotar as medidas que se impuserem. Aplicação do PPR: o risco no PLU. Possui poder de polícia.

Romênia	
Estado	Governo e Ministérios das Águas e da Proteção do Meio Ambiente. Ministério das Obras Públicas, dos Transportes e da Habitação. Ministério da Administração Pública.Comissão governamental para a defesa contra os riscos. Comissão dos terremotos e dos deslizamentos de terra do Ministério das Obras Públicas.Comissão das inundações e dos fenômenos meteorológicos perigosos do Ministério das Águas e da Proteção do Meio Ambiente.
Região (*Judet*)	Comissão do distrito para a defesa contra os riscos naturais. Secretariado técnico permanente subordinado a um prefeito regional e a um centro operacional.
Comuna ou cidade	Comissão para a defesa contra os riscos naturais no município, cidade ou vila.
Suíça	
Estado	Departamento Federal do Meio Ambiente, dos Transportes, da Energia e da Comunicação (DETEC) e Escritório Federal das Águas e da Geologia. Escritório Federal do Meio Ambiente, das Florestas, e da Paisagem. Fixa os objetivos no tratamento dos riscos. A Confederação financia a elaboração dos mapas.
Cantão	Cantão: Os serviços das águas, das floretas e da ocupação do território determinam em seus planos diretores quais zonas estão gravemente ameaçadas pelas áleas e pela poluição (as autoridades são obrigadas a atualizar esses documentos a cada dez anos). O cantão controla os estudos realizados em matéria de prevenção e elabora os mapas dos perigos.
Local (comuna)	Nível primordial, intervenção do serviço de construções e de ocupação do território. Os municípios são responsáveis pela elaboração do plano de destinação da área, incluindo um mapa dos perigos. Os mapas fazem levantamento de quatro níveis de perigo (áleas): vermelho, azul, amarelo e hachurado em amarelo e branco, do maior ao menor perigo.O prefeito do município intervém na gestão do risco. O plano de organização das zonas é elaborado pelos municípios. O sistema é financiado com subvenções federais, mas o processo é instruído pelos serviços cantonais que exercem também uma função de controle.
Grécia	
Estado	Comissão interministerial de coordenação. Ministério do Interior, da Administração Pública e da Descentralização. Ministério do Meio Ambiente, da Organização do Território e das Obras Públicas. Organismo de planificação e de proteção sísmica.Instituto de sismologia técnica e de construções antissísmicas
Inter-região	Coordenação e aplicação da política governamental. Ministério da Macedônia-Trácia. Ministério das Ilhas e do Mar Egeu. Comitê de coordenação e equipes de trabalho para a planificação.
Região	Secretaria geral das regiões
Departamento	Prefeito de departamento, comitê departamental de coordenação.
Inglaterra e País de Gales	
Estado	Ministério do Meio Ambiente e da Gestão da Água. Departamento do meio ambiente, da alimentação e dos negócios rurais (Defra). Agência do meio ambiente. O Estado fixa os objetivos e a estratégia global, tenta desencorajar construções em setores sensíveis. Divulga informações sobre o risco.
Regiões	Oito escritórios regionais da agência de meio ambiente

Local (comunas e agrupamentos de comunas)	Escritórios locais da agência de meio ambiente e conselhos municipais (*districts and county councils*) organismos locais de drenagem e uso do solo.
Itália	
Estado	Ministério do Interior. Autoridades da bacia, em número de seis.
Província	O prefeito da província intervém para aprovar a política de gestão do risco. O nível regional controla os estudos de zoneamento como testemunha o exemplo da Região de Val d'Aoste.
Comuna	O prefeito é responsável pela gestão do risco. No âmbito dos planos de desenvolvimento, as municipalidades utilizam mapas elaborados pela autoridade regional (exemplo do Piemonte, notadamente).
Hungria	
Estado	Ministério do Meio Ambiente e da Gestão da Água. Autoridade nacional da água.
Região	Doze autoridades regionais da água.
Local	É de responsabilidade dos prefeitos ou das associações locais de gestão da água.
Espanha	
Estado	Ministério do Interior. Proteção civil nacional.
Governo regional	Ministério do interior regional. Organização da proteção civil regional.
Municipalidade	O prefeito e a organização da proteção civil local.
Alemanha	
Estado	Papel muito reduzido (estrutura federal).
Região, província *Land*	*Land* da Baviera, por exemplo: escritório geológico. Serviços de gestão das águas, Administração regional, posição de destaque conferida em escala regional ao *land*. Exemplo: plano alpino para a luta contra os desmoronamentos do solo
Local, comuna	O prefeito é responsável pela gestão dos riscos. É também o papel do serviço de gestão das águas. Serviços florestais. Administração local.

Tipos de gestão diferentes: Inglaterra, França e Países Baixos

Os exemplos da França e da Inglaterra ilustram duas escolhas diferentes na organização da gestão dos riscos, as quais, em grande medida, têm origem em heranças culturais e políticas. Desde o reinado de Henrique IV, a administração francesa tem-se guiado pela primazia à administração das finanças e ao controle econômico e técnico em detrimento da justiça, ela própria dependente de duas jurisdições. Essa organização original distingue claramente a França dos países anglo-saxões e da Alemanha, nos quais a cultura da arbitragem e da negociação tem suas raízes em um sistema subordinado ao controle do juiz, único árbitro da sociedade civil e da administração.

Na Inglaterra

A regulamentação e a gestão dos riscos evidenciam a eficácia e o pragmatismo. Os serviços do Estado e as empresas privadas colaboram com frequência entre si para alcançar um melhor conhecimento da álea ou da natureza do espaço em risco; as informações concernentes aos riscos estão disponíveis na internet... Por muito tempo, a Inglaterra foi caracterizada por um fraco engajamento do Estado nessa matéria. Essa situação foi questionada após as inundações de 1998 e 2000 por causa da pressão das companhias de seguros, que ameaçaram suspender toda a garantia contratual em um momento em que a pressão fundiária para a urbanização nas planícies inundáveis "securitizadas" havia sido multiplicada por quatro em dez anos em função da construção de diques de grande capacidade. O PPG 25 (Planning Policy Guidance 25), de julho de 2001, representa uma meia-volta para o Estado central que assim enquadrou as decisões tomadas pelas autoridades locais em matéria de proteção e de limitação do desenvolvimento urbano nas zonas em risco.

Dentre as características mais marcantes do sistema inglês é preciso destacar a importância dada à cultura de arbitragem descentralizada, ao controle da regulamentação e de sua eficácia, ao papel maior dos seguros e ao alerta.

Com incentivo da agência do meio ambiente, os dados científicos relativos às áleas foram largamente utilizados e reinvestidos junto ao público, elos estreitos com os estabelecimentos de ensino foram desenvolvidos não só para informar a população, mas também para melhor integrar a "cultura" popular do risco e isso no longo prazo. Essa abordagem se funda em uma sensibilização da população a partir de campanhas de publicidade do grande público; rádio, televisão, jornais, notadamente no outono (período das chuvas).

Na França

A prioridade é dada à coerência dos regulamentos e à planificação. Um esforço bastante grande tem sido realizado há alguns anos em matéria de cartografia pelos serviços do Estado, tanto centralizados quanto descentralizados (DDE, DDAF,* prefeituras), e pelos organismos públicos, laboratórios universitários,

* N.T.: Trabalhando em parceria com as coletividades territoriais, o DDE – Direção Departamental da Infraestrutura é responsável por grandes projetos urbanos, rodoviários, marítimos ou fluviais relacionados à segurança. A Direção Departamental da Agricultura e das Florestas (DDAF) executa missões administrativas, técnicas e financeiras nas áreas de meio ambiente, emprego, assistência social e economia agrícola, entre outras.

CNRS (Centro Nacional da Pesquisa Científica), BGRM (Escritório de Pesquisas Geológicas sobre Minérios), CEMAGREF*... Esses progressos no âmbito da regulamentação e da cartografia (tanto das áleas quanto das vulnerabilidades) geraram alguns frutos, mas o controle de sua eficácia ainda permanece em grande medida por ser feito. O trabalho de acúmulo de experiência sobre as eventuais disfuncionalidades observadas se traduz preferencialmente pelas modificações regulamentares e legais (passagem do PER ao PPR).

A França, conforme vimos no início deste capítulo, pratica a negociação e a integração dos cidadãos no processo de implantação dos PPR de forma ainda insuficiente. A cultura francesa em matéria de risco é tida ainda de uma maneira bastante acentuada como domínio dos engenheiros e dos expertos, apesar de uma conscientização crescente dos especialistas das ciências sociais e do próprio público.

Nos Países Baixos

O exemplo dos Países Baixos permite nuançar a oposição entre esses dois "modelos" de organização e de gestão. Barthélemy e Blancher (1998) mostram bem a importante evolução observada entre 1992 e 1996, provocada pelas inundações de 1995. Os autores destacam como rapidamente o país conseguiu reorientar sua política de gestão do risco de inundação para uma abordagem diversificada e integrada. Essa evolução resulta da constatação de que, apesar de tudo, o reforço das infraestruturas pesadas e das normas associadas não permitia atingir uma proteção total nem elidir a questão do nível de proteção aceitável. No momento do debate sobre a descentralização na França, é interessante destacar que essa "revolução" na maneira de pensar e de abordar a gestão do risco foi acompanhada de certo reengajamento do Estado holandês como o único árbitro possível das transferências financeiras e prioridades entre os diferentes níveis territoriais, "o que o levou a se voltar para uma evolução descentralizadora".

O papel dos seguros

As seguradoras atuam de modo variado na gestão dos riscos. Em certos países, elas intervêm diretamente no conhecimento da álea e na definição do risco; assim, na Inglaterra e no País de Gales o seguro é indispensável para se vender um imóvel, mas as companhias podem se recusar a cobrir um risco. Elas empregam muitos recursos para identificar os graus

* N.T.: CEMAGREF é um organismo público de pesquisa sobre a gestão da água e dos territórios, voltado para o conhecimento de inovações técnicas.

de risco e para diferenciar seus parâmetros de preço. Desde 1999, as seguradoras elaboraram seu próprio zoneamento tarifário apoiado na sua própria cartografia e, em 2000, colocaram essa informação à disposição do público na internet. A atualização dos dados é anual e feita de acordo com o código postal inglês.

Na Alemanha, a cobertura não é obrigatória e poucos são os particulares que têm um seguro contra os riscos naturais, como testemunham os eventos do verão de 2002 no rio Elba. Graças à colaboração técnica com os poderes públicos fornecedores de dados, as seguradoras alemãs elaboraram um zoneamento tarifário (sistema ZÜRS) em três níveis em função do tempo de retorno das cheias (limites decenais e cinquentenais).

A maior parte dos países não tem uma cobertura obrigatória; a França e a Espanha são, desse ponto de vista, exceções. Na França, os prêmios são uniformes, previstos em todos os contratos e fixados pelo Estado, que concede uma garantia às companhias privadas por meio de uma caixa geral de resseguros. Essa situação não está isenta de efeitos perversos, pois estimula mais a assunção do risco que a adoção de medidas preventivas. No entanto, a situação evolui pouco a pouco em direção a uma maior consideração da vulnerabilidade dos bens privados, das empresas e dos bens públicos, o que leva a enfatizar a prevenção. Um único país da União Europeia, a Espanha, possui um monopólio no mercado de seguros contra as catástrofes naturais, mas esse último não permite uma intervenção significativa no controle da prevenção.

Quadro 9

Seguro e gestão de risco na Europa

Seguro obrigatório	
Espanha	Proteção contra eventos considerados catastróficos pelos poderes públicos e por um organismo oficial. Financiamento por cotizações oriundas dos contratos de seguro de automóveis e contra danos aos bens.
Suíça	Tempestades, inundações, granizo, acúmulo de neve, avalanches e desmoronamentos, queda de pedras, deslizamento de terras, estão cobertos como extensão da garantia do contrato de incêndio (lei de 1992). Dezenove cantões dispõem de um monopólio de estado e outros seis contam com companhias privadas. Os seguros de estado investem na proteção
França	Inundações, avalanches etc. Companhias privadas e sistema de resseguros garantido pelo Estado, que assegura uma garantia para as companhias privadas por meio de uma caixa de resseguros. Reembolso dos bens depois de ter sido declarado estado de catástrofe natural (solicitação pela comuna e aceite pelo Estado).

Seguro facultativo	
Alemanha	Tempestades, gelo, granizo, inundações, terremotos. Divisão em três zonas tarifárias indicativas em função do tempo de retorno das cheias. A tarifa é única para cada zona, mas a sociedade pode ajustar sua escala de tarifas em função de informações próprias. Esse zoneamento não retoma o zoneamento legal efetuado pelo risco de inundação considerado muito político. Zona 1: tempo de retorno superior a 50 anos; 82% dos imóveis nessa zona; tarifa recomendada: 0,16 por mil. Zona 2: entre as cheias cinquentenal e a cheia decenal. Tarifa recomendada: 0,43 por mil. Zona 3: inundações mais frequentes que a cheia decenal, a tarifa indicativa ajustada caso a caso para cada companhia, segundo as informações locais.
Reino Unido	Tempestade, granizo, acúmulo de neve, avalanches, terremotos, inundação, gelo. As companhias de seguro insistem junto ao Estado para regulamentar o desenvolvimento urbano em zona inundável, vislumbrando cessar de segurar os bens em caso de repetição da situação de crise.
Seguro obrigatório em estudo	
Itália	Tempestades, seca, gelo.

Na Suíça, os 19 cantões têm um monopólio de Estado e os 6 outros contam com companhias de seguros privados. Nesse último caso, o seguro apresenta, ao menos em parte, um caráter obrigatório. As companhias de seguros privados também criaram um grupo de resseguros. A taxa média dos prêmios do monopólio é duas vezes inferior à dos demais. Os seguros de Estado defendem largamente as medidas preventivas. Portugal dispõe de seguros privados.

A variada posição ocupada pelos cidadãos

A área da prevenção apresenta-se como campo de expressão de especificidades e identidades nacionais fortes, inclusive no âmbito dos seguros. Isso é igualmente visível por meio do método de trabalho utilizado. A cultura do compromisso e do debate público caracteriza inúmeros países, como a Suíça ou os Países Baixos, e tem raízes no passado. Barhélemy et al. (1998) destacava como uma especificidade dos Países Baixos "a tradição e a história que soldaram a comunidade nacional diante da adversidade, quer se trate de catástrofes naturais ou políticas". De igual modo, o alto grau de confiança da população na *expertise* dos engenheiros tem suas raízes em séculos de obras eficazes que tiveram grande impacto na preservação das terras agrícolas diante da invasão do mar e dos rios. Em numerosos países, os fatores sociais estão ainda insuficientemente desenvolvidos: os cidadãos são vistos mais como vítimas potenciais do que como atores sociais e econômicos do risco. É necessário dar importância à informação, ao conhecimento do risco, o qual não tem valor se não for partilhado e adaptado às especificidades do público visado.

A indispensável intervenção dos cidadãos é, além disso, a caução de que eles têm conhecimento do perigo que os ameaça e que poderão se mobilizar para limitar os efeitos potenciais. No entanto, até onde deve ir essa intervenção? A partir de qual limite, largamente especificado em cada situação, o interesse geral, que deve primar para garantir a segurança de todos, pode conduzir a imposição de escolhas que não poderão ser reconsideradas em curto prazo?

Abordagens globais

Se, por um lado, a unificação das políticas de gestão do risco ainda está muito distante no interior da União Europeia, por outro, existem algumas situações em que a negociação entre os países é já antiga. A gestão do Reno fornece exemplos de cooperação e de análise global do risco e da gestão negociada no âmbito da comissão internacional do Reno contra a poluição. Cinco países — França, Suíça, Países Baixos, Alemanha e Luxemburgo — estão envolvidos nessa comissão, que se reuniu pela primeira vez em 1950, depois expandiu seus objetivos e atua no âmbito do programa de ação contra as inundações (1998). Ao adotar o programa 2020 para o desenvolvimento sustentável, o programa geral de ações globais, a comissão pode daqui para frente enfocar uma gestão específica dos riscos de inundação: estabelecimento de pôlderes, espaços de retenção de água destinados a nivelar as cheias (tal como a Molder na Alsácia). Eis um caso interessante de cooperação e reflexão global que pode constituir um exemplo para o conjunto da união em matéria de gestão dos riscos naturais e tecnológicos.

Referências bibliográficas

BARTHÉLEMY J.-R., BLANCHER PH., MARRIS CL. (1998), « Aménagement de l'espace et gestion des risques aux Pays-Bas », *Plus*, n° 46. Centre de prospective et de veille scientifique de la Direction de la Recherche et des Affaires scientifiques et techniques du ministère de l'Équipement.

FAVIER (2002), *Les pouvoirs publics face aux risques naturels dans l'histoire*, Grenoble, MSH-Alpes.

MESCHINET DE RICHEMOND N. (1997), *Les inondations catastrophiques sur la bordure montagneuse du Roussillon : dégâts et sinistrés*, université Paris-X.

VEYRET Y., GARRY G., MESCHINET DE RICHEMOND N. (2002), Colloque international « Risques naturels et aménagement en Europe », Paris, université Paris-X, ministère de l'Écologie et du Développement durable et ministère de l'Équipement, du Logement, des Transports, du Tourisme et de la Mer.

UM JAPÃO SEM RISCOS?

A noção de risco natural, tal como ela é concebida por inúmeros geógrafos na França, não existe no Japão... nem na palavra nem mesmo na coisa, enfim. Essa afirmação pode parecer incrível para um país que é conhecido por suas áleas naturais, mas ela não será impertinente se os riscos forem abordados sob o ângulo da percepção sociocultural. De fato, o termo risco natural adquire um sentido variável de um espaço e de uma sociedade a outra. Na França, senão em todo Ocidente (Europa ocidental e América do Norte), os geógrafos o concebem notadamente como uma perturbação do funcionamento social provocado por áleas naturais: "Há risco a partir do momento em que uma álea, processo físico, climático ou litosférico, afeta a organização do território e as populações. O risco é, portanto, uma construção social" (Veyvret, 2001). Ora, no Japão essa construção não é a mesma nem em termos conceituais nem em termos práticos.

Evidentemente, existem inúmeras semelhanças formais no que diz respeito às áleas e a algumas medidas de prevenção adotadas, mas a concepção e a apreensão do risco diferem em vários níveis. Além disso, é importante não fossilizar o Japão como uma entidade única, como um único espaço eterno: não somente as áleas naturais são numerosas nesse país, mas, segundo as regiões e as épocas, sua associação e suas consequências humanas variam. É preciso, portanto, combinar as escalas sem deixar de considerar o longo prazo e o espaço profundo, ficando entendido que não se trata de apresentar o conjunto das catástrofes naturais japonesas – tema que já foi tratado (cf. bibliografia) –, mas a sua percepção.

A expressão "risco natural" não tem equivalente estrito em japonês

Nas línguas europeias, a palavra "risco" exprime a ideia de estar em uma posição potencialmente perigosa, seja involuntariamente (estar em uma situação arriscada), seja voluntariamente (assumir riscos) (Coanus, 1992, Rubise e Gautier, 1995). Entretanto, no Japão não há nada comparável a isso no termo que é mais utilizado para descrever os riscos naturais, o termo *saigai*, nem no ideograma que o transcreve.

O termo *saigai* decompõe-se em dois morfemas. O determinado *gai* significa prejuízos ou danos. O determinante *sai*, cujo sentido é o mais importante, é desenhado por um ideograma que utiliza os símbolos do rio (= água), no alto, e do fogo, em baixo. A associação desses dois oxímoros representa elementos naturais que são ao mesmo tempo úteis e temidos pelos homens, conforme o binômio taoista do *yin e* do *yang*. Este, lembremo-nos, inicialmente não está relacionado a valores morais, tais como o bem e o mal, mas a valores energéticos (negativo e positivo, feminino e masculino, lunar e solar etc.), como os dos dois polos de uma pilha, por exemplo. A combinação gráfica de *sai* designa igualmente, no caso do Japão, a importância de dois princípios componentes do risco natural, que são a água dos tufões ou das inundações e o fogo dos vulcões em erupção ou dos incêndios causados pelos terremotos.

A especificidade do ideograma japonês em relação ao modelo chinês deve-se ao fato de que ele pode ser lido (e pronunciado) de duas maneiras diferentes: tanto *sai*, em uma leitura dita sino-japonesa (no chinês original, *zâi*), quanto *wazawai*, em uma leitura dita *yamato*, originária da língua japonesa primitiva, anterior à chegada da escrita chinesa e seus sons, por volta do século VII. Ora, *wazawai* significa sucessivamente infortúnio, desgraça, calamidade, infelicidade. Fazer *wazawai* (*wazawai-suru*), é cometer um erro, arruinar-se. Aqui, onde em português o risco é originariamente homólogo de "sorte", *wazawai* designa o "erro" em japonês.

Essa acepção parece negativa, mas a raiz *waza* comporta ao menos uma dezena de sentidos que têm outra conotação. A língua atual não reteve senão os últimos, os que significam arte, trabalho, obra, o feito ou a coisa possível, no sentido de performático. Inicialmente, *waza* quer dizer "sentido profundo", o que é dado pelas deidades ou (em seguida) pelo Buda. *Waza* é, na realidade, "a expressão de uma vontade divina oculta" segundo a definição do dicionário. Uma vez reunido ao sufixo enfático *wai*, *wazawai* passa a significar, antes de adquirir o sentido mais negativo de "má vibração" ou de "danos", "signo de uma advertência divina". *Wazawai* aproxima-se do antigo *wazawoki*, que designava o autor, esse xamã que interpreta as intenções divinas.

O "risco" está integrado à concepção de natureza

Essa abordagem não é desconhecida do mundo pagão greco-latino, mas no Japão, diferentemente daquele, a hierarquia dos deuses é muito mais complexa e flutuante. Não existe um Zeus (Deus), soberano, onipotente e temível. Os jogos relacionais e potenciais (= de poder) entre as deidades são multiformes. Além disso, o xintoísmo animista e xamanista considera o ser humano um dos elementos do mundo natural. O papel dos habitantes não é tanto combater as forças da natureza, mas viver em harmonia com elas. Enfim, não há ruptura radical entre o divino e o natural. No panteão xintoísta abundam deidades naturais encarnadas por árvores, rochas, animais ou astros, assim como por seres humanos.

O budismo — que permite ao indivíduo ascender ao estatuto supremo de Buda, o que é vedado pelos monoteístas do deserto — foi absorvido pelo Japão sobre a base de suas crenças primordiais, que fazem do mundo fenomenal um absoluto e excluem todo princípio transcendente (Pons, 1993). Como mostrou o filósofo Nakamura Hajime, o budismo encontrou no Japão uma visão "intramundana" que o fez perder seu caráter metafísico de origem indiana e adotar uma abordagem imanentista, que enfatiza o aspecto real de todas as coisas (Nakamura,1964).

Contrariamente às religiões que postulam a existência de uma criação na origem do mundo, o xintoísmo concebe a cosmologia como uma sequência de "'irrupções naturais' de acontecimentos que recusam toda a análise e que implicam a aceitação desses eventos tais como são, tal como se produzem, comprometendo o futuro", conforme Mori Arimassa (Mori, 1976). Tanto no xintoísmo quanto no budismo, o tempo é, portanto, cíclico. É um eterno recomeço no interior do qual surgem as catástrofes naturais, previsíveis, esperadas, normais. Elas estão na ordem das coisas; não são sofridas, oferecidas ou execradas; elas são, ao menos na tradição, aceitas de alguma forma. O *wazawai* ou o *saigai* não são, portanto, a expressão de um risco assumido pelos homens, mas, ao contrário, uma manifestação das deidades. Sua interpretação permaneceu obscura durante séculos e, ao contrário ao que é frequentemente afirmado, a famosa crença no *namazu*, o peixe-gato que se encontraria sob o arquipélago nipônico, o qual seria agitado pelo *namazu* e com seus sobressaltos, é, ao mesmo tempo, recente (talvez do século XVIII) e pouco interessante: ela foi relançada e propagada de maneira lucrativa pelos sacerdotes do santuário de Kashima (Ibaraki-ken, no noroeste de Tóquio), onde, após o terremoto de 1855, que sacudiu Edo, a reverência à deidade do dito peixe-gato passou a ser estimulada a fim de atrair os peregrinos (Butel e Griolet, 1999).

Essa concepção do *wazawai* não é uma vaga herança anacrônica do passado, pois ainda hoje no Japão construções ultramodernas são inauguradas por sacerdotes xintoístas que com seu bastão vão expulsar os demônios. Não apenas o risco natural não está situado fora da sociedade japonesa — como é também o caso de sociedades ocidentais, apesar da tendência de colocá-lo de escanteio em uma derivação omini-securitária —, mas ele é consubstancialmente parte integrante da natureza. Ao tentar transcrever a expressão inglesa *natural hazards* para o japonês *shizen saigai* ou ainda para *tenzen saigai*, os cientistas japoneses não fazem senão acrescentar de maneira supérflua ou eufemística as ideias que já estão presentes no termo *saigai* (*shizen*: a natureza no sentido de *natura naturans*; *tenzen*: a natureza cósmica).

É essa natureza, ainda que paroxística, que é considerada substancialmente com o humano, não é, portanto, moral ou imoral, mas amoral: além do bem e do mal. Determinada abordagem ocidental, ela própria difundida pelos japoneses que a adotavam seja por puro mimetismo, seja por oportunismo, privilegiou, do fim do século XIX aos anos 1970, uma visão pejorativa e pessimista da natureza japonesa. Esta seria formada apenas de dramas e maldições: terremotos, tufões, inundações e outros tsunamis. Mesmo que isso não tenha sido claramente dito, os japoneses seriam, portanto, bastante insensatos para insistir em viver em tais condições. Ou então, segundo uma visão subsequente, essa, sim, explicitamente formulada, teria havido "um milagre" para que o Japão tivesse se desenvolvido. Ora, essa segunda abordagem, que destaca igualmente, não sem razão, a resistência coletiva dos japoneses e sua ancestral engenhosidade diante das catástrofes naturais, é excessiva, errada mesmo, pois tomou uma pista falsa. Sua ocorrência não reflete as grandes linhas de força da sociacultura japonesa, ainda que seja encontrada inclusive entre alguns japoneses e possa ser explicada por acontecimentos históricos maiores que levaram a atitudes masoquistas ou hipócritas (os transtornos decorrentes de Meiji,* as pressões imperialistas de antes de 1945, a derrota e a reconstrução após 1945).

O risco na geografia japonesa moderna

Vários geógrafos, japoneses ou não, tentam apresentar uma outra análise, no mínimo mais nuançada e mais completa. Não se trata aqui de entrar em detalhes,

* N.T.: A era Meiji (Governo Esclarecido) iniciou-se no Japão em 1868 com a chegada ao trono do Imperador Meiji Tenno (1852-1912), responsável por uma reforma constitucional que pôs fim ao feudalismo no país e implantou a monarquia constitucional. Sob o reinado de Tenno, o Japão derrotou a China e a Rússia e estabeleceu-se na Manchúria e na Coreia.

mas somente de destacar certos pontos que colocam a questão dos riscos em perspectiva. Desse modo, veja-se como um excelente manual japonês de geografia do Japão acrescenta de modo significativo, em seu segundo capítulo, a questão da "utilização da natureza" à dos *saigai*:

> O Japão é um país onde os cataclismos são numerosos, onde não se passa um ano sem a ocorrência de estragos provocados por inundações, deslizamentos de terra ou terremotos. O arquipélago japonês recebe a influência da monção, e aqui as correntes de água que descem das montanhas são numerosas e rápidas; o país faz também parte de uma zona sísmica e vulcânica. Todas essas condições naturais estão relacionadas ao desenvolvimento dos cataclismos; diz-se frequentemente que a especificidade do Japão é ser, pelo destino, um 'país cataclismático' (*sangai-kuni*). Mas as inundações, os terremotos ou as erupções vulcânicas não são, em si mesmos, cataclismos. Estes não começam senão quando essa enorme energia leva vidas humanas, destrói as atividades e paralisa a produção. Eles aparecem e se desenvolvem se os homens agem sem levar em conta seu equilíbrio com a natureza e se as medidas de proteção (*bôsai taisaku*) são implantadas de maneira inadequada (Ishii et al., 1986).

Por meio dessa tradução, feita quase palavra por palavra, compreende-se como numerosos geógrafos japoneses e a maior parte dos próprios japoneses concebem a questão dos cataclismos: como um sistema de relações que embora seja assustador e desastroso revela também um conjunto do qual participam os habitantes. Pode-se acrescentar que a cada calamidade corresponde um ou vários benefícios: às águas quentes, o uso e a exploração da águas termais, a geotermia; em certos casos, a fertilidade dos solos é fornecida pelo vulcanismo ativo e seu compadre sísmico. A abundância de água que favorece a munificência florística e a riqueza agrícola é mantida pelos tufões, pelas chuvas diluvianas e pelos mantos nevosos. As perigosas manchas de solifluxão, sobre os quais certas comunidades montanhesas se instalaram, oferecem uma melhor drenagem. Tais exemplos seriam abundantes se nos dedicássemos a apresentar, entre outras obras, a magnífica coleção em dez volumes de *Nihon no shizen* (O Japão e sua natureza).

Yamaguchi Yaichirô (nascido em 1902), um dos pioneiros da geografia japonesa e discípulo do célebre antropólogo Yanagita Kunio (1875-1962), demonstrou em sua tese (1933-1959) que as comunidades de pescadores de Sanriku (litoral nordeste de Honshu) eram regularmente expulsas da costa pelos terríveis tsunamis e deslocadas para o interior da ilha, mas que depois voltavam sistematicamente para lá. A razão está no fato de o mar na região de Sanriku ser particularmente piscoso e de eles desejarem encontrar os templos ou santuários de seus ancestrais (Takeuchi, 2000). Outro geógrafo do começo do século XX, Shiga Shigetaka (1863-1927), elogiou os sobreviventes da pequena ilha de Aogashima, situada ao sul do arquipélago de Izu, por terem voltado para sua ilha cerca de quarenta anos depois de terem sido expulsos (1785) por uma erupção vulcânica particularmente devastadora (Senda, 1984). De modo geral, pode-se ver nesses dois casos uma ilustração do apego dos japoneses à sua terra natal, à sua região, aos locais de seus ancestrais; um sentimento que, diga-se de passagem, limitou consideravelmente sua imigração para ultramar.

O que sobressai explicitamente desse manual japonês de geografia é a importância dada à energia: da natureza e, portanto, dos homens. A palavra moderna de origem inglesa utilizada pelos geógrafos (*enerugî*, para *energy*) remete, na realidade, à antiga concepção sino-japonesa do *ki* (chinês, *qi*), ao "fôlego", à matéria não organizada, essa energia vital que inerva o mundo. Captar o *ki* é se conformar de modo dócil, permitir reencontrar-se com o *ri* (chinês, *li*), o lugar

Figura 15

Os circuitos de decisão e de informação em caso de erupção vulcânica

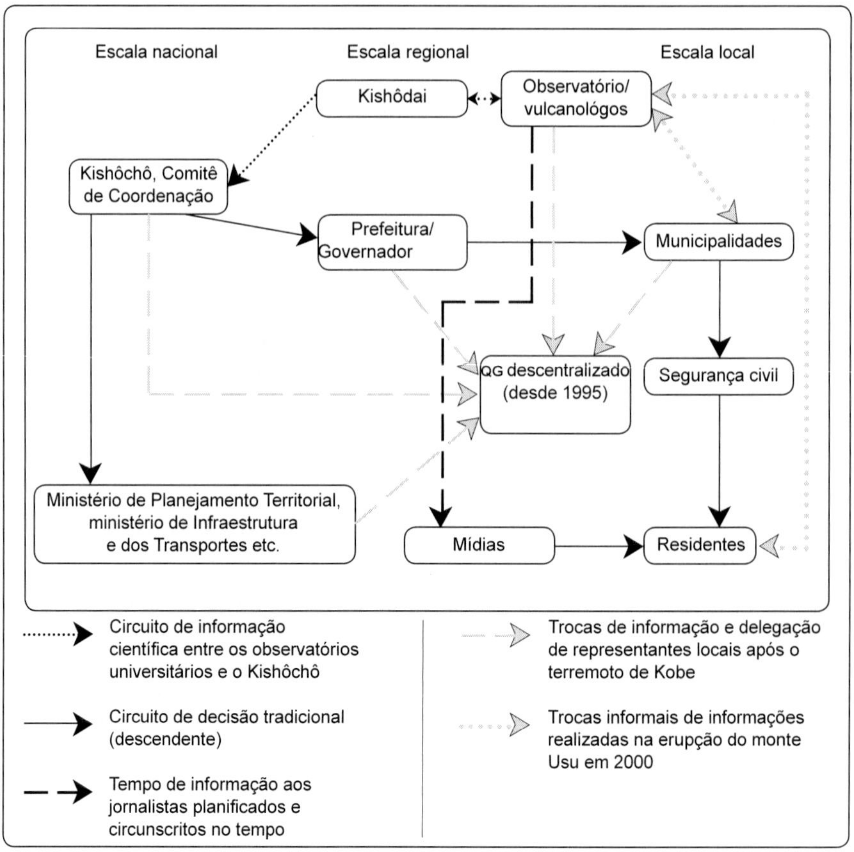

Fonte: Coletânea de Kokudochô, 1997; D'Ercole, 2002.

de origem dos grandes princípios, a ordem natural, a harmonia rompida por um instante. A disciplina japonesa do *kishôgaku*, habitualmente traduzida por "meteorologia", não é nada mais que o estudo (*gaku*) das manifestações (*shô*) do *ki* em questão. É por isso que o *Kishôchô*, ou Japan Meteorological Agency (JMA), não se ocupa somente da meteorologia propriamente dita, mas também da sismologia ou da vulcanologia.

O "enraizamento prévio das medidas de prevenção" reivindicado pelos geógrafos japoneses em uma fórmula forte, que insiste na inscrição terrestre das intervenções humanas, exprime a continuidade de uma não dicotomia entre homens e natureza. A fórmula enfatiza a dimensão múltipla das intervenções em questão, que têm por função não apenas proteger as pessoas ou prevenir os desastres, mas também permitir a atividade humana, ampliá-la. O primeiro edito que proibiu a derrubada de árvores para evitar a erosão a montante, e que remonta a 804, é publicado para salvar os arrozais à jusante. Não é, portanto, surpreendente que em uma passagem dedicada aos "trabalhos de prevenção contra as inundações", tal geógrafo japonês, que faz referência ao controle dos "riscos" no Japão, coloque no mesmo patamar a construção de diques fluviais, realizada por um senhor no século XVI e a polderização de um estirâncio, executada por um senhor da mesma época (Nakano, 1981). Essas duas construções que, no entanto, têm, *a priori*, funções diferentes, são percebidas da mesma maneira: proteger é ganhar terras; ganhar terras equivale a proteger o conjunto das terras.

Contrariamente ao "homem apoliniano", descrito por Bertrand Munier, que na antiguidade preferia renunciar a uma ação arriscada caso os deuses fossem contrários a ela (Munier, 2000), o *hommo japonicus* não é resignado ou passivo: há muito ele está empenhado, ainda que progressivamente (sobretudo a partir do século XVI) e em diversas modalidades, a realizar intervenções no território ao ser confrontado com os cataclismos. Ele não é tampouco o "homem faustiano" que desde o renascimento europeu quer dominar o mundo no lugar dos deuses, sempre pronto para negociar com o diabo, mas sem sucesso. Ao menos é isso que ele tem tentado fazer ao longo do século XX — sem rejeitar as deidades antigas ou os demônios (*oni*) que podem tornar-se deuses (*Kami*) (e vice-versa) — para ao final se dar conta de certos excessos. Essa ideia de jogar com sua vida e com as coisas, que apesar de tudo existe no termo europeu "risco", não é encontrada no Japão em relação às áleas naturais. Do mesmo modo que a ideia do perigo não está, evidentemente, ausente, ela não é quase conceitualizada na análise dos cataclismos, e vem daí a dificuldade de elaborar, em japonês, o neologismo da "cindínica", construído a partir da palavra grega *kindunos* ("perigo").

É difícil traduzir o risco

Qual palavra escolher para traduzir em português um termo japonês tão fundamental quanto *saigai*? Ao recusar a palavra "risco" pelas razões que acabam de ser evocadas, a decisão se torna delicada, pois existem várias possibilidades. "Desastre", que, etimologicamente falando, significa o fato de "ser nascido sob uma má estrela", assim como "calamidade" não são convenientes por causa de suas conotações muito negativas. "Cataclismo" oferece uma solução interessante, ao menos por três razões: essa palavra vem do grego antigo *kataklusmos*, que significa "inundação", sendo que ela própria designa, em termos etimológicos, torrente (*klusmos*) que cai do alto (*cata*), o que a aproxima da origem ideográfica do termo japonês; ela lembra também as antigas concepções pagãs, que dão ao céu um papel cósmico global; enfim, o termo *saigai* ou "estragos resultantes de inundações", que faz parte dos principais *saigai*, oferece, em japonês, uma terminologia próxima do grego "catástrofe", isto é, o "redemoinho" (*strophein*) das coisas ou seu "alvoroço"; esse desenlace que surge ao final de um poema ou de uma tragédia gregos, como acontecimento principal, é preferível a "cataclismo" por se revestir de uma dimensão menos "fim do mundo", pois na sociocultura japonesa a escatologia jamais foi associada às áleas naturais.

Mas os termos cataclismo e catástrofe apresentam o inconveniente de terem adquirido uma conotação muito fatalista, de acontecimentos vindos do céu, isto é, de Deus, e vivenciados de uma forma passiva, o que não cabe no caso japonês. A alternativa de "anástrofe" já foi proposta. Tentava-se enfatizar o fato de que os habitantes das planícies a jusante têm consciência de que a origem geográfica da maior parte das catástrofes (precipitações orográficas que desembocam em grandes inundações em caso de desmatamento intensivo e de erosão a montante) está situada rio acima. De igual modo, buscava-se destacar a concepção precoce que os japoneses têm de uma disposição territorial global adaptada a essa situação (Pelletier, 1991). No entanto, esse neologismo permanece sibilino.

Ao final, foram os termos "catástrofe natural" ou "cataclismo" que pareceram ser os menos inadequados para traduzir o japonês *saigai*, com a condição de que integrem um contínuo espaço-temporal que compreenda a vulnerabilidade ou a adaptação situadas seja a montante, seja a jusante. A definição de André Dauphiné, segundo a qual a catástrofe se caracteriza pelos seus "impactos, isto é, por todos os efeitos prejudiciais de um fenômeno", não pode ser adotada, pois seria muito redutora no caso dos *saigai* japoneses (Dauphiné, 2001). De fato, se seguirmos o dicionário de geografia histórica, que distingue os *saigai* de origem natural (*shizen, tenzen*) e os de origem humana, veremos que o campo deles é bastante amplo (Fujioka, 1991). Entre os primeiros se alinham:

- os ventos violentos, as chuvas diluvianas, as nevascas, ondas de frio intensas e outros "estragos climáticos" (*kishô saigai*);
- os terremotos, o vulcanismo ativo, os deslizamentos de terra e outros "estragos do solo" (*chihen saigai*);
- as endemias, parasitoses e outras doenças causadas por animais.

Entre os segundos se posicionam:

- as poluições atmosféricas, os afundamentos do solo, os incêndios;
- os acidentes de trânsito (automóveis, aviões);
- os envenenamentos;
- as guerras...

A gama dos *saigai* é, como se pode perceber, muito extensa. Ela não contradiz o antigo ditado japonês que considerava "o terremoto, o trovão, o incêndio e a paternidade" os quatro riscos maiores... Mas essa tipologia é, na verdade, muito influenciada pelas abordagens ocidentais, já antigas e pré-cindínicas. Vamos nos restringir, portanto, à categoria dos *saigai* ditos naturais, mais conformes à concepção primeira das catástrofes no Japão.

Uma percepção das catástrofes naturais em perpétua evolução

Se nos apoiamos no vocabulário e na semântica para compreender a percepção das catástrofes, fica fora de questão considerá-la como qualquer coisa de intangível. Os sistemas de valores correspondentes evoluem a exemplo dos meios nos quais se situam. De fato, se a sociocultura japonesa é, de maneira geral, sensível às principais catástrofes que atingem pouco ou muito o conjunto do arquipélago (terremoto, vulcanismo, tufão, inundações, incêndios...), certas regiões o são ainda mais que outras, e as respostas das populações locais variam. Além disso, as condições gerais da época constituem um parâmetro essencial (nível técnico, desenvolvimento econômico, situação sociopolítica).

Desde há muito os riscos têm sido levados em conta nas intervenções no território

Contrariamente ao que se passa na China, onde as preocupações com o transbordamento dos grandes rios e a construção dos diques são multisseculares, no Japão as grandes obras hidráulicas são relativamente tardias. As inundações de grande amplitude só apareceram verdadeiramente a partir do século XVI, quando o crescimento demográfico e econômico tornou necessárias a ampliação dos territórios na planície, a modificação das bacias hidrográficas e a aproximação das habitações dos cursos de água. Quando se considera que o território está fracionado em várias planícies costeiras de dimensão média ou pequena, a escala dessas obras revela-se, na melhor das hipóteses, regional.

As técnicas escolhidas variaram conforme o local e têm condicionado a organização do território até nossos dias. Na planície do Kantô, preferiu-se alargar o leito dos rios, respeitar os meandros, acrescentar braços, construir diques médios que favorecem o escoamento imediato das grandes cheias; enfim, dispersar as águas ao máximo. Nas planícies de Nôbi (Nagoya) e de Osaka, os braços e os meandros foram suprimidos e construíram-se diques elevados; em suma, procurou-se evacuar as águas em direção ao mar tão rápido quanto possível. Esse método ocasionou a aparição dos famosos "rios-teto" (*tenjô gawa*), em que o leito fluvial domina a planície. Ele permitiu a elaboração dos *wajû*, espécie de pôlderes interiores envoltos por um anel de diques que as intervenções modernas não conseguiram desorganizar. Seus habitantes permanecem vigilantes diante do perigo que os cerca e tomaram suas precauções (Andô, 1982).

A necessidade de tornar os cursos de água navegáveis, iniciada no século XVII, desaparece com a chegada da estrada de ferro e do automóvel, ocorrida em fins do século XIX. Enquanto a função dos rios se altera e os arrozais diminuem diante da progressão da mancha urbana, sobretudo após 1950, a capacidade de retenção hidráulica regride tanto na superfície quanto no subsolo. Consequentemente, a partir dos anos 1960, as inundações surgem onde não existiam e reaparecem onde se pensava que haviam sido eliminadas (Mitsui, 1976). De repente, a prefeitura de Tóquio se lança, no fim dos anos 1980, na gigantesca construção de uma rede hidráulica de enormes passagens subterrâneas capazes de absorver os excedentes da cheia.

A urbanização e a industrialização do século XX acompanhadas do êxodo rural, considerável a partir de 1950, modificaram definitivamente a natureza dos cataclismos e a gestão do risco. Aí se insere a paradoxal questão do acontecimento-choque, que constitui uma oportunidade maior para as medidas anti *saigai* no Japão. Sem o terremoto de 1923 e a construção que se seguiu a ele, a planificação urbana japonesa, já grandemente elaborada em seus princípios, não teria sido implantada com tanta celeridade (Bourdier e Pelletier, 1944). A destruição causada pelos bombardeios aéreos da Segunda Guerra Mundial abriu espaços urbanos e assim permitiu que os grandes projetos de urbanização fossem rapidamente concluídos. É o caso da construção de um vasto braço de derivação no rio Ota, no delta de Hiroshima, que livrou as cidades das inundações (Pelletier, 1990).

A fragilidade generalizada durante o pós-guerra imediato, causada pelos bombardeios e pela derrota, aumentou o impacto de certos cataclismos que em outro período e com a mesma intensidade teriam causado prejuízos menores. Esse foi o caso do famoso tufão da baía de Ise, em 1959, cujo trauma (4,7 mil mortos e mais de 36 mil habitações completamente destruídas) deu, apesar de tudo, a oportunidade para o lançamento de um grande plano de urbanização anti-inundações e antirriscos em todo o Japão: trata-se de outro exemplo de oportunidade dramática (Nishikawa, 1983). A medida mais espetacular foi a elevação dos diques localizados à beira mar ou próximos dos rios, conhecidos sob o nome de diques-navalha. À exceção parcial de casos particulares, como a subsidência do triângulo de Kotô na cidade baixa de Tóquio, em alguns anos as metrópoles obtiveram uma segurança anticataclismática que até então não haviam conhecido. Infelizmente, o terremoto de Kobe, em 1995, veio abalar algumas certezas.

A gestão do risco permanece incompleta

Apesar das aparências, a gestão dos riscos não chega senão tardiamente à escala nacional e mesmo em nossos dias ela permanece incompleta, embora existam organogramas em abundância determinando cuidadosamente as funções de cada administração. Três séculos atrás, a conscientização do shogunato de que a instabilidade ecológica e social ocasionava um desflorestamento descontrolado, provocado por um aumento da demanda por madeira — ela mesma resultante do crescimento demográfico e econômico —, redundou, ao final do século XVII, em uma política oficial de proteção generalizada do território, qualificada de "gestão das montanhas e da água" (*chisan-chisui*). Entretanto, como mostrou Conrad Totman, essa política foi aplicada de forma diversificada de acordo com os interesses do próprio shogunato, que controlava grande parte do meio montesino no Honshu central, e dos senhores locais, que se mostravam preocupados ou eficazes de uma forma desigual (Totman, 1989). O reflorestamento foi paradoxalmente acompanhado de uma política de arroteamento, as famosas *shinden* ou "novos arrozais" do século XVIII, pois se necessitava de fundos para financiá-la: logicamente eles foram buscados no que constituía a base do imposto na época, a rizicultura. Esse duplo movimento não deixou de suscitar algumas contradições que em parte estão na origem das grandes fomes do fim do século XVIII em Tôhoku, no nordeste japonês.

A multiplicação atual dos níveis de governo com poderes para estabelecer perímetros de políticas antissaigai (Estado, departamentos, comunas, os diferentes ministérios, os diferentes riscos) complica singularmente a tarefa. O papel da JMA na proteção dos vulcões cessa na fronteira do perímetro confiado ao Ministério da Construção, encarregado dos equipamentos e da antierosão, *sabô*. Essa heterogeneidade traduz a força ou a inércia das sociedades locais. Pode-se também ver aí o papel de um poder jacobino obsecado pela prioridade dada ao centro, à cidade de Tóquio e à sua região em detrimento de certas periferias. Assim, o terremoto de Kobe, em 1995, abalou os espíritos tanto por sua gravidade (mais de seis mil mortos, mais de cem mil habitações completamente destruídas) quanto por sua localização surpreendente, fora da zona habitualmente considerada a mais perigosa sismicamente: justamente, a que vai da capital até Shizuoka. Isso sem contar a possibilidade de as falhas locais terem sido totalmente subestimadas. Repentinamente, os socorros oficiais tardaram a chegar a Kobe, e os planos de proteção/prevenção foram, desde então, totalmente revistos. Mas o retorno da preocupação antissísmica por meio de uma oportunidade dramática não acontece sem algumas ambiguidades, como em um bairro popular de Tóquio em que as construções antigas e o risco sísmico servem também de pretexto para um projeto urbano de renovação e de sofisticação que expulsaria os habitantes que se opunham a ele (Hinode-chô, Tishima-ku).

O "regionalismo" das políticas antirriscos é muito forte no caso do vulcanismo ativo. Essa característica decorre da atuação dos atores locais e é favorecida pela localização de vulcões ameaçadores em alguns locais bem precisos, frequentemente afastados das metrópoles (Sakurajima, Asô, Unzen, Asama, Usu, Tokachi, Mihara, Oyama, para ficarmos nos casos mais perigosos). Embora diversos organismos nacionais fiscalizem a prevenção vulcânica e financiem numerosos equipamentos (vigilância, laboratórios, *sabô*...), alguns prefeitos ou proprietários locais não desejam matar a galinha dos ovos de ouro, isto é, o poder de atração exercido por um vulcão ativo em relação aos turistas vindos das megalópoles. Consequentemente, os mapas de risco vulcânico, quando existem, não assinalam as zonas de utilização do solo. De acordo com o ponto de vista adotado, isso tanto permite considerar que a zona é perigosa quanto evitar todo entrave ao "desenvolvimento" (Augendre, 1999, 2003). É possível que a política japonesa atual — que sob a coberta da descentralização desregulamenta inúmeras estruturas, dentre as quais os serviços públicos (como o de previsão meteorológica da JMA, privatizado em maio de 1995) — reforce uma tendência ao *laissez-faire* local. Em compensação, o prefeito de um município vizinho ao vulcão Usu, em Hokkaido, lançou em 1995 uma dinâmica que permite a edição de um mapa de riscos e a instalação de um dispositivo de prevenção em geral.

O terremoto, com seu corolário tsunami, ainda constitui a preocupação principal das políticas anticataclismáticas japonesas. Fisicamente inevitável e dificilmente ponderável, reaparecendo onde não era esperado (Kobe, 1995), ele revela *in vivo*, e de forma dramática, a principal lacuna neste domínio, a qual já era denunciada por alguns (Pelletier, 1991, p. 224 a; 1994a, p. 262): se existe uma arquitetura antissísmica no Japão, não há, de verdade, nesse país um urbanismo antessísmico. A prevenção é efetuada em cada construção, sem que no conjunto exista uma real coerência. Em um tecido urbano já comprimido e tornado ainda mais denso sob a pressão da especulação fundiária dos anos da bolha econômica (decênio de 1980), os espaços de fuga são raros. Apenas os prédios escolares, que servem de local de refúgio em caso de catástrofe, ainda oferecem, juntamente com alguns parques públicos, espaços urbanos abertos. As pesquisas revelam ainda que o meio escolar constitui, com seus professores e seus exercícios regulares de segurança, um dos pontos fortes da política social antirrisco.

Com exceção do terremoto e de casos particulares (erupção de vulcões insulares com evacuações de ilhas no arquipélago Ozu, em 1986 e em 2000; terremoto e tsunamis de Okushiri, em 1993), a securitização geral do arquipélago ao longo da segunda metade do século XX modificou inegavelmente a percepção que os japoneses têm dos cataclismos, principalmente nas metrópoles, que concentram dois terços da população. Ainda que o drama de Kobe tenha sido um puxão de orelha, um sentimento de imunidade se instaurou; a vigilância foi relaxada, em particular entre os habitantes que perderam a memória do risco. A maior parte das pesquisas revela que, em caso de inundação, o respeito às medidas de urgência e a reação à catástrofe, as quais podem induzir a uma transformação ulterior, são muito mais fortes entre os que viveram esse tipo de catástrofe; em geral, os antigos habitantes do lugar (Fujiwara e Temma, 1981). Não é preciso dizer que as jovens famílias de citadinos, que mudam de cidade em cidade ou de periferia em periferia, perderam totalmente o contato profundo com a natureza e suas áleas. Elas não são mais portadoras dessa memória. Além disso, elas são igualmente mais exigentes em matéria de segurança e ficam mais aterrorizadas ao terem contato com a álea diante da qual tinham a impressão de estar em total segurança.

Mesmo no meio rural, a percepção e o comportamento mudam. Em 1982, a cooperativa de prevenção contra inundações da bacia hidrográfica do Tsurumi (Kanagawa-ken) dissolveu-se porque as contribuições tornaram-se muito pesadas. Alguns agricultores não pagam mais suas cotizações e, sob a pressão urbana, a maior parte pouco a pouco desapareceu, sendo substituída por citadinos desvinculados do problema. O organismo de proteção que foi novamente criado no vale agora está nas mãos das coletividades locais (Uchida, 1989).

Uma nova visão do manejo territorial

A consequência mais visível da onda de intervenções anticataclismáticas no território é a proliferação do concreto em todas as suas formas: por todo o arquipélago japonês, encontram-se praias e portos repletos de tetrápodes para protegê-los da força das ondas; diques-navalha de pelo menos 7 m de altura estão espalhados um pouco por todos os lados; encostas inteiras artificiais até o coração das montanhas; muros de barragens e construções antierosão no menor talvegue (*sabô*); cursos de água canalizados e repletos de galerias... No Japão, em uma superfície de 378 mil km^2, contam-se mais de 580 barragens.

O concreto é desconsiderado

Os cidadãos experimentam há cerca de vinte anos um novo sentimento em relação ao meio ambiente e às políticas de gestão do território. Além da impressão de viver em um país mais seguro no que diz respeito aos riscos naturais, os japoneses tornaram-se, simultaneamente, mais sensíveis às questões relacionadas à poluição, pequena ou grande. Ao mesmo tempo em que querem cada vez mais aproveitar o lazer, eles aspiram a uma melhor qualidade de vida (verde, tranquilidade, lazer, festas...). Além dos grandes escândalos relacionados à poluição, que marcaram os anos 1970 (Minamata, Yokkaichi, Toyama...), é nas circunstâncias práticas da vida cotidiana que frequentemente se efetiva essa conscientização. Assim, o simples acesso à beira de um rio ou do mar tornou-se uma reivindicação que se amplia há vinte anos. Mais profundamente, é a questão do espaço público que se coloca, com a reminiscência dos antigos direitos e dos terrenos comunais que foram perdidos ao longo da progressiva privatização fundiária ocorrida a partir do fim do século XIX (rios, florestas, praias...).

Figura 16a
Shirogane Onsen (Hokkaido) antes e depois, 1989
Uma estação termal transformada por um programa *sabô*

Fonte: Asahikawa Kaihatsu Kensetsubu (escritório de desenvolvimento regional de Hokkaido).

Figura 16b
Obra *sabô* realizada em Shirogane Onsen

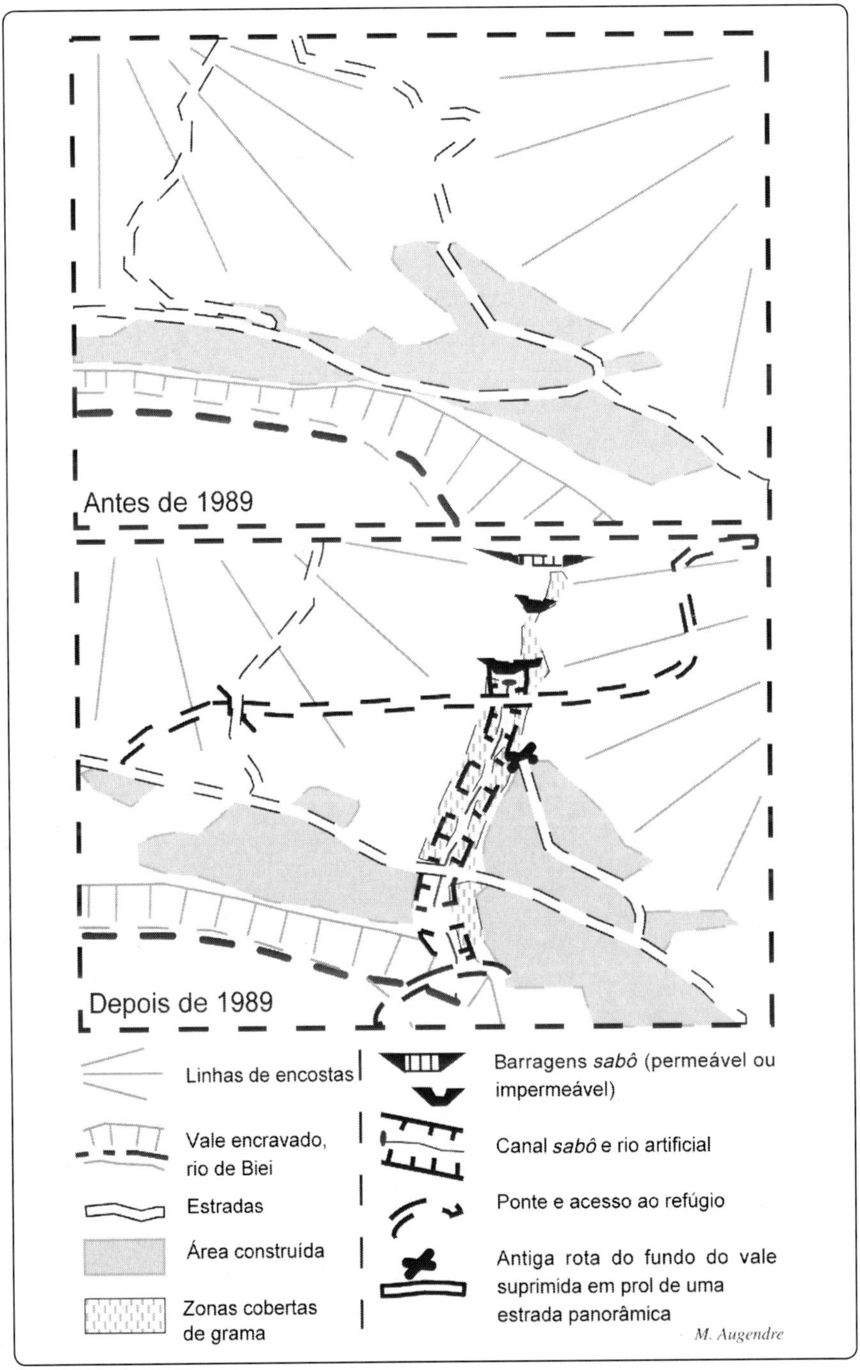

Essa reviravolta é particularmente perceptível em relação aos rios, cuja onipresença constitui um dos elementos-chave da natureza em meio urbano, periurbano e rural. As associações locais dedicadas à recuperação desse ou daquele sítio fluvial floresceram desde os anos 1980 e as autoridades buscam apresentar uma resposta em termos de revisão dos agora muito depreciados diques-navalha (*kamisori-teibô*), tentando atenuar as encostas e reintroduzir amenidades (verde, escadas, espaços de lazer, caminhadas, bancos...). Mas essas operações de "superdiques"" (*sûpa-teibô*) custam muito caro e permanecem pontuais.

A recente hostilidade dos habitantes diante dos grandes projetos realizados a golpes de concreto atingiu o conjunto do sistema japonês. É o que revelam dois processos recentes, um contra a construção de uma barragem no vale de Yoshino (Tokushima-ken, Shikoku), outro contra a polderização de parte da baia de Ariake (Isahaya, Nagasaki-ken, Kyûshû). Nos dois casos, em razão dos protestos dos moradores locais, apoiados por campanhas nacionais, as autoridades, primeiro-ministro à frente, declararam que era preciso proteger a população do lugar contra os desastres naturais: argumento *a priori* incontestável, mas que não funciona mais...

Na baía interior de Isahaya, os produtores de algas que não têm recursos estão de fato furiosos, e os cidadãos protestam contra a explosão de gastos (para um orçamento inicial de 135 milhões de ienes, as despesas já atingiram os 249 milhões). Em Tokushima, muitos contestam a utilidade da construção de uma nova barragem. Segundo eles, o antigo radier de Daijuzeki, construído há 250 anos para escoar as cheias centuriais, ainda funciona e poderia ser simplesmente renovado. Somam-se os argumentos clássicos dos ecologistas (proteção das espécies e das matas ciliares) e os de cunho social (espaço de lazer, beleza da paisagem). Verifica-se, também — ainda que as mídias, os dirigentes e os especialistas permaneçam muito discretos sobre esse ponto — que o novo reservatório que seria construído à montante no rio Yoshino, em um vale ainda rural apesar da presença da pequena cidade de Tokushima (262 mil habitantes) sobre o estuário, serviria para outra coisa. De fato, um canal-túnel de derivação abasteceria a planície do Sanuki, situada do outro lado da dorsal montanhosa de Shikoku, do lado do mar interior. Essa planície apresenta dificuldades históricas de aprovisionamento de água que foram agravadas por um desenvolvimento recente da urbanização.

Em fevereiro de 2000, um referendo local, de valor consultivo (como é o caso no Japão), organizado em Tokushima pelas autoridades departamentais, deu uma vitória esmagadora aos que se opõem à barragem (ou seja, 102.759 votos, 90% do total, contra 9.367). A participação atingiu 55% dos inscritos, um resultado considerado muito significativo por diferentes analistas. As autoridades, os ministros, o primeiro-ministro em pessoa e os dirigentes do Ministério da Construção imediatamente declararam que não levariam em conta esse resultado. Tal desprezo suscitou uma forte indignação popular, principalmente por contrariar uma modificação na legislação dos rios, de 1997, a qual prevê a consulta às populações ribeirinhas em caso de novo projeto de intervenção no território. Ao mesmo tempo em que o ministro da construção da época afirmava que construiria a barragem antes do fim do seu mandato, o prefeito de Tokushima-ken, que faz parte da oposição, foi reeleito em fevereiro de 2001 com ampla vantagem. Em seguida, o ministro foi substituído e, no momento, o projeto da barragem permanece no papel.

O estado betoneiro questionado

Esses casos relativos à gestão dos riscos naturais e do meio ambiente colocam em xeque a democracia local no Japão. Eles fazem parte da onda de referendos locais de iniciativa popular sobre diversos temas que desde 1996 se multiplicam aqui e ali: presença de uma base militar, construção de uma central nuclear, depósito de dejetos industriais..., ou seja, uma dezena entre 1996 e 2001. A necessidade de uma real democracia local, que se traduz por certa renovação da classe política na base, se combina com uma rejeição mais ou menos declarada ao jacobinismo de Tóquio e à burocracia estatal, pois as grandes decisões contestadas são tomadas em segredo nos escritórios da capital.

Mais profundamente, é o "estado empreendedor de obras públicas" (*doken kokka*), vulgo "estado betoneiro", que intervém na gestão dos riscos naturais e que é visado em seu funcionamento e em sua própria estrutura. Há cerca de meio século, o Estado central e sua classe política, eleita graças ao apoio do campo, multiplicam as políticas keynesianas de desenvolvimento econômico por meio de grandes obras públicas. Essas oferecem também a vantagem de comporem-se com as forças locais pela prebenda (notáveis, eleitorado cativo e super representado nas campanhas conservadoras) e de dotarem-se de uma tecnoburocracia colocada no comando *ad hoc* (cooptação pela iniciativa privada de servidores do Ministério da Construção em todos os organismos satélites públicos ou parapúblicos de obras: sociedades de construção de barragens, de estradas, de viadutos...). No entanto, com o estouro da bolha de crescimento, em 1990, o Estado e o sistema bancário público e privado entraram em grave crise financeira. A dívida pública aumentou descontroladamente (de 58% do PIB em 1995 para 140% em 2001). Isso não impediu todos os governos seguintes de lançar grandes projetos de obras públicas – política que foi confirmada pelo quinto plano nacional de organização do território de 1998 (Schebath, 2001). Entre as medidas figura o soerguimento de todos os diques para evitar a ocorrência de novas cheias centuriais e a construção de novas barragens...

Os cidadãos, a quem se pede que paguem cada vez mais tributos (alta dos impostos, aumento recente do imposto por valor agregado em 1997, socorro a bancos privados com recursos públicos...), estão fartos desses gastos por eles considerados suntuários e inúteis, ainda mais porque eles não são consultados e a gestão de vários desses grandes projetos apresenta um grave déficit (viaduto do mar interior, túnel de Seikan...). Sinal dos tempos, alguns políticos contestam vigorosamente as escolhas das administrações locais, a exemplo do popular governador de Nagano, que luta por "barragens verdes" que "reforcem a natureza em sua capacidade de absorver os tufões e as inundações" e rejeita soluções tecnocráticas (McCormack, 2002). Os resultados alcançados por algumas intervenções no território saem em sua defesa, como é o caso do rio Nagara (Gifu-ken e Aichi-ken), onde uma nova barragem concluída em 1995 a um custo de 150 bilhões de ienes endividou as coletividades locais e corre o risco de se revelar inútil pelo seu excedente em água potável. Parece distante, e, entretanto, está bem próximo, o tempo em que o protesto da menor comunidade montanhesa contra o alagamento de seu vale passava quase despercebido... (exemplo da vila de Mimiota, Niigata-ken, em meados dos anos 1980; de Ikeya, em 1984). A encarniçada, e vitoriosa, oposição de uma comunidade ainu (1991-1997), apoiada por inúmeros grupos, à construção de uma barragem para represar e aprovisionar a água no vale de Nibutani (sudeste de Hokkaido) foi inegavelmente um estopim.

Simultaneamente, uma parte cada vez maior da elite se opõe a uma política keynesiana agora considerada ineficaz. Desse modo, um grupo formado por economistas e ambientalistas listou oito mil projetos questionáveis de intervenção no território, dos quais cem seriam "os piores" (entre eles, o da baía de Isahaya). Todavia, nada garante que os apelos cada vez mais frequentes para o desmantelamento do "estado obreiro" e fortalecimento das coletividades locais não se conjuguem com uma política de privatização em todas as direções, combinado com uma maior transferência dos encargos financeiros para essas coletividades que, entretanto, já estão muito endividadas. Esse movimento já é observado. Além disso, no interior do setor de obras públicas, a resistência é considerável, uma vez que aí são empregados sete milhões de pessoas (10% da mão de obra) e são gastos anualmente o equivalente a 8% do PIB, ou seja, de duas a três vezes mais que outros países da OCDE, isso sem falar dos fundos ocultos destinados aos caixas dois eleitorais ou a escândalos de corrupção.

É difícil enxergar com clareza em meio a esse gigantesco braço de ferro que envolve diversos segmentos da sociedade japonesa. A criação, quando da grande reforma administrativa de janeiro de 2001, de um gigantesco Ministério do Território, da Infraestrutura e dos Transportes, reagrupando quatro antigos Ministérios (Construção, Organização do Território, Transportes, Desenvolvimento de Hokkaido, JMA), que está, portanto, encarregado dos *saigai*, não confirmaria o fortalecimento de um keynesianismo e de um clientelismo de prebenda, uma vez que agora o novo órgão detém 80% das obras públicas? Ao contrário, o abandono pelo governo central, em setembro de 2000, do projeto de mudança da capital para fora de Tóquio, para o qual foi votado um arsenal de leis em meados dos anos 1990, advoga para a hipótese de um enquadramento das políticas estatais (Pelletier, 2001). Ora, um dos maiores argumentos apresentados para essa mudança era assegurar ao centro político-administrativo do país a segurança antissísmica que falta ao sítio atual. De qualquer forma, as intervenções no território, no interior das quais as funções antirriscos naturais ocupam ainda o lugar essencial, constituem sempre o desafio maior para o Japão.

Referências bibliográficas

ANDÔ K. (1982), « Wajû chiiki jûmin no suigai chikaku to taisaku saigyô kôdô » (Perception des inondations et adoption des contre-mesures chez les habitants de la région des wajû), *Jimbun Chiri*, 34-4, p. 310-322.

AUGENDRE M. (1999). *À côté du volcan – le risque volcanique au Japon (exemple du Sakura-jima), perspectives de recherche géographique*, mémoire de DEA, université Lyon-2.

AUGENDRE M. (2003), « Le risque devenu symbiose ? Les volcans actifs de Hokkaidô (Japon) », *Les risques naturels en montagne*, communication à la séance de l'AGF, Clermont-Ferrand.

BOURDIER M., PELLETIER P. (1994) : « La nature n'est plus ce qu'elle était... », *La maîtrise de la ville – Urbanité française, urbanité nippone*, Augustin Berque (dir.), Paris, EHESS, 598 p., p. 586-592.

BUTEL J.-M., GRIOLET P. (1999), « Histoire de poissons-chats – Les images du grand séisme de 1855 à Edo », *Ebisu*, 21, p. 17-33.

COANUS T. (1992), « La thématique contemporaine du risque, entre demande sociale et recherche scientifique », *Le Risque en montagne*, Paris, CTHS, p. 13-19.

DAUPHINE A. (2001), *Risques et catastrophes, observer, spatialiser, comprendre*, Paris, Armand Colin.

D'ERCOLE R. (2002), « Forces et faiblesses de la gestion des risques au Japon : un réflexion à partir de la crise liée à l'éruption du volcan Usu (Hokkaidô) de 2000 », *Annales de géographie*, n° 627-628, p. 524-548.

FUJIOKA K. *et al.* (1991), *Nihon rekishi-chiri yôgo jiten* (Dictionnaire de vocabulaire géohistorique japonais), Tôkyô, Kashiwa Shôbo, nouvelle édition.

ISHII M. *et al.* (1986), *Zusetsu Nihon no chiiki kôzô* (Les structures régionales du Japon expliquées par les cartes), Tôkyô, Kokon shoin.

MC CORMACK G. (2002), *Breaking Japan's iron triangle*, New Left Review, 13, janvier-février.

MITSUI K. (1976), « Changes in inundation patterns created by urban development », *Hôsei daigaku chirigaku shûhô*, 3, p. 14-18.

MORI A. (1976), « Le shintô », *Encyclopédie permanente du Japon*, Paris, CRJC, août-septembre, p. 2.

MUNIER B. (2000), *La gestion des risques, nouvelle sagesse des sociétés européennes ?*, Paris, PUF.

NAKAMURA H. (1964), *Ways of Thinking of Eastern People – India, China Tibet, Japan*, Honolulu, University Press of Hawaii, éd. or. 1960-1962.

NISHIKAWA O. (1983), « Challenge and response in the relationship between typhoon disasters and human action in Japan », *Proceedings of the Department of Humanities, College of Arts and Sciences, University of Tôkyô*, 78-8, p. 43-64.

PELLETIER Ph. (1990), « Hiroshima, ville delta », *Revue de Géographie de Lyon*, 65-4, p. 290-299.

PELLETIER Ph. (1991), « L'Anastrophe japonaise », *Revue de Géographie de Lyon*, 66-3/4, p. 223-230.

PELLETIER Ph. (1994a), *Le Japon*, Géographie universelle, vol. 5, Paris-Montpellier, Belin-GIP Reclus, 2e partie, p. 256-287.

PELLETIER Ph. (2001), « La capitale du Japon, un déménagement difficile », *L'Information géographique*, 65-2, p. 97-124.

PONS Ph. (1993), « Japon : un attachement sélectif à la nature », *Les Sentiments de la nature*, Dominique Bourg dir., Paris, La Découverte, coll. Essais, 254 p., p. 31-46.

RUBISE P., GAUTIER Y. (1995), *Les Risques technologiques*, Paris, Cité des sciences et de l'industrie-Explora.

SCHEBATH Alain (2001), « Les mues de l'archipel nippon, évolution de la planification du territoire japonais depuis 1945 », *L'Information géographique*, 2, p. 125-140.

TOTMAN C. (1989), *The Green archipelago – Forestry in Preindustrial Japan*, Berkeley, University of California Press, 302 p.

UCHIDA K. (1989), « Chisui hiyôfuka kara mita suigai yobô kumiai no kaitai katei – Kanagawa-ken Tsurumi-gawa suigai yobô kumiai wo rei toshite » (Processus de dissolution du syndicat de protection contre les inondations vue par l'imposition des charges – L'exemple du syndicat de la rivière Tsurumi, Kanagawa-ken), *Chiri Kagaku*, 44-1, p. 1-16.

VEYRET Y. (2001), « Risques naturels et aménagements », *Géographie des risques naturels*, La Documentation Française, 8023, 66 p., p. 3.

OS RISCOS NATURAIS NOS ESTADOS UNIDOS

O território dos Estados Unidos e sua população majoritariamente urbana estão sujeitos a inúmeras áleas naturais. Esse fragmento do continente americano conhece a maior parte das áleas hidroclimáticas e litosféricas existentes no planeta, as quais são frequentemente agravadas pelas atividades humanas e pelas escolhas econômicas, sociais e técnicas que as acompanham. Como a sociedade estadunidense gerencia os riscos daí decorrentes? Como essa sociedade urbana tenta não apenas se adaptar e se proteger, mas também reagir aos desafios tecnológicos permanentes impostos pelos riscos naturais? Uma análise em vários níveis dessas ações individuais ou coletivas e políticas permite delinear um "modelo" original, mas ainda inacabado, que mistura intimamente o domínio da prevenção dos riscos e o da gestão das crises e das catástrofes.

A dimensão das áleas e das catástrofes nos Estados Unidos

Faz cerca de vinte anos que os Estados Unidos conhecem uma série de catástrofes naturais que muitas vezes são percebidas como "sem precedentes".

Uma recente sucessão de áleas de todo tipo

Os Estados Unidos registram cotidianamente tremores de terra, furacões, tempestades de neve, inundações. A gravidade, a diversidade e a frequência desses fenômenos, traduzidos em experiências vividas ou em acontecimentos espetaculares e intensamente midiatizados, aumentaram ao longo de algumas décadas a consciência dos riscos. Isso favoreceu a emergência de certa "cultura" do risco, isto é, não somente uma determinada familiaridade com fenômenos excepcionais, mas também a vontade de tirar lições de acontecimentos passados a fim de reduzir seu impacto a curto, médio e longo prazo. Assim, os habitantes da fachada do Pacífico dos Estados Unidos e os responsáveis pelos estados aí localizados hoje se preparam para o maior de todos os terremotos, o *Big One*. Na costa do golfo do México e do Atlântico, os habitantes do Texas, da Flórida ou das Carolinas assimilaram o fato de que serão, talvez amanhã, obrigados a abandonar imediatamente suas residências diante da ameaça de um furacão. Vale o mesmo para os habitantes do Illinois e de Indiana, que conhecem os perigos ligados aos *blizzards*.* Enfim, a partir da experiência traumatizante dos imensos incêndios florestais (*wildfires*) da primavera e do verão de 2000, alguns proprietários de ranchos isolados ou de residências do Montana ao Arizona empreenderam ações de desmoita ou implantaram cortas-fogo no perímetro de suas propriedades.

Alguns exemplos recentes de catástrofes ocorridas nos Estados Unidos

- 1989: ciclones na Flórida, Carolina do Norte e Carolina do Sul com um custo estimado de cinco bilhões de dólares. Tremor de terra de Loma Prieta na Carolina do Norte: sete bilhões de dólares.
- 1991: incêndio das colinas de East Bay (Oakland, Califórnia).
- 1992: ciclone Andrew na Flórida, causando prejuízos de 23 milhões de dólares. Ciclone havaiano Iniki. Terremoto de Landers, o maior terremoto californiano do decênio (intensidade de 7,5), mas com um epicentro situado em pleno deserto.
- 1993: *Blizzard* "do século" (tempestade de neve) no noroeste. Cheias centuriais na bacia do Missouri e no alto Mississipi. Montante das perdas: 12 bilhões de dólares.

* N.T.: *Blizzards* são violentas nevascas de inverno que duram pelo menos 4 horas e são acompanhadas de ventos de mais de 40 km/h, temperaturas inferiores a -25°C e visibilidade muito reduzida.

• 1994: terremoto de Northridge (Califórnia), que custou mais caro que o conjunto dos acontecimentos precedentes.
• 1998: "ano mais pródigo" em catástrofes naturais, segundo o artigo da revista *Newsweek*: *Is there anything we can do to ward off an angry Mother Nature*. ("Podemos fazer qualquer coisa para nos protegermos de uma "mãe natureza" em cólera?"): chuvas torrenciais na Califórnia (El Niño), tempestades de neve e *blizzards* no noroeste, tornados no meio oeste e no sul.
• 1999: tornado em Oklahoma, o mais caro da história dos EUA; um bilhão de dólares.
• 2000: seca e sessenta mil focos de incêndio, gigantescos incêndio de florestas no oeste (cinco milhões de hectares).

O acúmulo dos riscos

Essas áleas são fontes de riscos quando afetam e ameaçam regiões densamente povoadas e organizadas. A ocorrência desses riscos virtuais (*hazards*) resulta em catástrofes que podem afetar zonas até então preservadas, mas de alto risco – os "*wildland interfaces*" (Hewitt, 1997) –, tais como as regiões costeiras e as planícies inundáveis. Essas catástrofes não são apenas devidas à mãe natureza, mas em alguns casos ao menos decorrem de atividades humanas cada vez mais complexas e variadas.

No total, de 1989 a 2000, as perdas humanas se contam em centenas; as das habitações, em dezenas de milhares; as pessoas afetadas, direta ou indiretamente, em centenas de milhares. O custo total desses acontecimentos é estimado em mais de cem bilhões de dólares. Percebe-se, assim, que a questão dos riscos tornou-se central nos Estados Unidos.

As áleas naturais que afetam o país são numerosas.

• Áleas de origem atmosférica: os *blizzards* no noroeste, os furacões (*hurricanes*) no sudeste, os tornados na mesma região e nas planícies centrais do meio oeste. Alguns acontecimentos climáticos são responsáveis por inundações que podem afetar os cursos de água dos Estados Unidos.
• Processos litosféricos são igualmente presentes: os terremotos na Califórnia, o vulcanismo no noroeste, no arquipélago havaiano e no Alasca, os desmoronamentos de solo comuns na montanha. A dimensão de alguns desses processos pode ser agravada por ações antrópicas; é o caso da erosão dos solos do qual o *dust bowl** forneceu um exemplo célebre nos anos 1930.

*N.T.: O *dust bowl* foi uma série de tempestades de poeira provocada pela erosão dos solos e que por quase uma década assolou o meio oeste dos Estados Unidos (principalmente Oklahoma e Arkansas) e o Canadá. Colheitas foram destruídas e campos devastados, provocando enormes imigrações em direção ao oeste.

Os exemplos nos quais nos apoiaremos são os seguintes:

• Califórnia: o estado mais povoado e rico dos Estados Unidos (34 milhões de habitantes e 6° PNB do mundo) cujo território é quase totalmente atravessado por falhas sismicamente ativas.
• A bacia do Missouri-Mississipi: a maior artéria natural de comunicação dos Estados Unidos, grandemente modificada pelas atividades dos grupos humanos que lá se fixaram e que, por sua vez, agora estão periodicamente expostos ao risco de inundação. A bacia do Mississipi afeta uma quinzena de estados, total ou parcialmente.

Em direção à maturidade das políticas de risco nos Estados Unidos

A construção de uma política de prevenção dos riscos naturais não é feita da noite para o dia nem mesmo em um país "jovem" como os Estados Unidos da América. Sua condição prévia e *sine qua non* é a conscientização desses riscos, a qual se efetua de acordo com as características territoriais, as esferas de atores, os tempos diferentes e a dimensão das catástrofes. Assim, na lenta gestação de uma política federal de prevenção dos riscos – desenvolvida sempre após uma catástrofe, da qual, entretanto, se tira proveito em função da experiência que se acumula –, o grande terremoto e o incêndio de São Francisco, em 1906, tiveram, paradoxalmente, menos influência que a grande inundação do Mississipi, de 1927 (Heude, 2000). Um conjunto de medidas de prevenção de riscos (legislação, campanhas de informação) e de proteção (grandes obras), assim como planos de gestão durante e imediatamente após a ocorrência de uma catástrofe, são progressivamente estabelecidos.

O nível federal na gestão do risco e da crise

Qual política de riscos é implementada pelo governo federal? Qual é a parte que cabe aos estados, à coletividade e aos indivíduos? Na verdade, é na articulação dos papéis dos diferentes atores (União, estados, condados e municipalidades) que reside em grande parte a originalidade estadunidense, a qual está solidamente ancorada em certa tradição democrática que se exprime em todos os níveis políticos. Acrescente-se também a posição importante ocupada pela "sociedade civil", pelos grupos de interesses econômicos e pelas associações de defesa da natureza, dos consumidores, dos contribuintes...

A organização política dos Estados Unidos explica por que as estratégias desenvolvidas se inscrevem no mínimo em duas escalas de intervenção: a federal e a estadual.

Figura 17
Distribuição geral dos tipos de áleas naturais no território dos Estados Unidos

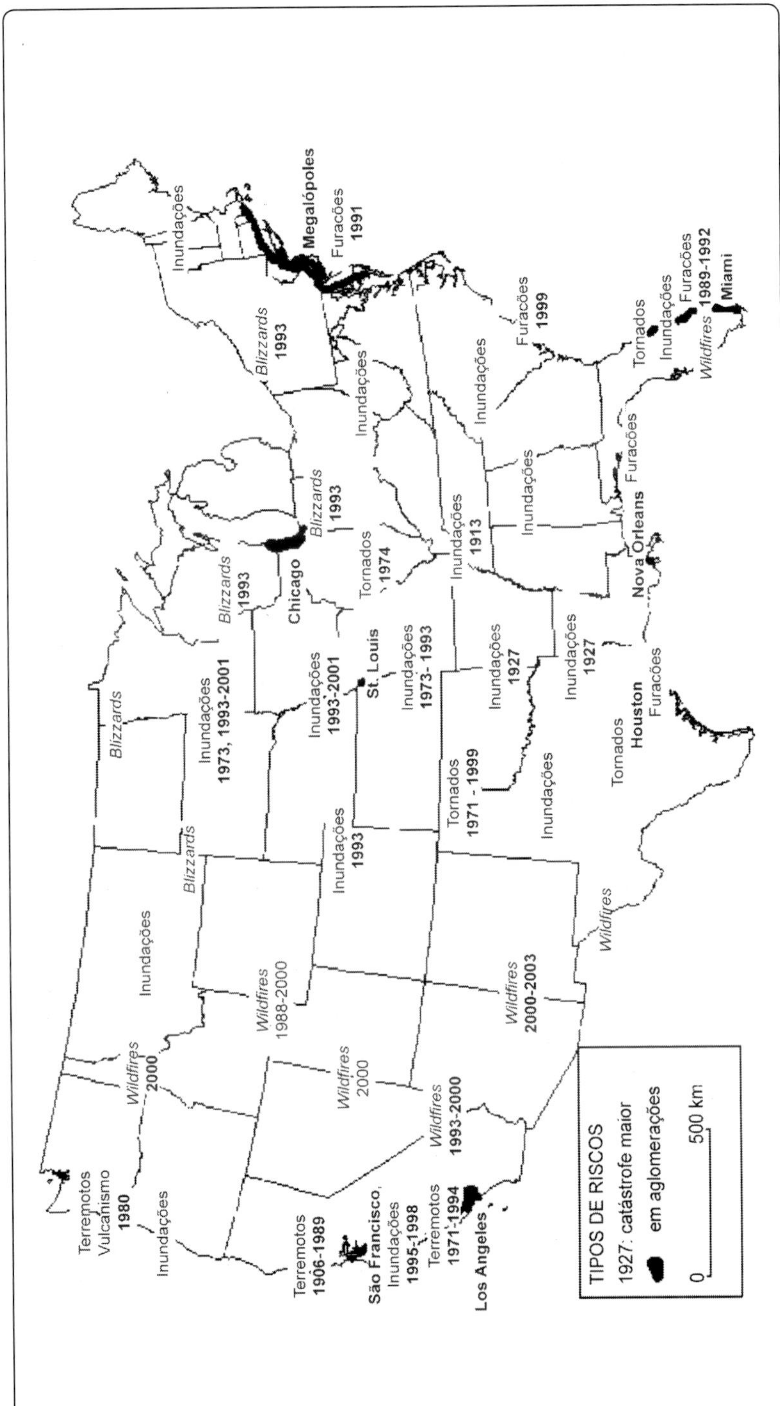

O papel da União no controle da prevenção dos riscos é real, mas tem-se modificado ao longo do tempo, principalmente a partir de 1979, quando foi criada a *Federal Emergency Mangement Agency* (Fema), que passou a centralizar a gestão dos riscos em nível nacional. A análise do papel atual da União e dos estados nas estratégias de prevenção e de gestão dos riscos revela uma reconfiguração de seus objetivos e um reposicionamento de sua capacidade de intervenção.

Agora, a União e os estados federados não têm mais o poder de impor suas escolhas unilaterais em matéria de organização do território, como foi o caso até o final dos anos 1970.

Os principais atores da gestão dos riscos nos Estados Unidos

• *No nível federal*
- Leis federais (por exemplo: o *National Flood Act*, de 1928).
- Agências especializadas nas atividades de prevenção dos riscos e nos socorros (Fema, NOAA — National and Oceanic Atmospheric Administration, *Fire Administration, Mississippi River Commission*).
- Exército (USA *Corps of Engineers*).
- Pesquisa fundamental e aplicada (*US Geological Service*).

• *No nível estadual*
- A legislação do estado (*Government Code*) em matéria de organização do território e de urbanismo nas zonas em riscos.
- *Office of Emergency Services* (OES), escritório de planificação dos riscos e dos cenários de crises.
- Programas de seguro (exemplo: o CEA californiano).
- Contratos/planos de assistência mútua.

• *No nível das coletividades locais:*
- Códigos de urbanismo e de organização do território (*Uniform Building Codes*).
- *Mayor's Offices of Emergency Services*, equivalente ao OES nas grandes cidades.
- Os *Fire Department* (*San Francisco Fire Department*).
- Polícias municipais ou dos condados (xerife).
- Distritos de manutenção dos levantamentos (Nova Orleans, St. Louis) e os distritos escolares.

• *As esferas da sociedade civil:*
- *Grass rooted organizations* (as associações ambientalistas que se opõem aos projetos federais ou dos estados; por exemplo: *Bay Bridge Coalition, Greenbelt Association*).
- Organismos independentes: *American Red Cross, le Sierra Club* etc.
- Associações de bairros (*Neighborhood Emergency Response Teams*).

A sociedade civil não tem mais uma confiança cega nas decisões e nas obras realizadas. Hoje, os especialistas da administração pública devem concordar em ouvir as críticas às decisões passadas e presentes relativas à intervenção no território. Devem negociar com os grupos de interesses econômicos, ecológicos... Assim, o departamento dos transportes californiano (Caltrans) conformou-se lentamente com a evolução anunciada no momento de reconstruir as autoestradas segundo normas parassísmicas. O mesmo acontece com o corpo de engenheiros do exército (USACE) ao programar a construção de novos diques (ou reforçar os já existentes) nos estados banhados pelo Mississipi.

Quais são os principais aspectos e qual é a evolução dos grandes eixos das políticas preventivas concebidas nesses dois níveis de governo e cujas origens e domínios às vezes se sobrepõem?

O papel recente e preponderante da Fema, "a agência federal para todos os riscos"

A Fema e o financiamento da pesquisa sobre as áleas

Nos seus primeiros anos de atividade, a Fema priorizou o financiamento da pesquisa com o objetivo de melhor conhecer as áleas e encontrar as soluções técnicas que reduzissem seus impactos sobre as atividades humanas, sendo uma de suas missões a coleta e a difusão dos dados. Após a erupção do monte Santa Helena, em 1980, foram lançados programas de estudo geológicos com a publicação de numerosos trabalhos em sismologia, arquitetura e engenharia civil que resultaram na elaboração de uma tabela sísmica que simula, o mais precisamente possível, o impacto de um tremor de terra maior sobre as construções. Um dos objetivos da Fema era formular as normas parassísmicas cuja elaboração até aquele momento não havia sido possível devido à baixa atividade sísmica nos anos 1960-1970.

Fema, história e prerrogativas

A Fema, agência encarregada da gestão do socorro, nascida em 1979, tem entre suas funções aquelas que se relacionam ao risco, prova da dificuldade dos Estados Unidos para distinguir uma política de prevenção de uma política de gestão da crise. Essa agência federal dita independente, sediada em Washington, emprega 2,5 mil funcionários na capital e nos dez escritórios regionais, sendo seu diretor nomeado pelo presidente dos Estados Unidos. A Fema colabora com 27 outras agências federais (NOAA, *National Oceanic and Atmospheric Administration*, NWS, *National Weather Service*, USGS etc.), com os OES (*Office of Emergency Services*) nos estados e nas coletividades locais. O atual objetivo é a parceria multilateral e a constituição de um único e mesmo sistema de gestão dos socorros.

Em matéria de prevenção, os especialistas da Fema formulam recomendações no campo dos regulamentos para a construção e para a gestão das planícies inundáveis. A agência dá formação aos empregados das coletividades públicas para que possam enfrentar uma catástrofe e administrar o programa nacional de seguros contra inundações. Em matéria de gestão das crises, ela garante o acesso aos socorros solicitados pelas coletividades afetadas, supervisiona as ações locais e distribui as ajudas federais às zonas sinistradas.

Figura 18

O organograma das áreas de atuação da Fema

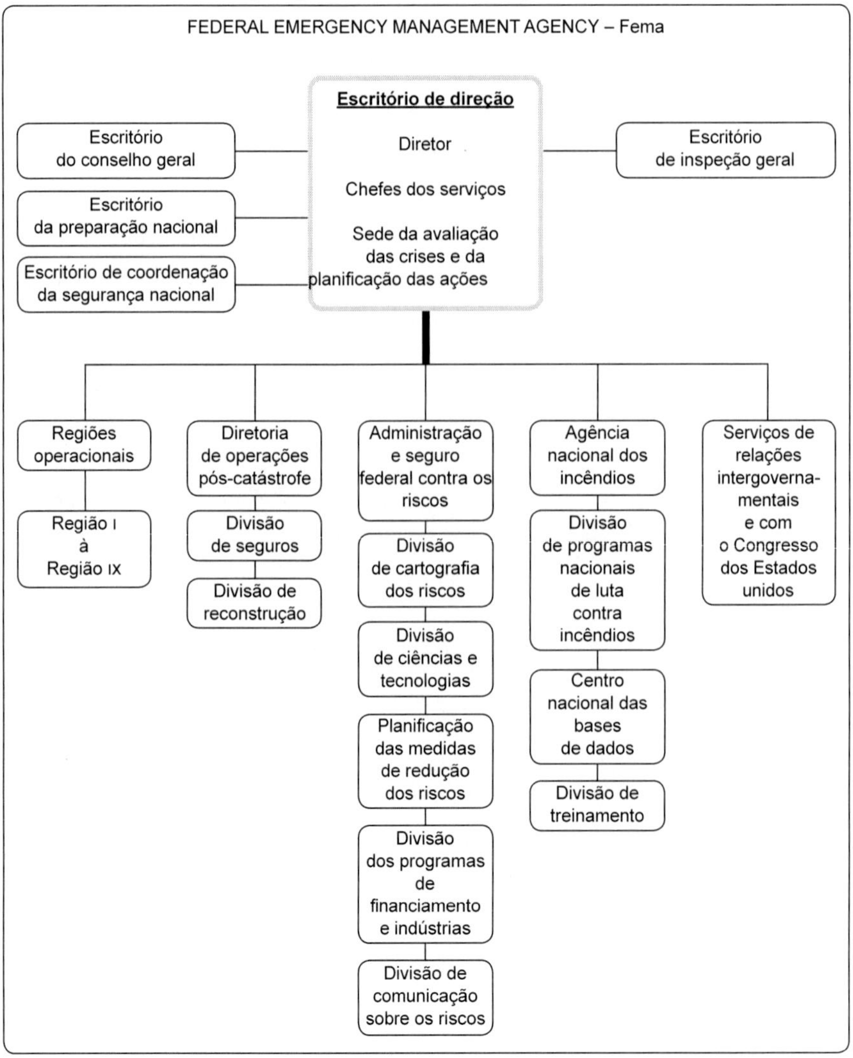

Foram realizadas pesquisas em túneis de vento para melhor compreender as características dos tornados e dos furacões que regularmente varrem o meio oeste e o sudeste dos Estados Unidos.

Fema e o financiamento da gestão das catástrofes

No final dos anos 1980, a agência desempenhou o papel de "bombeiro financeiro" da União no campo de gestão das crises. Entretanto, esse "maná federal" revelou-se às vezes frustrante: ajudas limitadas e procedimentos administrativos muito longos decepcionaram os responsáveis das zonas sinistradas. Passaram, então, a ocorrer verdadeiros braços de ferro jurídico-financeiros envolvendo, de um lado, as municipalidades e os condados e, de outro, os representantes da União.

Os novos objetivos da Fema: a necessária promoção dos seguros

Escaldada por esses conflitos político-jurídico-financeiros, e assustada com a soma de auxílio e donativos que tinha de conceder às coletividades locais, a União progressivamente reformulou seu modo de atuação e os domínios de competência da agência federal, a qual passou a se orientar mais para uma política preventiva baseada nos seguros contra os riscos. Pode-se ver aí uma tentativa de generalizar o programa nacional de seguros de bens e pessoas, praticado desde 1968 na região das zonas inundáveis da bacia do Missouri-Mississipi com o objetivo de reduzir a parte que cabe à União no financiamento das catástrofes sísmicas e dos furacões — fenômenos extremamente dispendiosos para os orçamentos federal e estadual. O debate sobre os seguros não está, portanto, encerrado nos Estados Unidos.

Um exemplo: o papel da União na gestão do risco de inundação no Mississipi

Em razão da complexidade do regime hidrológico do rio, a imensa bacia hidrográfica do Mississipi (3,2 milhões de km^2) sempre conheceu inundações em momentos e locais inesperados. Esse hidrossistema foi profundamente modificado pelas obras que atendiam às necessidades da navegação fluvial, da agricultura ou que eram destinadas a proteger a população e a economia ribeirinha contra o risco de inundação. Esse exemplo é interessante por mais de um aspecto: o tratamento do risco aí é antigo e, além disso, a própria configuração da bacia — que se estende por cerca de 15 estados — muito cedo impôs a intervenção da União.

A antiguidade "relativa" das obras de proteção sob o incentivo da União

As primeiras barreiras elevadas construídas ao lado dos rios (frutos da transferência da técnica e do engenho seculares das populações do vale do Loire) remontam à Lousiana francesa. Elas foram erigidas a partir de 1717 para proteger Nova Orleans e assim testemunham da antiguidade dessas intervenções. Com a chegada dos colonos do leste dos Estados Unidos e sobretudo após a Guerra de Secessão, a artificialização do vale do Mississipi aumentou fortemente.

Há 125 anos a comissão do Mississipi instalada pelo Congresso americano assim como o corpo de engenheiros do exército (Usace), têm a missão de reduzir o efeito das inundações. De 1880 a 1930, a técnica empregada com exclusividade foi a substituição metódica do traçado descontínuo das barreiras elevadas locais por um imponente dispositivo de diques (barragens) e de muros de alvenaria (*floodwalls*). Essa solução que pregava "sempre mais barreiras, sempre mais altas" teve um efeito catastrófico do qual testemunha a excepcional inundação de 1927, que provocou a ruptura dos diques altos de 11 metros, permitindo ao rio reencontrar sua planície inundável. Foram registrados 500 mortos e desaparecidos. O mito da infalibilidade técnica foi abalado? A política dos diques e barreiras não foi totalmente condenada, mas as críticas formuladas pelos partidários de outra alternativa resultaram na arbitragem do congresso, que votou, em 1928, uma lei federal modificando as ações de controle da cheias, o *Flood Control Act*, que traduz uma maior participação da União na gestão dos riscos.

Desde os primeiros trabalhos efetuados sobre o Mississipi até o final dos anos 1960, a proteção (construção de diques, grandes obras dos anos 1930 a 1950...) constituiu uma prática quase única de gestão dos riscos. A gama de obras de proteção foi aumentada com o nivelamento dos traçados (*cut-off*) e, sobretudo, com o esvaziamento das bacias hidrográficas redutoras de cheias, construídas sobre os afluentes das margens direita (Kansas) e esquerda (Ohio) para evitar o bloqueio do tráfico fluvial sobre o rio principal. A partir dos anos 1940, cerca de três quartos das zonas úmidas (*wetlands*) e ribeirinhas e seus afluentes desapareceram, drenadas e açambarcadas pela agricultura e pela urbanização.

Após a excepcional inundação de 1965, o congresso renovou em 1968 o plano de controle da cheias de 1928 a fim de melhorar ainda mais os trabalhos de proteção.

Uma nova abordagem na consideração do risco após os anos 1990

A cheia de 1993 abalou seriamente o histórico de mais de 100 anos de obras de proteção. A inundação, cujo tempo de retorno estimado era centurial, afetou 43,5 mil km^2 repartidos em 9 estados e danificou mais de

9 mil km de barreiras elevadas (entre elas, 17% das barreiras diretamente geridas pela União e 77% de barreiras geridas pelos distritos locais). St. Louis, Des Moines foram seriamente ameaçadas, pois se seus sítios urbanos primitivos não ficam submersos (*bluff*), em contrapartida, os bairros mais recentes, as zonas de atividades e as estações de tratamento das águas situadas abaixo ficam vulneráveis se surgir uma fissura em um dique. As perdas tanto na cidade quanto no campo foram estimadas em 12 bilhões de dólares. A "assimetria" entre o custo econômico e o balanço humano (50 mortos, 25 mil sinistrados) assemelha-se ao efeito dos terremotos californianos da década. Outro fato comparável: apenas 9% dos ribeirinhos tinham seguros em 1993, comprovando o fracasso, ao menos parcial, da aplicação do plano de 1968, que almejava promover a apólice de seguros.

Esses fracassos da política federal de proteção por meio da realização de grandes obras permitiram que outra estratégia surgisse e evoluísse paralelamente, complementando a primeira. Após dez anos, essa alternativa, fundada no princípio de adaptação (*adjustement*) do modo de vida ao risco "melhor aceito", gera novas ações:

- O programa de seguro nacional contra inundações, agora gerenciado pelo setor de prevenção da Agência Federal de Gestão dos Riscos (Fema), foi relançado graças a uma vigorosa campanha de informação e de educação, que encoraja a generalização de contratos de seguros contra inundação. A Fema tem a ambição de fazer desse programa de seguros um instrumento importante na política de organização territorial das planícies inundáveis. Em 2003, as vinte mil coletividades (municipalidades, condados, comitês de distritos responsáveis pela manutenção dos diques) que participam desse programa adotaram os regulamentos propostos pela Fema em matéria de ocupação dos solos em zonas inundáveis e agora zelam pela sua aplicação. Em troca, o seguro contra o risco de inundação, garantido pela União, tornou-se acessível aos proprietários, locatários e empreendedores que residem nessas coletividades.
- A conscientização tardia do precioso papel das zonas úmidas como reservatórios naturais e amortecedores da cheias resultou em uma política federal de resgate das terras agrícolas e de sua reconversão em zonas úmidas. Essa abordagem ambiental fez nascer – senão generalizar – novas práticas agrícolas preocupadas em frear os fenômenos de corredeiras e de erosão.
- Preparação das populações ribeirinhas para que possam reagir melhor em caso de inundação: criação de estoques de produtos de primeira necessidade e participação em exercícios de socorro com equipes voluntárias inspirados no modelo concebido na Califórnia.

Figura 19
As intervenções na bacia hidrográfica do rio Kansas (barragens)

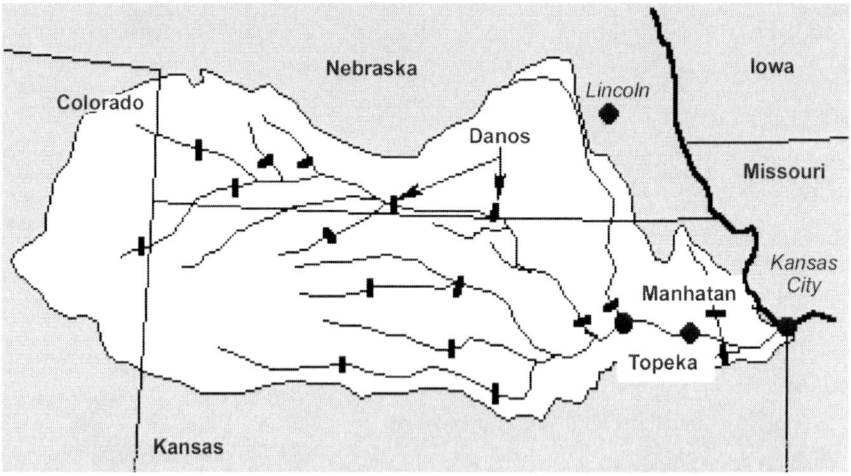

O exemplo da gestão dos riscos de inundação do Mississipi evidencia a importância da agência federal, cujo papel na gestão da crise é igualmente fundamental.

O papel da União na gestão da crise

A experiência adquirida em matéria de catástrofes levou a União a progressivamente investir na área de gestão das crises, principalmente na preparação e no treinamento de organismos e pessoas afetadas. O Estado assumiu a função regalista de defesa da população por meio de um exército que, tradicionalmente, tem vocação para participar de operações de socorro quando da ocorrência de desastres. Entretanto, após o fechamento de numerosas bases militares em consequência do fim da Guerra Fria, certas regiões passaram a temer que não mais pudessem contar com os mesmos recursos logísticos e a mesma capacidade de reação com que contavam há cerca de dez anos. De fato, a missão protetora clássica do Estado se organiza atualmente por meio de ferramentas menos visíveis que o exército, mas a capacidade de intervenção, hoje capitaneada pela Fema, parece sempre se apoiar em modos de planificação em parte "herdados" dos militares e adaptados às novas necessidades das coletividades. A cultura militar de defesa inspirou o desenvolvimento da proteção civil.

Os serviços administrativos competentes, herdeiros das missões do *Welfare State*, forjaram um "repertório" de ações planificadas e de regulamentações concernentes aos tipos de ajuda e de socorros a serem prestados à população.

Essa política de ajuda federal foi validada pelo *Federal Civil Act*, votado pelo congresso dos EUA em 1950. A preocupação em melhorar e harmonizar os programas de assistência, graças ao acúmulo de experiência fornecido pela gestão dos terremotos de Anchorade (1964) e de Los Angeles (1971), resultou, numa segunda etapa, no *Disaster Relief Act*, lei de 1974 que constituiu a base da legislação em matéria de ajuda federal.

A União e o Ministério da Energia, principalmente, também estão interessados em outros problemas, tais como a confiabilidade das centrais nucleares, por causa do acidente de Three Miles Island (1979). Agora, o papel fundamental da Fema está condicionado à declaração de estado de urgência, emitida pelo escritório presidencial da Casa Branca. No território diretamente afetado por uma catástrofe, as decisões e a natureza dos socorros a serem utilizados cabem aos estados, condados e municipalidades. A Fema conserva o papel de fiador da organização e de guardião do orçamento ao exigir dos responsáveis pelas administrações locais que os procedimentos e a cadeia de solicitação de auxílio sejam respeitados. Ela rejeita todo pedido de assistência que "pule" escalões intermediários: da cidade ao condado, do condado ao estado e do estado à Fema. Esse circuito hierarquizado está integrado a todos os níveis de decisão graças a exercícios de simulação de gestão de crise, cujas etapas estão descritas ao longo de todo *Disaster Plan* (Plano de desastre) bem concebido. A Fema tem a responsabilidade de coordenar a política federal cujos objetivos são apresentados no quadro a seguir:

Os programas de redução dos riscos e de gestão da crise coordenados pela Fema

- *Programas de redução dos riscos (Hazard Mitigation)*: frequentemente são iniciados ou reforçados por uma decisão política, ou mesmo uma lei, e seu objetivo é a redução dos riscos a longo prazo.
- *Programas de preparação para situações catastróficas e planos de urgência*: os primeiros têm por missão envolver, educar e organizar a população diante da perspectiva de uma eventual catástrofe; os últimos dizem respeito, antes de tudo, às esferas profissionais encarregadas de organizar o socorro em curto prazo.
- *Programas de reconstrução*: são todas as decisões e ações relacionadas à gestão da situação pós-catástrofe. Esses programas envolvem planos orçamentários plurianuais que se tornam eminentemente políticos quando se trata de empréstimos e projetos de reconstrução de habitações e equipamentos públicos.

O papel dos estados: agora com maior poder de intervenção. O exemplo da Califórnia

A Califórnia (poderíamos compará-la ao caso da Flórida) acumula áleas naturais: tremores de terra, deslizamentos, inundações fluviais ou pluviais, incêndios de florestas. O espaço, às vezes reduzido, é com frequência densamente povoado e repleto de intervenções humanas. Dos 58 condados da Califórnia, 55 possuem zonas definidas como sismicamente perigosas.

Os três mais recentes terremotos californianos em meio urbano (Sylmar, 1971; Loma Prieta, 1989; Northdrige, 1994) tiveram efeitos importantes sobre a sociedade. Esses fenômenos devem ser colocados em diferentes escalas históricas do espaço e do tempo e do desenvolvimento da Califórnia. Os "acúmulos de experiência" nasceram de acontecimentos passados e se inspiraram igualmente em outras experiências ocorridas em outros locais dos Estados Unidos. Em matéria de gestão dos riscos e das crises, o estado da Califórnia intervém em muitas áreas: legislação e cartografia das zonas em risco, seguros contra terremotos, securitização da rede de autoestradas, melhoria da coordenação dos socorros.

Legislação e zoneamento sísmico na Califórnia: o pequeno espaço reservado à prevenção

A legislação californiana prevê fazer uso de um zoneamento para identificar e delimitar as zonas que estão sob risco sísmico para fins de prevenção e de proteção. O objetivo é principalmente reduzir o risco pela imposição de limites e de normas especiais à construção, iniciativa que foi lançada há três décadas. Trata-se aqui de um instrumento de prevenção verdadeiramente eficaz ou apenas de um esforço de documentação sobre a exposição ao risco sísmico?

A regulamentação para enfrentar os riscos

Após o terremoto de 1971, uma lei votada em 1972 (o *Alquist-Priolo Special Studies Zones Act*) passou a encarregar os serviços de geologia da Califórnia (*California Division Mines & Geology*, CDMG) e da União (*United States Geological Survey*, USGS) de uma vasta campanha para identificar e mapear todas as falhas sismicamente ativas, ou seja, aquelas conhecidas por sua atividade durante o quaternário e, *a fortiori*, desde o Holoceno. Os primeiros mapas editados (os concebidos entre 1998 e 2003 são mais precisos) definem as zonas batizadas de *special studies zones* (zonas de estudos especiais). Os documentos oficiais deviam apresentar em torno das linhas de falhas (*fault traces*) as zonas "suspeitas" sob a forma de verdadeiras zonas-tampão (*buffer zones*) cuja largura varia entre quatrocentos (a média) e dois mil metros (o máximo).

A lei impõe a distribuição de mapas a todas as cidades, condados e agências regionais competentes em matéria de planificação de projetos e de desenvolvimento. Esses mapas supostamente permitem um prudente, mas corajoso, controle das novas construções, o qual pode chegar à interdição de qualquer construção situada a menos de cinquenta metros das linhas de falhas, denominadas *earthquake fault zones* (zonas de falhas ativas), após o terremoto de 1989.

Após 1977, um segmento da lei Alquist-Priolo obrigou igualmente que a informação fosse disponibilizada para todo proprietário residente em uma dessas zonas reconhecidas como de risco. Em 1998, esse segmento da lei tornou-se ele próprio uma lei (o *Disclosure Act*), que obriga o vendedor de um terreno a informar o comprador potencial da existência de zonas de falhas. De fato, toda permissão para construir está condicionada a uma pesquisa sobre as condições sísmicas. Desde 1990, a informação sobre essas zonas pode ser consultada pelo público nas bibliotecas do *United States Geological Survey* (USGS) e da *California Division of Mines & Geology* (CDMG). A difusão da informação cartográfica sobre os riscos sísmicos têm-se beneficiado, acerca de uma década, dos progressos da internet.

A análise dos mapas que simulam diferentes cenários sísmicos (em função de variáveis diversas, tais como as diferentes magnitudes), a partir das falhas geológicas que podem entrar em ação nos 25 próximos anos, permite aos planejadores da agência regional da baía de São Francisco (a ABAGP) conhecer melhor a maneira como as infraestruturas rodoviárias podem reagir aos impactos. Tais documentos revelam também a grande vulnerabilidade de certos setores da aglomeração de São Francisco, cujos eixos de ligação entre o East Bay e a conurbação do vale do Silício constituem os segmentos mais expostos.

Quando os riscos são identificados, os planos locais de urbanismo (*comprehensive plans*) e o zoneamento devem possibilitar a implantação de novas construções fora da zona precedentemente definida como perigosa. Mas a urbanização intensa e já antiga (mais que centenária) por muito tempo foi realizada sem levar em conta tal constatação.

O balanço da aplicação e a lei da Alquist-Priolo

Qual avaliação pode ser feita hoje da lei Alquist-Priolo? Essa tentativa de integrar o risco sísmico à reflexão sobre a organização do território e a urbanização parece chegar um pouco tarde para os espaços urbanizados entre os anos 1850 e 1970.

Além disso, o conhecimento da álea não impede que as construções e as intervenções no território prossigam, inclusive nos setores mais perigosos, mas agora faz com que sejam acompanhadas da aplicação de certo número de regulamentações parassísmicas. Todavia, os especialistas californianos em organização do território (Fulton, 1993) consideram que essa regulamentação é uma etapa importante, pois a lei estimulou a elaboração de mapas sobre as principais falhas californianas e permitiu um melhor conhecimento da álea. Ela foi também um vetor de informação à disposição dos habitantes. Efetivamente, a cartografia dos riscos sísmicos é interessante, antes de tudo, por melhorar o conhecimento e as informações sobre a álea (na verdade, sobre o risco), por atualizar regularmente a concepção e a aplicação dos códigos de construção parassísmica e por favorecer o desenvolvimento de construções mais bem adaptadas em larga escala. Na verdade, não se trata de definir os sítios certificados como "seguros", pois na Califórnia não existem sítios não sísmicos.

Os segurados, as seguradoras: o risco financeiro

Os proprietários podem tentar pôr-se ao abrigo financeiro das perdas eventuais mediante a contratação de uma política de seguros "especial terremoto" (o protótipo data de 1916). Essa medida preventiva é adotada por uma minoria de habitantes. É menos o sinal de uma "negação do risco" que um cálculo feito pelos californianos: esse seguro custa muito caro e parece não valer a pena, pois as franquias oscilam entre 10% e 15%. O estado da Califórnia poderia tornar obrigatório esse seguro para todos os proprietários. Tratar-se-ia, então, de uma verdadeira mutação na prevenção geral do risco, pois tal decisão faria com que o seguro contra terremotos passasse da esfera das decisões e medidas individuais para a dimensão de uma verdadeira escolha da sociedade no âmbito de uma política coletiva de prevenção. Não é esse o caso. Entretanto, após 1971, o Estado começou a exigir que as companhias de seguros propusessem um seguro contra terremotos em complemento às políticas de seguros multiriscos-habitação. De igual modo, foi criada em 1985 uma caixa especial (o *California State Treasury*) para reembolsos inferiores à franquia de US$15 mil abaixo da qual os seguros clássicos não reembolsam. Apesar dessa "nova oferta", apenas 20% dos californianos estavam segurados contra a álea sísmica na véspera do terremoto de 1989. Esse último provocou uma maior conscientização, e a taxa de segurados atingiu 30% em 1991, graças ao seguro de base garantido pelo fundo californiano de defesa votado em 1990 e que financia a parte pública de cobertura da franquia.

Assim, o custo dos estragos "menores" encontrava-se reduzido, mas o Estado preveniu os administrados: "o fundo californiano de ajuda às reparações pós-sísmicas não pode substituir a subscrição de uma política de seguros". A mensagem foi compreendida e a cobertura dos habitantes da Califórnia por um seguro "contra terremotos" conheceu seu apogeu em 1994, após o impacto do terremoto de Northridge (maciçamente embolsado pelos milhares de dólares da União, que, sob a administração Clinton, estava interessada em atender um estado que é grande provedor de votos para os democratas). A taxa de segurados atingiu 40%! Os reembolsos efetuados pelas companhias de seguro elevaram-se em mais de 12 milhões de dólares.

Entretanto, apesar dos fundos fornecidos pelo Estado, as seguradoras fizeram soar o alarme: a concentração geográfica de contratos de seguro sísmico em zonas de alto risco poderia no final levar o sistema de seguros à insolvência e à bancarrota. As seguradoras então alertaram que "a única alternativa à obrigação de cobrir a totalidade das propriedades seria cessar (suas) atividades na Califórnia". Falou-se de chantagem econômica contra o Estado, e uma intensa atividade de *lobbies* nos corredores do congresso de Sacramento resultou, então, em um novo acordo muito mais vantajoso para as seguradoras. A comissão de estado para os seguros criou a Autoridade Californiana dos Tremores de Terra (*Californie Earthquake Autority* ou CEA), dotada de um fundo de 12 milhões de dólares isentos de impostos que cobriria as perdas dos proprietários que tivessem subscrito uma "minipolítica" de seguros para proteger sua casa e seu interior (mas não os anexos). Os prêmios de seguros privados tiveram, de novo, um rápido aumento e as franquias atingiram 15% do total de reparações, tornando virtualmente desinteressante — se não impossível — a subscrição de um seguro contra terremotos para a maioria das famílias californianas.

A fim de melhor resistir à pressão da opinião pública e política, as seguradoras concordaram em formar um *pool* político-financeiro cujo objetivo é não ter que oferecer uma cobertura integral e acessível a todos os habitantes, principalmente aos da zona de alto risco (zona cujas seguradoras tinham mesmo a intenção de abandonar). Desde o último terremoto californiano de Northridge, o Estado não quer mais ser um serviço de empréstimos e de ajuda pós-catástrofes.

Em posição de força, as seguradoras conseguiram negociar uma parceria entre seu setor e o Estado federal. Essa espécie de "sociedade de economia mista", batizada FEIRC (*Federal Earthquake Insurance & Reinsurance Corporation*), administra um programa de seguros "parassísmico" encarregado de reembolsar os danos — diretamente ligados aos terremotos — sofridos pelos proprietários que residem em estados reconhecidos como de risco. O FEIRC forneceria garantias suficientes para as seguradoras contra os reembolsos colossais que as futuras catástrofes maiores acarretariam, réplicas dos cinquenta bilhões de dólares versados para os dois desastres mais custosos (Andrew e Northridge).

A securitização parassísmica da rede rodoviária californiana, proteção e preparação da crise

A primeira lei da Califórnia (*Field Act*, de 1933) que obrigava que as construções fossem feitas segundo as normas parassísmicas era relativa apenas aos edifícios escolares. Foi preciso esperar – após uma longa "calma sísmica" – pelo terremoto de 1971 para que os serviços técnicos californianos decidissem revisar seriamente os códigos de construção de equipamentos públicos. Após o terremoto de 1989, a comissão de inquérito comandada pelo governador da Califórnia destacava a vulnerabilidade da rede de estradas, rodovias e, principalmente, das pontes. O relatório terminava com uma frase alarmista, mas lúcida: "a corrida contra o relógio começou", uma vez que o pior dos cenários fundado sobre o cálculo logarítmico prevê um terremoto trinta vezes mais poderoso e mais destruidor que os precedentes. Essa "catástrofe máxima e provável" (*maximum credible earthquake*) está hoje assimilada pelo CalTrans, o poderoso departamento de obras e transportes do estado da Califórnia, responsável por grandes projetos de investimentos nas estradas e na manutenção de pontes (mais de trezentas) e rodovias do estado.

Sete anos após o relatório da comissão de inquérito do governador e logo em seguida à publicação de mapas que simulam os impactos sísmicos sobre a rede de autoestradas regional do ABAG, a direção dos transportes da Califórnia anunciou sua decisão de fazer da ponte São Francisco-Oakland a mais frequentada do estado e dos Estados Unidos, "a artéria vital" (*lifeline*) que garantirá o acesso aos socorros em caso de catástrofes aos dois lados da baía de São Francisco.

Em consonância com tal objetivo, o memorial descritivo determina que os socorros devem poder atravessar a ponte para ter acesso às zonas sinistradas e que os centros de comando, os postos de socorro e os centros de atendimento sejam servidos por ela. Esses imperativos de segurança, definidos em comum acordo com os bombeiros, a Cruz Vermelha e a polícia, exigem que as pontes sejam conformes às novas normas parassísmicas. O CalTrans se dedicou a esse plano durante os decênios 1990 e 2000. Entretanto, o projeto chocou-se contra uma potente "Coalizão da Bay Bridge", contrária à visão do CalTrans, suspeito de ter violado as regras da concorrência pública na discutida escolha do projeto final. Esses debates, dignos da vida democrática na Califórnia, retardaram o calendário das obras da nova ponte, que deveria estar concluída antes de 2007 a um custo muito elevado.

Esse projeto ilustra bem a política de gestão da crise na Califórnia e a estratégia técnica e financeira extremamente pesada. É também um exemplo concreto de intervenção maior em nível regional, em grande parte inspirado pela consciência do risco e pela preparação para a gestão da crise.

Um estado aguerrido na planificação do socorro e na gestão da crise

O planejamento do esforço de guerra, progressivamente adaptado às prioridades civis, foi a fonte de inspiração para a preparação para catástrofes. Em 1987, a lei sobre os socorros (o *Emergency Services Act*) estabeleceu dois níveis de urgência: o nível 1 declara o estado de urgência em escala local (*local emergency*); o nível 2 declara o estado de urgência em toda a Califórnia (*state emergency*).

A longa história da gestão das crises

Em 1917, o congresso da Califórnia criou o Conselho Californiano de Defesa (*State Council of Defense*), que depois, em 1929, teve seu nome mudado para Conselho Californiano das Situações de Urgência (*State Emergency Council*), sendo composto pelos chefes dos serviços financeiros, das obras públicas, das questões militares e da saúde pública. No pós-Guerra, a lei do *California Disaster Act* transformou o conselho de defesa em Conselho Californiano das Catástrofes, no contexto do programa nacional de defesa civil. Isso resultou no primeiro plano conjunto, o *California Civil Defense & Disaster Relief Plan*, que estabelece os cenários de gestão da crise. Em 1956, a lei sobre as catástrofes foi emendada a fim de permitir ao governador declarar estado de catástrofe natural, e o escritório de defesa civil foi batizado de Escritório Californiano das Catástrofes. Em 1968, a administração do governador Reagan publicou um plano de gestão dos meios disponíveis para as situações de urgência, cuja missão era colocar à disposição dos socorros todos os recursos humanos e materiais, tanto públicos quanto privados. Em 1970, a lei encarregou uma única e mesma agência pela planificação e preparação das situações de urgência, relacionadas às guerras, às catástrofes naturais ou à desordem pública: o *California Office of Emergency Services* ou COES. Ao mesmo tempo, foi estabelecido o Conselho Californiano das Situações de Urgência (*California Emergency Council*) e, depois, o Escritório Californiano das Operações de Urgência, cujos objetivos são os seguintes:

- identificar os riscos, os meios de reduzi-los, estabelecer zoneamentos;
- desenvolver a capacidade de reação às catástrofes: todos os recursos locais e do estado deve estar prontos para serem enviados às zonas sinistradas;
- dar prioridade à normalização da situação. O diretor do COES, representante do governador, é o coordenador oficial dos esforços relacionados à rápida retomada das atividades.

O financiamento das crises

A fim de preparar as coletividades locais para enfrentar as consequências de um terremoto de grande magnitude, a Comissão Californiana de Segurança

Parassísmica lançou em 1986 um programa de capacitação da Califórnia do sul e da região de São Francisco (*Bay Area Regional Earthquake Preparedness Project*). Após o terremoto de 1989, o estado, já em substituição à ajuda federal, havia emprestado 87 milhões de dólares aos proprietários locadores e aos proprietários ocupantes. A partir de 1994, percebeu-se que o volume e a rapidez da ajuda federal poderiam um dia ser insuficientes, e a Califórnia decidiu criar seu próprio programa de assistência: o Caldap (*California Disaster Assistence Program*), capaz de fornecer auxílios para iniciar a reconstrução das habitações individuais e coletivas. No nível estadual, a planificação dos socorros se funde essencialmente ao princípio da ajuda mútua, que assegura a circulação da informação e a repartição dos meios de luta.

As coletividades locais e a gestão da crise

Em 1950, a maioria das coletividades locais havia assinado um acordo que lhes garantia uma assistência recíproca (*California Disaster & Civil Defense Master Mutual Aid Agreement*). Entretanto, existe também um sistema de gestão de socorro que vai desde a escala municipal, passa pelo nível estadual e chega ao nível federal.

O território californiano é subdividido em seis regiões especiais, que podem manter o controle de seu pessoal e de seus equipamentos, beneficiando-se da assistência de outras "regiões". O estado da Califórnia deve colocar seus recursos à disposição das coletividades locais nas situações de urgência, e é por isso que a preparação para as situações de crise é outra etapa importante da missão do OES, que adaptou o programa federal de formação contínua à gestão dos socorros e à destinação dos empregados dos serviços das coletividades locais do estado. O objetivo do atual sistema de ajuda mútua (revisado pelo COES e assinado pelos 58 condados e pela maior parte das cidades) é a melhor distribuição da assistência logística no nível local: municipalidades, empresas, escolas...

O importante papel da informação

Após a gestão das crises de Loma Prieta (1989) e do grande incêndio na floresta e nas colinas de Oakland (1991), surgiu uma série de problemas: certo número de jurisdições passou a disputar as mesmas necessidades em informações e em meios de luta. Os esforços do Estado se direcionaram, portanto, para a melhoria dos sistemas de comunicação de socorro: o sistema de informação via satélite das zonas operacionais (Oasis). O material ultramoderno de transmissão compreende um sistema de rádio de alta frequência e a transmissão por uma rede de comunicações via satélite que é recebida em cada um dos 58 condados por todas as agências relacionadas, compreendendo, inclusive, o centro do COES de Sacramento, situado entre o aeroporto e a sede do governo. A Fema tem financiado em grande parte o desenvolvimento do sistema Oasis, os exercícios de simulação nas zonas operacionais-piloto e as pesquisas em telecomunicações, conforme os objetivos da lei federal de 1986, que trata da redução dos riscos sísmicos (a *Federal Earthquake Hazards Reduction Act*).

Após o terremoto de 1994, o sistema de gestão dos meios de informação e de reação (*Response Intelligence Management System* – RIMS) suplantou o Oasis. O RIMS é o cérebro do plano estratégico e de gestão da informação do OES. Suas aplicações incluem a compra, a verificação em tempo real do inventário dos capitais disponíveis, os planos de trabalho das equipes de socorro e a exploração do último sistema de gestão e de *expertise* das ajudas públicas.

Ao longo do século XX, a gestão dos socorros no estado da Califórnia conheceu profundas transformações. Esse estado se inspirou no saber militar para conceber seu escritório de socorros de urgência, hoje mundialmente reconhecido. Esse foi o pivô da assistência às coletividades locais em matéria de planificação dos riscos, de gestão das crises e de retorno à normalidade. Além disso, o COES é a sede de recepção e de organização de todas as atividades federais e de gestão do socorro em território californiano, cujas transformações podem ser resumidas em três pontos:

- adaptação do programa civil da defesa a uma gestão dos socorros multirriscos;
- utilização de tecnologias de ponta no campo de sistemas de telecomunicação e securitização dos dados;
- criação de um modo uniformizado de gestão da informação e dos serviços de socorro.

O investimento em recursos humanos: da informação à formação e à implicação dos habitantes

A medida preventiva mais comum, adotada não somente pela maior parte dos habitantes da Califórnia, mas também pela maioria dos habitantes dos Estados Unidos, corresponde a uma estratégia de "sobrevivência", herdada do período e "do espírito" dos pioneiros e cuidadosamente preservada. Trata-se tanto de medidas individuais simples – adotadas no interior da célula familiar e da economia doméstica que vão desde a bricolagem (móveis colados à parede) até o armazenamento de água potável, de alimentos não perecíveis, de tochas, de um transmissor, de pilhas recarregáveis, de cobertores, de botas etc. – quanto de velhas receitas recicladas pelos boletins de prevenção emitidos pelos estados e pela Fema e endereçados ao grande público (e especialmente aos recém-chegados às zonas sob risco, que não as conhecem ou as conhecem pouco).

Ora, uma estratégia mais recente e talvez mais inovadora é a do envolvimento dos habitantes na política de prevenção dos riscos e de gestão dos socorros. Ela marca a passagem da fase da informação da população para a da formação, preparação e manutenção. Ela se explica pela herança de uma cultura de defesa civil que ainda impregna os espíritos e as decisões dos responsáveis pelos socorros e também as gerações adultas que conheceram os decênios da Guerra Fria. Todavia, a situação é criticada por uma outra corrente inspirada pela sociedade civil (na realidade, uma massa de organizações formadas por pessoas comuns) que vê nessa cadeia muito hierarquizada a causa de certas disfuncionalidades na gestão das crises recentes. Daí a ideia de que a coordenação sincronizada de recursos técnicos e humanos seria mais eficaz no local que a cadeia de comando e de controle — hierarquizada, é verdade —, mas talvez muito rígida para se adaptar às situações não previstas pela gestão clássica das crises.

Ao final dos anos 1980, os bombeiros californianos de Los Angeles e do *São Francisco Fire Department* se conscientizaram da emergência de uma vontade cidadã de participar do esforço de redução dos riscos e da preparação para crises futuras. Em uma dezena de anos, eles conseguiram realizar a síntese dessas duas tendências, a militar e a civil. Há dez anos asseguram a organização de voluntários no nível dos bairros, dos conjuntos habitacionais e dos distritos escolares. Reconhecendo a possibilidade de serem superados pelos acontecimentos em caso de catástrofe maior, a elite dos socorristas conta com grupos de voluntários que os auxiliariam com preciosos reforços nas primeiras horas após um tremor de terra, um incêndio ou mesmo uma catástrofe tecnológica sem precedentes. Esse modelo de organização preventiva e coletiva, ancorado no nível local e formada por profissionais, parece ter convencido todas as esferas da gestão das crises nos Estados Unidos. O papel das equipes de voluntários organizadas por bairro (os *Neighborhood Emergency Response Teams* – Nert), por redes locais da Cruz Vermelha, por clubes de radioamadores, membros do Exército da Salvação etc., já se revelou determinante em recentes operações, como na luta contra os focos de incêndio na floresta durante o verão de 2000. A partir do solo californiano, que serviu de laboratório experimental, a formação de grupos de habitantes auxiliares de serviços profissionais é uma formula que é seguida em todo os Estados Unidos.

Referências bibliográficas

FULTON, W. (1993), *Guide to California Planning,* Los Angeles, Solano Press .

HEUDE J. (2000), *Le risque sismique à San Francisco*, thèse, université Paris-I.

HEWITT, K. (1997), *Regions of Risk : a Geographical Introduction to Disasters.* Addison-Wesley, Reading, Mass.

RISCO ECONÔMICO E RISCO SOCIAL

Esta última parte está focada nos riscos econômicos e sociais, os quais podem ocasionar riscos geopolíticos ou decorrer deles. A escolha de uma estratégia econômica implica a assunção do risco. Isso diz respeito tanto ao camponês africano ou argentino quanto à grande empresa. A assunção dos riscos, cujos efeitos podem ser positivos ou negativos conforme o caso, agora faz parte do quadro da globalização. Nesse contexto, é necessário enfocar os novos atores do risco econômico tanto quanto sua dimensão espacial.

Elos estreitos surgem entre as diversas categorias de riscos. Os relacionados à exploração, à rarefação de recursos naturais (água, madeira, fontes energéticas não renováveis) podem ser traduzidos em termos econômicos. De igual modo, o processo natural de ocorrência de determinadas áleas (terremotos...) pode dar origem a uma insegurança econômica que se vai traduzir no plano local, regional, mesmo mundial (consequências econômicas do possível aquecimento climático ou de um terremoto em Tóquio...). Alguns métodos de previsão dos riscos, tais como os zoneamentos, produzem incertezas econômicas para os municípios afetados em razão de seus efeitos sobre a terra e as limitações à implantação de novas atividades.

O risco social está relacionado, principalmente, à insegurança urbana e, para alguns autores, ao espaço do bairro definido em função da taxa de desemprego, de criminalidade, e visto como um espaço circunscrito, controlável, no qual a prevenção pode ser efetuada. As tentativas de responder a essas situações de insegurança remetem a políticas urbanas (social, econômica, cultural, urbanística...), cuja eficácia se revela desigual.

A insegurança não se refere somente a um bairro ou a uma cidade, ela se manifesta nos países e também entre eles. Por sua vez, ela gera uma insegurança econômica e, em certos casos, ao menos, acarreta igualmente riscos sanitários e alimentares para a população.

De igual modo, as áleas naturais podem dar origem a riscos sociais, uma insegurança pode estar relacionada à desorganização da administração e a certa carência dos atores políticos.

Finalmente, parece bem difícil categorizar os riscos de maneira sistemática, pois sua interdependência se manifesta claramente por aspectos sociais que são com frequência um fator de vulnerabilidade amplificado nas sociedades.

OS RISCOS ECONÔMICOS

Em razão de apenas recentemente ter sido promovido ao posto de interpretação pertinente do mundo contemporâneo, o risco não ocupa senão um lugar secundário nos trabalhos de geografia econômica, ao passo que a literatura relativa à gerência e às estratégias das empresas se revela particularmente abundante nessa questão. Entretanto, essa situação está em boas condições de evoluir rapidamente em razão do contexto contemporâneo de globalização da economia, o qual apresenta novos riscos de dimensão desigual para os quais o geógrafo pode trazer um olhar original e inovador. É verdade; a abordagem dos fenômenos econômicos pela análise dos riscos a eles associados não é suficiente em si mesma. No entanto, ao apresentar inúmeros esclarecimentos sobre o papel dos atores, os contextos econômicos passados e atuais, a geografia dos fluxos comerciais e financeiros, as estratégias espaciais e organizacionais das empresas ou, ainda, os determinantes em diferentes escalas de atratividade de certos territórios e, ao contrário, o caráter repulsivo de outros, ela proporciona, de maneira incontestável, uma melhor delimitação da complexidade das lógicas econômicas em atuação e de sua transcrição espacial em diferentes níveis.

Após mostrar como o risco se revela indissociável da atividade econômica, na segunda parte deste capítulo examinaremos mais especificamente os riscos econômicos que pesam sobre os países. Finalizando, serão examinados os riscos econômicos relacionados à globalização.

O risco: um parâmetro indissociável da atividade econômica

De todos os atores da vida social, os de natureza econômica (desde o pequeno agricultor africano até a mais poderosa multinacional) são certamente os que possuem a cultura do risco mais desenvolvida. De fato, por definição, toda a atividade econômica está assentada sobre um risco mais ou menos calculado e integrado em uma estratégia geral: prospecção de um novo mercado, lançamento de um novo produto, abertura de uma nova fábrica, troca de fornecedores ou de subcontratados, mudança de atividade etc. Consequências imprevistas (falha de aprovisionamento, desaparecimento de um cliente ou de um fornecedor, desvalorização de uma moeda, golpe de estado ou guerra civil, catástrofe ambiental etc.) ou riscos mal avaliados ou não considerados (superestimação de certos mercados, cartadas que não deram certo etc.) podem ter graves consequências sobre o destino das empresas: queda das receitas, demissões e mesmo o fechamento de estabelecimentos ou a interrupção da atividade. Conclui-se que nenhum ator econômico encontra-se ao abrigo do fator de risco, o qual pode assumir aspectos multiformes.

Por outro lado, o risco pode se revelar compensador; ele é, além disso, a contrapartida da expectativa de ganho que fundamentalmente o justifica. A assunção do risco, aliada à inteligência tática e estratégica, explica, por exemplo, como modestas PMI-PME puderam, no intervalo de apenas alguns decênios, tornar-se firmas multinacionais poderosas. Inversamente, é a recusa do risco (ou sua manutenção em limites estreitos), que sob muitos aspectos atravancava o desenvolvimento das empresas e até mesmo as faz vegetar. A assunção do risco se revela seletiva em razão de sua percepção variar mais ou menos fortemente de acordo com os indivíduos e as empresas (em função de avaliações pessoais, garantias ou fundamentos financeiros diferentes, do acesso à informação etc.). Por exemplo, a empresa que chega antes de seus concorrentes, e implanta-se em um novo mercado considerado "arriscado" (um país em desenvolvimento, notadamente), e que vê sua opção pelo risco coroada de sucesso, é geralmente seguida por outras empresas (é o dito efeito de "ir atrás"). No entanto, os que chegam depois têm frequentemente de se contentar com fatias mais modestas do mercado; é a sanção por seu atraso. A incerteza constitui, portanto, o quinhão comum dos empreendedores, dos investidores e dos financistas, os quais devem permanentemente avaliar e antecipar as ameaças e as coerções externas, adaptar suas estruturas e seus procedimentos, vigiando de perto seus concorrentes diretos e indiretos a fim de não se afastar deles, por exemplo, no plano tecnológico. Diante da extrema diversidade dos riscos incorridos pelos atores econômicos, a distinção entre microrriscos e macrorriscos é a mais comumente enfatizada (Lemaire, 1997).

A onipresença dos microrriscos ao longo das operações econômicas

Os microrriscos talvez constituam a ameaça mais concreta a pesar sobre as empresas. Eles se inscrevem fundamentalmente no nível microeconômico e correspondem aos obstáculos e aos problemas mais ou menos graves que marcam todas as etapas de uma operação econômica; em geral, um investimento, uma operação financeira ou comercial. Os microrriscos mais complexos estão relacionados às operações econômicas que ultrapassam os limites de um Estado e envolvem protagonistas localizados em diferentes países. Porém, mais que a transposição de uma fronteira é a diversidade de procedimentos locais (nacionais ou estrangeiros) ou ainda os efeitos da distância geográfica que tornam o gerenciamento dos microrriscos mais difícil que o dos riscos que sobrevêm no âmbito de um mesmo país. Tomados individualmente, a maior parte desses microrriscos quase não recebe a atenção dos geógrafos, uma vez que concernem a problemas intrínsecos às transações econômicas e não aos territórios. Em contrapartida, sua abordagem global ao longo da cadeia de geração de valor permite compreender melhor certos aspectos concretos dos mecanismos do comércio internacional, das transações financeiras ou do investimento internacional, o mesmo acontecendo com o funcionamento das empresas.

A natureza desses microrriscos varia de acordo com as partes envolvidas. Considerando-se apenas as transações comerciais, os riscos com os quais um exportador pode se deparar são os seguintes: riscos relacionados ao câmbio (variação da taxa de câmbio entre o momento da realização do pedido e a emissão da fatura); riscos relativos à prospecção (o fornecedor não tem garantias de sucesso); risco de o contrato ser anulado (o fornecedor então se encontra com as mercadorias imobilizadas, mas sem o destinatário); riscos de roubo, de perda ou deterioração das mercadorias durante o transporte ou ainda riscos de inadimplência (Lemaire, 1977). Felizmente, os fornecedores dispõem de toda uma série de garantias que lhes dá cobertura total ou parcial contra esses riscos, com a condição de terem subscrito um contrato de seguro de exportação junto a organismos especializados (conforme o princípio da mutualidade dos riscos); por exemplo, a Companhia Financeira para o Comércio Exterior (Coface) da França, número 1 do seguro-crédito, criada em 1948 e privatizada em 1994. No que concerne ao importador, os microrriscos são igualmente numerosos: não observância dos prazos (fato particularmente prejudicial em um contexto em que é preciso gerenciar um intenso fluxo de trocas); anulação unilateral da proposta; não conformidade do produto com o pedido; a mercadoria encomendada é recebida com defeito; não entrega; desrespeito às condições de garantia etc. As coberturas existem também aqui, notadamente na forma de cauções garantidas por bancos ou sociedades de seguros. Vendedores e compradores podem enfim recorrer às cartas de crédito, técnica bancária que segura 100% das transações na medida em que o risco é endossado pelos bancos das partes contratantes.

O desenvolvimento das trocas comerciais e financeiras ao redor do mundo deve muito a esses procedimentos de cobertura desenvolvidos ao longo dos últimos decênios e que estão cada vez mais sofisticados e bem ajustados. À medida que são delimitados e bem repertoriados, esses microrriscos se tornam mais aceitáveis pelas partes interessadas. Sem as coberturas, os fluxos para os mercados difíceis (especialmente países em desenvolvimento) certamente não atingiriam os níveis atuais. Em contrapartida, a delimitação dos riscos macroeconômicos ou risco-país é muito mais difícil.

Os macrorriscos ou risco-país

O risco-país pode ser definido como o "risco de materialização de um sinistro resultante do contexto econômico e político do Estado no qual uma empresa desenvolve parte de suas atividades" (Marois, 1990, p. 5). Criado nos anos 1950 por ocasião de acontecimentos de alcance geopolítico considerável (nacionalização do petróleo iraniano em 1951; nacionalização do Canal de Suez em 1956 e seu fechamento entre 1967 e 1975; adoção do comunismo em alguns países etc.), esse conceito conheceu ao longo dos anos 1980-1990 uma notoriedade inédita em razão da multiplicação das grandes crises financeiras nos países em desenvolvimento e no leste Europeu (em agosto de 1982, o México anuncia que não pode honrar sua dívida de oito bilhões de dólares; reescalonamento de quarenta bilhões de dólares da dívida russa em abril de 1996 etc.) e da revoada dos fluxos financeiros sem precedentes no âmbito da globalização da economia. A crise asiática de 1997, enfim, fez com que os atores econômicos integrassem o risco-país de forma permanente aos principais instrumentos de análise e de apreensão do risco enquanto os geopolíticos passavam a integrá-lo de forma corrente em suas análises.

Acontecimentos desestabilizadores de maior impacto sempre estiveram na origem do risco-país. Ora eles estão circunscritos a um estado em particular, ora são partilhados por vários países que apresentam características comuns (por exemplo, países situados em uma mesma zona geográfica ou que apresentam níveis de desenvolvimento similares). Contudo, seu ponto comum é o fato de tornarem totalmente obsoletos os parâmetros que guiaram os atores econômicos no momento em que se engajaram em uma operação financeira, industrial ou comercial (exportações).

Os fatores geradores do risco-país classificam-se em duas categorias distintas, conforme sejam de natureza política ou geopolítica (guerra, golpe de estado, revolução, problemas sociais importantes, conflitos étnicos ou religiosos, crescimento do nacionalismo e da xenofobia, terrorismo internacional etc.) ou econômico-financeira (anúncio da suspensão do pagamento da dívida externa de um Estado, reescalonamento da dívida pública, não reconhecimento de certas dívidas externas, retirada total de capitais estrangeiros, nacionalização repentina de ativos, expropriação, inconvertibilidade da moeda local, boicote a produtos provenientes dessa ou daquela região, redução do crescimento econômico, inflação vertiginosa, desvalorização brutal da moeda etc.). Não é preciso dizer que esses dados políticos, geográficos, econômicos e financeiros, que fundam o ambiente geral de um país, se interpenetram largamente por ocasião da superveniência desse ou daquele acontecimento importante.

O risco-país corresponde, portanto, aos impactos diretos ou indiretos desses macrorriscos sobre as operações internacionais das empresas. Segundo a tipologia elaborada por Bernard Marois, as consequências se repartem em quatro grandes categorias: perda de ativos reais ou financeiros (destruição total ou parcial de uma fábrica, nacionalização imprevista de uma filial, não reembolso de uma dívida, discriminação na aplicação da política fiscal etc.); custos de oportunidade (anulação de contratos por razões políticas etc.); ameaças que pesam sobre a vida das pessoas físicas (insegurança crônica, sequestros etc.); enfim, perigos de tipo industrial (nacionalização de uma filial, boicote de produtos, destruição e danos causados ao ferramental de produção etc.) (Marois, 1990).

Diante da magnitude dos desafios, numerosos métodos foram imaginados para avaliar os riscos potenciais existentes nesses países. Todos visam a avaliar a taxa de risco por meio de uma matriz decisória que ajuda os dirigentes em suas escolhas. Não é preciso dizer que ao longo dos anos as técnicas utilizadas foram refinadas em função da evolução do contexto econômico e geopolítico mundial, do surgimento de novos riscos-país ou da diminuição de alguns dentre eles. Entre os métodos mais utilizados citamos a abordagem analítica (mediante o uso de critérios políticos e econômicos) ou ainda a abordagem comparativa (a partir de uma grade de vários critérios que reúne dados objetivos e subjetivos). Alguns organismos fizeram da avaliação do risco-país uma especialidade, a exemplo do Beri (*Business Environnement Risk Index*), da Norte-Sul consultoria (4 parâmetros, 12 fatores e 100 critérios) ou da Coface, na França. Por sua vez, os riscos financeiros, que pesam especificamente sobre os títulos emitidos pelos estados, são avaliados por agências de classificação (*Standard & Poor's*, *Moody's* etc.), cujo papel e poder são consideráveis, uma vez que sua avaliação sela o destino de muitos países em razão do maior ou menos afluxo de capitais.

Enquanto organismo maior de cobertura do risco país, a Coface, por exemplo, avalia periodicamente 130 países a partir de uma bateria de indicadores que dizem respeito, principalmente, à situação financeira (índice de endividamento, acesso às divisas, contas exteriores etc.), à performance econômica (inflação, crescimento anual, gestão das finanças públicas, variação da taxa de juros etc.) e, enfim, ao contexto político. Cada país recebe, então, duas notas (de curto e médio prazo) em razão do princípio que quer que um país em dificuldade continue a importar os bens correntes sem os quais ele não pode passar. Esses países são em seguida classificados em seis categorias, que vão desde os que apresentam o menor risco até os que oferecem o risco maior. Os prêmios de seguro contra riscos impostos aos exportadores são então determinados em função de sua classificação e da natureza das operações. Tendo em conta a amplitude de seus riscos, alguns países não são classificados e não são objeto de nenhuma cobertura específica.

Além dos procedimentos clássicos de cobertura dos riscos oferecidos pelos organismos especializados com base nos modelos relativos aos microrriscos, os atores econômicos dispõem igualmente de meios para contornar os macrorriscos: reescalonamento das dívidas privadas e alongamento da rolagem das dívidas etc. (bancos); diversificação dos destinos, créditos documentais, opção pela troca em vez do pagamento em espécie etc. (exportadores); realização de *joint-ventures*, socorro diplomático etc. (investidores e industriais). No plano institucional, existem igualmente diferentes proteções, a exemplo do órgão de Regulamentação das Diferenças (ORD), que depende da Organização Mundial do Comércio e junto ao qual as empresas podem levar suas queixas na ocorrência de graves litígios com os Estados (caso, por exemplo, das siderúrgicas europeias em 2003 diante do fechamento do mercado norte-americano). Oriundo do Banco Mundial, desde 1966 o Cirdi (Centro Internacional para Arbitragens de Disputas relativas a Investimentos) tem igualmente por objetivo realizar a arbitragem de litígios que envolvem Estados e investidores privados. Por sua vez, o Banco de Regulamentos Internacionais (BRI), que iniciou suas atividades em Bâle, em 1930, tem por missão principal encorajar a cooperação monetária e financeira internacional entre as autoridades de controle dos bancos e reforçar as normas de vigilância (especialmente a insolvência) a fim de assegurar a estabilidade da atividade bancária internacional. Por outro lado, o papel do Clube de Paris e do Clube de Londres é intervir junto a países em vias de entrar em uma crise de insolvência maior, implantando principalmente procedimentos de reescalonamento das dívidas e, mais recentemente, a anulação de dívidas públicas (caso dos países mais pobres).

Temido pelos atores econômicos não somente em razão de suas consequências diretas, mas também pelos custos adicionais que representam em termos de seguros, o risco-país pode de igual modo constituir um comércio muito lucrativo, como testemunha a erupção de companhias de seguros (50% do mercado mundial de seguros e risco-país em 2000) em um terreno até agora reservado às agências clássicas de garantia.

Os riscos econômicos que pesam sobre os Estados

A exemplo dos atores econômicos, mas em uma escala totalmente diferente, os Estados são confrontados na mesma medida com problemas que demandam decisões difíceis, pois envolvem um risco considerável que pode ter repercussões maiores em seu futuro econômico, sua estabilidade geopolítica etc. Se a ação é arriscada, a inação é igualmente portadora de outros riscos; os países podem, então, se recriminar por sua falta de clarividência e de visão de longo prazo.

Depois de revisar, sob a forma de uma tipologia, os riscos econômicos que os estados devem enfrentar, abordaremos mais explicitamente a questão muito atual do risco de desaparecimento dos estados enquanto individualidades em decorrência da implantação de processos de integração regional.

Tipos de riscos aos quais os Estados são confrontados

Os riscos de dependência estratégica

A questão da dependência ocupa um lugar de destaque entre os riscos ao mesmo tempo políticos, geopolíticos e econômicos que ameaçam os Estados, uma vez que ela induz a relações de força e de dominação capazes de degringolar principalmente na forma de conflitos.

O tema da independência militar figura no primeiro plano e será citado apenas de memória. Essa questão explica notadamente a multiplicação de programas nucleares militares e os riscos que eles fazem pesar sobre a segurança internacional, em especial no caso de certos países do terceiro mundo julgados pouco confiáveis quanto ao uso que poderiam fazer dessas armas.

Os riscos de dependência estratégica que apresentam as maiores repercussões econômicas dizem respeito principalmente ao acesso à energia, sobretudo depois do aumento da importância dos hidrocarbonetos cujo uso é insubstituível (química, combustíveis etc.). A concentração das reservas em certas regiões (Oriente Médio, 66%; América Central e do Sul, 9,3%; África, 7,4% etc.) coloca os países produtores em uma situação de força inédita, ao passo que os grandes consumidores frequentemente ficam desprotegidos (com a exceção relativa dos Estados Unidos). Se uma fonte de aprovisionamento se estanca momentaneamente (caso do Iraque em 2003 em decorrência da intervenção anglo-americana), toda a economia mundial vacila em razão da alta vertiginosa do preço do petróleo que se segue. É para se precaver contra esse risco de dependência que certos países optaram pela energia nuclear; é o caso da França a partir de 1974 (85% da sua produção elétrica em 2003).

O risco de dependência de certos países na área da pesquisa fundamental constitui a ameaça mais recente. Já fantástico quando se comparam os países industrializados e os países em via de desenvolvimento, esse tipo de risco agora começa a assumir uma nova dimensão mesmo entre os países industrializados em razão do atraso cada vez maior da Europa em relação aos Estados Unidos, decorrente da insuficiência de meios financeiros e da ausência de uma política forte (com a exceção de algumas áreas, como a das indústrias aeronáutica e aeroespacial). O debate contemporâneo sobre os transgênicos na agricultura, que opõe a Europa dos 15* e os Estados Unidos, oferece sob esse ponto de vista um excelente exemplo. De fato, é em grande parte para não correr o risco de se encontrar totalmente dependente da tecnologia e das patentes norte-americanas que a União Europeia iniciou em julho de 2003 um processo de levantamento da moratória que pesava desde 1999 sobre o cultivo e a venda de transgênicos em seu solo. O princípio da precaução não está, entretanto, totalmente abolido, uma vez que essa decisão provém de uma política rigorosa em matéria de rastreabilidade.

Os riscos em matéria de estratégias de desenvolvimento

As estratégias que visam à acumulação, ao crescimento e ao desenvolvimento dos países são *a priori* muito diversas, como testemunham os numerosos trabalhos teóricos sobre esse tema realizados nos anos 1950-1970 em economia do desenvolvimento. A escolha em favor de uma ou outra estratégia por esse ou aquele país se efetua em função da natureza dos regimes políticos locais e das especificidades econômicas de cada Estado. Nos países do terceiro mundo, onde essas escolhas são particularmente cruciais, as estratégias podem ser interpretadas como respostas dadas tanto ao risco de permanecer subdesenvolvido quanto ao de um desenvolvimento ruim. Mas em razão das modificações estruturais consideráveis delas decorrentes, essas estratégias assumem, então, a forma de apostas político-econômicas maiores que, a longo

* N.T.: Quando da elaboração deste livro (2003), a União Europeia era constituída por 15 países-membros e não por 25, como atualmente.

prazo, comprometem totalmente as nações. De fato, se por um lado durante o trajeto sempre é possível dar a meia-volta ou tomar uma bifurcação; por outro, essas decisões são sempre difíceis, uma vez que os fenômenos de inércia se revelam poderosos.

Ao favorecer deliberadamente determinados setores em detrimento de outros, julgados menos estratégicos (a indústria mais que a agricultura; a indústria pesada mais que a manufatureira; os mercados voltados mais à exportação que ao consumo interno etc.), os estados efetivamente assumem o risco de fazer boas ou más escolhas, de entrar em espirais virtuosas ou descendentes. Por exemplo, são as escolhas estratégicas diferentes que explicam, em grande parte, por que as situações da África subsaariana (exportação de produtos primários com pouco valor agregado e a adoção da estratégia dita de substituição de importações) e da Ásia oriental (exportação maciça de bens manufaturados de valor agregado crescente) são radicalmente opostas atualmente embora apresentassem indicadores de subdesenvolvimento muito próximos no início dos anos 1960. As escolhas em matéria de política comercial e de alocação da produção são igualmente de alto risco em razão dos bloqueios ou dos efeitos de alavancagem gerados: concentração espacial ou transferências das atividades; adoção ou não de uma reforma agrária que visa à repartição mais igualitária das terras; maior ou menor grau de abertura das fronteiras aos produtos importados (modulada em função dos direitos aduaneiros); posição mais ou menos importante conferida aos setores privado e público etc.

No geral, se nos anos 1960 os países do terceiro mundo davam a impressão de perseguir todos um mesmo objetivo por vias diversas, a crise mundial dos anos 1970, o surgimento de novos parâmetros, assim como o advento da globalização colocaram em evidência de maneira particularmente espetacular os riscos assumidos quando os países fizeram suas escolhas em matéria de estratégia de desenvolvimento. Na área industrial, por exemplo, as estratégias fundadas na substituição de importações (produção para o mercado doméstico de bens manufaturados até então importados), na industrialização pesada (baseada no modelo de "indústrias industrializantes": siderúrgica, química, indústrias de transporte e de energia) ou ainda na promoção das exportações (exploração das únicas vantagens comparativas detidas pelo país) rapidamente mostraram seus limites. Inversamente, a estratégia fundada na industrialização por substituição de exportações (construção de vantagens comparativas novas pela pesquisa de oportunidades de grande crescimento) adotada por certo número de países da Ásia oriental a partir dos anos 1960, revelou-se *a posteriori* a mais remuneradora. A lógica neoliberal contemporânea, assim como os agenciadores internacionais, agora estimulam os países reticentes a adotar esse modelo a fim de se contrapor ao risco de marginalização.

Os riscos relacionados às grandes intervenções no território

A adoção dessas estratégias de desenvolvimento se concretiza com a realização de toda uma série de grandes obras de infraestrutura de vocação regional ou mesmo nacional. Em razão das transformações estruturais profundas que elas engendram a longo prazo, essas obras se fazem acompanhar por uma forte assunção de risco pelos estados, quando se consideram as enormes somas desembolsadas e as controvérsias que envolvem sua implantação. De fato, nenhuma dessas grandes obras garante que seus objetivos sejam atingidos. Pior, suas consequências econômicas podem mesmo ser desastrosas e duradouras se forem mal pensadas. Entretanto, a adoção desse tipo de investimento se revela frequentemente necessária para resolver certos problemas. Assim se passa particularmente com as grandes barragens hidroelétricas destinadas a produzir energia, a criar vias navegáveis e, sobretudo, a domesticar rios frequentemente indóceis.

Um notável exemplo é fornecido pela gigantesca barragem chinesa das Três Gargantas, no Rio Changjiang (Yangzi). Sua construção foi iniciada em 1994 e seu término é previsto para 2009, mas ela já é a mais alta e a mais poderosa barragem do mundo (8,4 bilhões de kw/h ano). Sua operação demandou a evacuação — muito controversa — de mais de um milhão de pessoas após a instalação de uma represa de 54 mil km^2 sobre 700 km de comprimento (ou seja, duas vezes o território da Bretanha). Além dos enormes riscos ecológicos e ambientais, cuja incidência mal começou a ser medida, acrescentam-se problemas de solidez (fissuras inquietantes reparadas e colmatadas em 2003), assim como riscos bem reais de envasamento das instalações a mais ou menos médio prazo. Verdadeiro sorvedouro financeiro, essa barragem colossal será o futuro "elefante branco" chinês?

As grandes intervenções hidroagrícolas também fornecem inúmeros exemplos de fiascos retumbantes que trazem consequências econômicas gigantescas. A introdução da cultura do algodão no vale do Fergana e nas estepes semiaridas do norte do Uzbequistão durante a era soviética ilustra essa situação. Essa monocultura mal gerenciada também devastou mais de dois milhões de hectares (superexploração das terras, uso desmoderado de adubos e pesticidas etc.), ao passo que o desvio do curso dos rios Syr-Daria e Amou Daria, nos anos 1950, para fins de irrigação, devastou os solos (surgimento de salinas), tornou impotáveis as águas correntes e assim ocasionou, em apenas alguns decênios, o quase desaparecimento do mar de Aral e das atividades econômicas a ele ligadas (pesca).

Os riscos econômicos e sociais

Enfim, todo país em algum momento de sua existência é confrontado a desafios econômicos e sociais maiores, os quais implicam escolhas radicais para as populações e as gerações futuras. Considerando sua importância, a decisão é, ainda aqui, fundamentalmente política. Nos países industrializados, essas escolhas são geralmente objeto de um grande debate público, acompanhado de um *referendum* nacional que envolve a população e a responsabiliza coletivamente. Nos países pobres, esses desafios são frequentemente mal compreendidos pelos poderes instalados, e a população já fragilizada pela complexidade e pela dureza dos problemas cotidianos está bem menos inclinada a se precaver para o futuro.

Essas situações inéditas podem inicialmente corresponder a riscos reconhecidos, claramente estabelecidos pelos estudos prospectivos a partir de parâmetros objetivos. Suas datas-limite são conhecidas e torna-se cada vez mais difícil postergá-los ano após ano sob a pena de não se poder mais resolvê-los em boas condições. Um bom exemplo é o debate contemporâneo sobre o futuro das aposentadorias nos países industrializados em decorrência do envelhecimento acelerado da população, da redução do número de trabalhadores ativos e do consequente aumento do número de aposentados, que tem como principal consequência o aumento da pressão financeira sobre os mais jovens e o risco de não se poder mais contar com aposentadorias decentes a longo prazo. Será preciso ampliar o tempo de contribuição dos assalariados, aumentar o montante dos aportes, mudar o regime de aposentadoria (passando da aposentadoria por contribuição à aposentadoria por capitalização) etc.? As soluções são múltiplas e os poderes públicos dos países afetados são levados a optar, não sem dificuldade, pelas mais adequadas. Diante do risco de envelhecimento acelerado dos países industrializados (que se desdobra no risco bem real de perda de dinamismo econômico), se coloca igualmente de maneira recorrente a questão da reabertura das fronteiras às populações ativas estrangeiras jovens a fim de compensar a falta de mão de obra ou de competências em certos domínios de atividade. Na França, por exemplo, após a abertura maciça dos anos 1960-1970, a preferência parece se dar por uma abordagem seletiva, que privilegie as competências.

Alguns conhecidos riscos econômicos quase não podem ser objeto de estudos estatísticos, mas os horizontes bem reais por eles invocados praticamente não deixam escolhas aos estados implicados. É o que se passa com a acelerada globalização da economia e dos riscos de desestabilização econômica – ou mesmo de marginalização – dos estados que ainda preferem o isolamento a um enfrentamento dispersivo (ver, por exemplo, os atuais debates na Suíça, país que ainda não faz parte da União Europeia, no Reino Unido, que ainda não é membro da zona do euro, a grande danação dos meios econômicos). As uniões regionais — na forma de acordos de livre-comércio, de uniões aduaneiras, de mercados comuns, ou melhor, de uniões econômicas e monetárias — constituem muito certamente as soluções mais espetaculares já adotadas visando à proteção. Constituídos sobre um princípio bem conhecido ("a união faz a força"), essas uniões têm em comum o fato de favorecerem as trocas comerciais realizadas em seu interior por meio do levantamento de barreiras aduaneiras. Os grupos regionais mais avançados visam igualmente a facilitar a mobilidade dos capitais e das pessoas e, em certos casos, chegam a construir bases comuns de um ambiente institucional e de uma política econômica coordenada. Enfim, o aprofundamento dessa integração regional apresenta um caráter eminentemente tranquilizador em relação ao exterior, de engajamento resoluto dos países-membros na economia de mercado — aspecto particularmente importante nos casos dos países em via de desenvolvimento ou da Europa do leste que puderam ter cometido alguns erros muito prejudiciais à sua credibilidade. Os estados-membros devem de fato se submeter a uma disciplina comum em matéria de política econômica, em conformidade com uma ortodoxia dominante em matéria de liberalização do mercado mundial.

O risco de desaparecimento dos Estados-nação tem fundamento?

A globalização e a constituição de polos regionais integrados ocasionarão o enfraquecimento ou mesmo o declínio (alguns anunciam mesmo o "fim") dos Estados-nação? Esse nível escalar, atualmente imprescindível no quadro da economia internacional, estaria condenado a desaparecer mais ou menos a longo prazo em decorrência de um curto-circuito causado pelas integrações regionais? Nessa ocasião haverá o risco de ocorrência de novas instabilidades?

Essas interrogações maiores começam a gerar um grande debate nos países industrializados que se baseia em certo número de observações. A globalização não expõe a erosão dos poderes e das prerrogativas do Estado diante do todo-poderoso mercado e, portanto, das firmas multinacionais (notadamente em termos de geração de regras e de normas, de gestão do emprego etc.)? A constituição de polos regionais não evidencia igualmente a perda de autonomia e de autoridade do Estado, a transferência de suas competências depois que novas categorias de atores situados tanto abaixo (as ONGs, associações, sociedade civil etc.) quanto acima dele (organismos internacionais como o FMI, o banco mundial, a OMC, os grupos informais como o G-8 etc.) entraram no jogo e agora tomam decisões em escala supranacional? Essa impressão é reforçada pela dimensão das grandes questões contemporâneas, econômicas, sociais e ambientais que transcendem competências apenas nacionais do Estado. A questão dos relacionamentos e das relações de força inéditas entre as empresas multinacionais e os Estados-nação retém particularmente a atenção, com estes se encontrando de escanteio de alguma forma em relação ao poder de arbitragem das empresas em matéria de localização de seus estabelecimentos. A globalização parece gerar sua própria dinâmica, escapando sob muitos pontos de vista ao controle do Estado. O "desaparecimento" mais ou menos efetivo das fronteiras (ao menos no plano aduaneiro) no contexto das integrações regionais promove efetivamente a imagem de vastos espaços fluídos em razão das facilidades inéditas em matéria de mobilidade (pessoas, capitais, telecomunicações, imagens, informações etc.). Além disso, as grandes firmas já não adaptam suas estratégias organizacionais e espaciais no sentido de uma maior integração regional (daí a expressão "rede de empresas")?

Uma análise desapaixonada mostra, entretanto, que se a atual reconfiguração dos Estados em relação à globalização se traduz efetivamente na sua reorganização em torno das funções regalistas (abandono de atividades produtivas que passam a ser delegadas à sociedade civil e às empresas), tais funções não estão, entretanto, condenadas a desaparecer. A capacidade de resistência e de reação do Estado permanece bem maior do que indicaria uma primeira análise, visto que agora ele se encontra investido de funções novas e maiores. Assim, o risco de seu desaparecimento parece não ter fundamento na prática.

A permanência do Estado como um nível escalar inevitável não tem outra explicação além dos inúmeros trunfos estratégicos que ele conserva. São os estados que, notadamente, mantêm a primazia política em matéria de tomada de decisões e de relações econômicas internacionais, mesmo que o impulso inicial seja dado em um nível supranacional. A desregulamentação e a inter-relação dos mercados dependem, por exemplo, muito estritamente das escolhas dos países em matéria de desmantelamento de proteções tarifárias, de controle de câmbio etc. Pode-se ver aí a prova de que as relações entre o mercado e a autoridade política nem sempre se reduzem, longe disso, a um enfrentamento. Os estados podem igualmente influir no rumo de certas decisões supranacionais (por exemplo, o papel da França na denúncia, em outubro de 1998, do acordo multilateral sobre os investimentos propostos pela OCDE que previa o abandono de certo número de marcas de soberania). Inúmeros países não têm um equivalente para implantar formas de protecionismo disfarçadas. É o caso, por exemplo, dos Estados Unidos, que protegem sua agricultura e setores industriais ultrapassados e pouco produtivos da concorrência internacional (siderurgia, indústria têxtil).

De igual modo, o Estado continua a ser o principal ator em matéria de construção de vantagens comparativas (sistema educativo, infraestruturas de vocação nacional e supranacional, realização de intervenções no território, custo dos fatores etc.) destinadas a melhorar a competitividade da indústria nacional ou estrangeiras com o objetivo de se prevenir contra o risco de fuga das empresas. No contexto de concorrência internacional para atrair capitais de investimento, essa função de fiador-facilitador desempenhada pelos Estados tornou-se de fato crucial, principalmente nos países industrializados que estão perdendo suas indústrias para os que apresentam baixos salários. Geralmente, esse processo tem por base a redução dos encargos sobre a produção, salários menores ou ainda a redução das formalidades e dos encargos que pesam sobre as empresas. Sabe-se também o quanto as más escolhas em matéria de política econômica e de estratégia de desenvolvimento (em particular nos países em via de desenvolvimento) podem se revelar desastrosas para certos países. É o que acontece com aqueles que têm limitado (até proibido) ou abafado toda dinâmica de implantação de empresas estrangeiras.

São também os mesmos países (chamados na época de "estados corretores") que empregam todo um arsenal de auxílios para a exportação e o investimento internacional com o objetivo de amparar suas empresas e assim afastar o risco de marginalização econômica e de perda de influência. Alguns Estados chegam a encarregar-se diretamente da conquista de certos mercados estratégicos por meio de *lobbies* e da diplomacia econômica (armamento, aeronáutica, telecomunicações, grandes obras, acesso a hidrocarbonetos etc.), quando, por exemplo, das viagens ao estrangeiro dos chefes de Estado e de governo.

É ainda ao Estado que cabem certas missões que no futuro desempenharão um papel decisivo para o desenvolvimento de suas empresas, como a construção e o desenvolvimento de uma base científica e técnica, a formação e a inteligência econômicas, a prospecção de novas oportunidades a médio e longo prazo ou ainda a vigilância tecnológica, missões que nenhuma outra estrutura pode desempenhar no momento (o "Estado antecipador ou acompanhador").

Entretanto, o recuo ainda não é suficiente para que se possa claramente discernir as formas de organização do Estado que se imporão em um futuro relativamente próximo. Todavia, uma forma bem particular de Estado parece ameaçada enquanto modo de governo diante da afirmação do neoliberalismo: a oriunda do pós-guerra, notadamente na Europa ocidental, que consistia na aliança entre o Estado-providência (keynesianismo) e o capitalismo. Daí o debate contemporâneo bastante virulento nos países industrializados sobre o futuro das aposentadorias e dos sistemas de educação e saúde, portanto, de suas eventuais privatizações.

A globalização da economia e seus efeitos multiplicadores do risco para os atores econômicos

Fenômeno doravante inevitável, a globalização é um processo multidimensional em que a componente econômica ocupa uma posição preponderante. Tal situação decorre do surgimento de seis principais parâmetros:

- Redução generalizada dos direitos de aduana (inicialmente no âmbito dos acordos do GATT; depois, a partir de 1995, no âmbito da Organização Mundial do Comércio) e da desregulamentação dos mercados financeiros que permitiram o desenvolvimento sem precedentes dos fluxos comerciais e dos investimentos no estrangeiro.

- Abrangência absolutamente mundial do modelo capitalista em decorrência do quase desaparecimento dos sistemas de economia planificada (ex-Europa oriental) ou da introdução controlada, mas bem concreta, do capitalismo paralelamente à manutenção de um regime comunista (China, Vietnã).
- Acelerada integração das economias em nível regional (União Europeia, Nafta, Mercosul, Asean* etc.) com a finalidade de favorecer seus membros por meio do levantamento de barreiras aduaneiras nas trocas comerciais internas.
- Presença nos países do terceiro mundo de concorrentes temidos (países emergentes) pelos países industrializados.
- Abertura no mundo em desenvolvimento de novos mercados ávidos de consumo.
- Enfim, a globalização dos processos produtivos das grandes empresas multinacionais, no sentido de uma maior flexibilidade organizacional e espacial.

Naturalmente, tal evolução não teria sido possível sem a redução contínua dos custos de transporte e, sobretudo, sem os progressos espetaculares em matéria de telecomunicações, os quais de certa maneira aboliram a questão da distância (capitais e informações).

A grande importância do fenômeno da globalização (Carroué, 2002), os desafios consideráveis que ele traz para a marcha do mundo, sua novidade relativa (nos Estados Unidos ele é detectado em meados dos anos 1980 e na Europa ocidental, no início dos anos 1990), assim como sua imensa complexidade, suscitam no momento mais inquietude que entusiasmo entre aqueles que lhe estão sujeitos ou o observam. De fato, aos olhos da opinião pública dos países industrializados e da parcela adiantada do terceiro mundo, a globalização é mais frequentemente vista como portadora de riscos novos para os indivíduos (especialmente os mais desfavorecidos) e seus contemporâneos. Se se tem a impressão — quando não são simples coincidências — de que alguns desses riscos já estão em parte se concretizando (autorizando extrapolações frequentemente inconsequentes sobre o futuro), outros são anunciados para uma data mais ou menos próxima. Examinemos de início os diversos riscos tradicionalmente atribuídos à globalização da economia para em seguida considerarmos mais especificamente alguns riscos econômicos, capazes de reter a atenção dos geógrafos em razão de seus incidentes espaciais.

* N.T.: A Asean (Associação das Nações do Sudeste Asiático) reúne Brunei, Camboja, Filipinas, Indonésia, Laos, Malásia, Myanmar, Singapura, Tailândia e Vietnã.

Riscos clássicos com efeitos decuplicados e riscos novos deliberadamente mundiais

Na forma como são apresentados com entusiasmo pelos movimentos de opinião (ONGs antiglobalização em particular, discursos sindicais e certos debates políticos etc.), os riscos gerados pela globalização são multiformes. No entanto, em razão da natureza específica desse fenômeno, os que estão relacionados à economia parecem ser mais numerosos e mais próximos no horizonte temporal. Vários deles não nasceram do contexto específico da globalização, uma vez que existem há muito tempo (caso das crises econômicas e monetárias). Entretanto, a natureza do contexto atual lhes dá, incontestavelmente, uma dimensão e uma gravidade sem precedentes, tanto que sua escala de difusão é agora planetária (a exemplo da crise financeira asiática de 1997) e não está mais estritamente limitada às fronteiras de um país em particular. A maior parte desses riscos apresenta, entretanto, um caráter decididamente novo por sua natureza, por suas consequências e por seus efeitos de nivelamento. Sem visar à exaustividade, citemos a unificação e a homogeneização relativa dos modos de vida e de consumo locais (destruição das especificidades culturais, *junk food* etc.); o todo-poderoso mercado; a afirmação do único modelo liberal anglo-saxão dominado pelos Estados Unidos e por algumas instituições como o FMI; a destruição do emprego industrial nos países industrializados e a migração maciça das indústrias para países de baixos salários; a instabilidade financeira recorrente; a potência e o poder inédito das empresas multinacionais (agora algumas delas apresentam números superiores ao PIB de vários países industrializados) etc.

Esse estado de incerteza quanto à marcha da economia do mundo contemporâneo tem seus efeitos aumentados consideravelmente pela multiplicação de riscos geopolíticos relacionados mais ou menos diretamente à globalização: a hiperpotência americana reforçada pelo fim da ex-União Soviética e pela fraqueza das autoridades de regulação planetária; "globalização" pelas mídias interpostas do terrorismo internacional (os atentados de 11 de setembro de 2001 nos Estados Unidos têm desse ponto de vista uma repercussão planetária); multiplicação das "zonas cinzentas" (Afeganistão, Libéria etc.) causadoras da desestabilização dos países limítrofes em razão dos tráficos que aí ocorrem (drogas, armas, diamantes, lavagem de dinheiro etc.). Para se somar a esse quadro já bem sombrio, numerosos riscos ecológicos e ambientais atuais se explicariam largamente pela globalização do planeta e pela desorganização do clima, pela degradação do meio ambiente (desflorestamento da floresta tropical, lançamento de dejetos tóxicos nas águas e na atmosfera etc.), pelo crescimento descontrolado de transgênicos na agricultura e no meio ambiente etc.

A confusa percepção da situação, assim como dos riscos mais ou menos reais que pesam sobre o mundo contemporâneo, explicam sem dificuldade o crescimento de uma potente corrente de opinião antiglobalização. Ela se faz ouvir regularmente por meio de seus *slogans* ("o mundo não é uma mercadoria"), de suas manifestações paralelas nos grandes eventos da globalização (fórum de Davos, e reuniões do G-7 e do G-8, que congregam a cada ano os dirigentes do mercado do mundo), de suas associações e fóruns de opinião muito difundidos pelas mídias (a exemplo da Associação para uma Taxação das Transações Financeiras, mais conhecida por sua sigla, ATTAC). Todos particularmente bem difundidos graças à internet.

Muito numerosos para que seja possível distinguir o que pertence à esfera da fantasia, do possível ou do certo, os riscos engendrados pela globalização da economia não têm todos a mesma abrangência. Se alguns dentre eles são claramente percebidos em uma escala planetária, outros ainda se restringem ao nível regional, entendido num sentido supranacional: países que apresentam níveis de desenvolvimento similares (Tríade, por exemplo), os reagrupados economicamente no contexto da integração regional (União Europeia, Mercosul, Asean, Uemoa*) ou Estados contíguos que apresentam os mesmos riscos. A percepção destes parece maior na medida em que transcendem às fronteiras estatais e se apresentam em conformidade com aqueles que os denunciam com um caráter mais ou menos irreversível.

A nova geografia do investimento internacional está calcada na dos riscos econômico-políticos mundiais

Principais estrelas da globalização, as empresas multinacionais ilustram de maneira notável, em razão das estratégias organizacionais e espaciais que adotam para se defender, a diversidade dos riscos aos quais agora são confrontadas.

* N.T.: A Uemoa (União Econômica e Monetária do Oeste Africano) reúne os seguintes países: Benin, Burkina Fasso, Costa do Marfim, Guiné Bissau, Mali, Níger, Senegal e Togo.

Figura 20
Estoques de investimentos estrangeiros diretos por país de destino em 2001

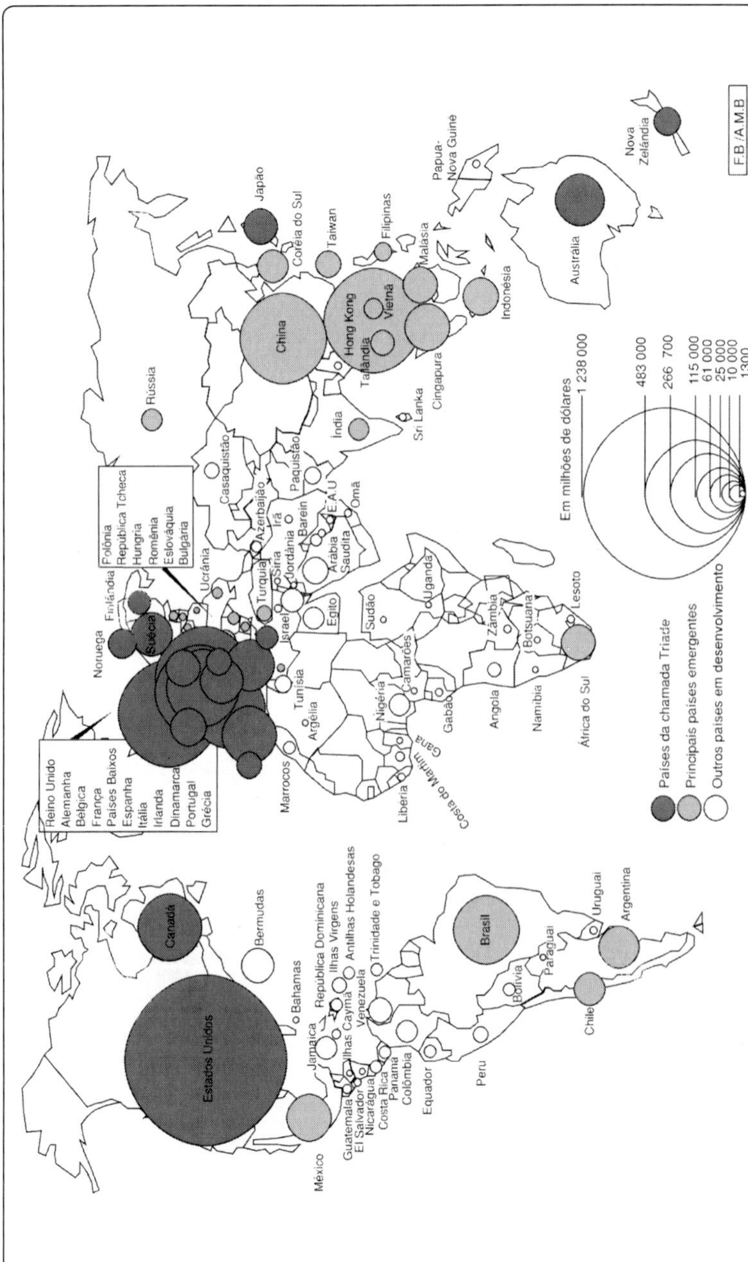

Fonte: Word Investment Report, 2002.

Desse ponto de vista, o mapa dos investimentos diretos estrangeiros (IDE, ou seja, as participações superiores a 10% no capital de uma empresa estrangeira – figura 20), expresso em termos de estoque de investimentos (a fim de considerar a depreciação dos capitais investidos), testemunha claramente as arbitragens geográficas draconianas praticadas por essas empresas em benefício dos países que oferecem os maiores atrativos – e, consequentemente, os menores riscos – e em detrimento daqueles que apresentam menor atratividade – e geralmente riscos maiores (Bost, 2002).

Mas a correlação entre a importância do risco e o nível de investimentos não é sempre automática. Assim, alguns Estados que no papel apresentam um risco-país muito elevado, segundo os órgãos internacionais de avaliação, aparecem, contrariando toda expectativa, atrativos no plano dos investimentos. É o que se passa, por exemplo, na África subsaariana com a Libéria e Angola, dois países em guerra civil ou recém-saídos de um conflito de vários decênios e que são únicos ao longo do tempo em razão de seus fluxos de IDE contínuos e relativamente consequentes. Essa "anomalia" testemunha de maneira evidente que determinadas empresas se acomodam muito bem ao fator de risco, ou pelo menos que este é calculado e integrado a suas estratégias. No caso da Libéria, esse risco é, porém, bem circunscrito, uma vez que os investidores não fazem senão utilizar o estatuto de bandeira da complacência oferecido por esse país; assim, os IDE correspondem apenas a uma operação contábil meramente formal, pois em geral os navios jamais veem o cais do porto de Monrovia... Quanto a Angola, os fluxos de IDE correspondem em sua quase totalidade às despesas de exploração e produção realizadas pelas grandes companhias petrolíferas mundiais, que são atraídas pelas gigantescas reservas *offshore* que esse país detém ao largo do golfo da Guiné e no enclave de Cabinda.

Inversamente, alguns países líderes da economia mundial são singulares pela escassez dos IDE a eles destinados. O Japão fornece um exemplo espetacular. Se a crise econômica e financeira (portanto, o fator de risco para os investidores) que atravessa esse país há um decênio explica em parte sua pequena atratividade, a verdadeira razão se deve, sobretudo, ao capitalismo nipônico e à sua tradição de fechamento em relação ao exterior. De fato, a estrutura financeira dos grupos japoneses torna o acesso a eles difícil para as empresas estrangeiras que planejem, de maneira mais ou menos hostil, participar de seu capital (fusões-aquisições). Numerosas são as firmas estrangeiras que desejariam penetrar nesse mercado em razão do alto nível de vida de sua população, mas que ainda não encontraram o caminho.

O peso do fator de risco nas decisões estratégicas das empresas

O mapa do estoque de investimentos estrangeiros diretos conduz antes de tudo a uma reflexão sobre a cadeia decisória das empresas, desde o momento em que a decisão de investir no exterior é tomada até a concretização no local escolhido. Sem ser único, o fator de risco surge nessa ocasião com todo seu peso e a realização do investimento frequentemente se mostra como uma arbitragem fechada entre vários riscos de amplitude desigual, pois, além disso, risco zero não existe. Desse ponto de vista, todos os estudos realizados com base nos critérios de decisão das empresas atestam sua profunda renovação para poder responder às novas exigências, notadamente em termos de rentabilidade sob a pressão cada vez maior dos acionistas (fundos de pensão, sociedades de capital de risco, investidores institucionais etc.). O aumento do seu poder no processo decisório – que com frequência acontece em detrimento da lógica propriamente industrial – é, portanto, claramente testemunha da consideração mais intensa do que nunca do fator de risco e de sua relação estreita com a nova cultura financeira que caracteriza o mundo globalizado da economia (Mucchielli, 1999).

Assim, os critérios de seleção tradicionais (presença de certos fatores de produção, baixo custo da mão de obra etc.) não são mais suficientes para que se tome uma decisão de investir. Para passar em uma primeira seleção, os países que se candidatam a receber investimentos agora devem atender a um determinado número de quesitos preliminares (Michalet, 1999).

Investidores e empreendedores têm inicialmente necessidade de ver o que se passa ao longo do tempo para poder avaliar, sobretudo, a rentabilidade dos projetos e amortizar os investimentos aprovados nas melhores condições (por exemplo, o retorno sobre o investimento é de vinte anos, em média, em numerosos setores da indústria). Principal garantia dessa visibilidade, a estabilidade política – mais que a própria natureza dos regimes – desempenha um papel primordial. Um país do terceiro mundo sujeito a golpes de estado ou em guerra mais ou menos latente será descartado na grande maioria dos casos, a menos que apresente, como assinalado mais acima, certas características que o tornam imprescindível, como a posse de matérias-primas estratégicas (hidrocarbonetos em primeiro lugar). Essa assunção do risco supõe em muitos casos que as firmas "negociem" de diferentes maneiras com as forças presentes (partido no poder, grupos rebeldes) certa neutralidade com relação a elas, garantia de sua tranquilidade... Nos países instáveis, porém atrativos mais ou menos a longo prazo, as empresas interessadas escolhem antes formas rápidas de implantação destinadas inicialmente a limitar os riscos, mas também a marcar uma presença na hipótese de uma estabilização política e de uma decolagem econômica: um escritório de representação, por exemplo, mais que uma filial; ou ainda uma *joint-venture* (50%/50%) com um parceiro local que conheça bem o funcionamento do país e possua numerosos contatos nos corredores do poder.

Estreitamente relacionada à estabilidade política, a estabilidade econômica se revela também importante. Ela é medida por meio de diferentes indicadores macroeconômicos cuja evolução é objeto de uma atenção toda particular: crescimento do PIB, taxa de inflação, equilíbrio do orçamento e da balança de pagamentos, endividamento exterior, estabilidade da taxa de câmbio etc.

O "meio ambiente dos negócios" local, que diz respeito mais ao dia a dia das empresas, constitui outro critério importante (incidência fiscal sobre os benefícios e as rendas das pessoas físicas; direitos de aduana; liberdade de transferências de capitais; regimes de câmbio; flexibilidade do mercado de trabalho etc.). Todavia, contrariando certos lugares-comuns, as pesquisas realizadas junto às empresas revelam que o meio ambiente não figura mais, de modo geral, na linha de frente dos critérios de decisão adotados pelas empresas que se dispõem a investir no exterior. Talvez seja preciso ver aí um dos efeitos dos progressos registrados nesse domínio mundo afora. Muito limitados, até mesmo insignificantes entre os países industrializados em razão da relativa uniformização dos procedimentos e das estruturas de funcionamento, os riscos relacionados ao meio ambiente dos negócios têm diminuído muito nos países do terceiro mundo em decorrência da ação dos poderes públicos e também da pressão das agências de financiamento internacionais como o Banco Mundial. Assim "o meio ambiente dos negócios" local perdeu seu valor estratégico aos olhos dos acionistas e não é mais considerado senão um dado técnico, a "cereja do bolo" que determina a decisão.

Soma-se, enfim, toda uma série de fatores não oficiais e mais ou menos subjetivos com os quais as empresas devem também compor: funcionamento efetivo das aduanas, portos e aeroportos; corrupção nos diferentes extratos da sociedade (matéria que ainda é em grande parte um tabu); eficácia do sistema regulamentar e judiciário (especialmente no que concerne à resolução de contenciosos e respeito aos contratos); a atitude das administrações em relação ao setor privado; eficácia das estruturas do Estado; segurança e condições de vida dos estrangeiros etc. (Bost, 2002). Observe-se a esse respeito que os fluxos de IDE não são tão importantes para os países menos sujeitos à corrupção – especialmente no alto escalão do Estado.

No entanto, a soma desses diferentes parâmetros não é suficiente para justificar novo investimento. A decisão final dependerá de algumas condições últimas, particularmente diferenciadoras e próprias para reforçar a competitividade das empresas no plano mundial: o tamanho dos mercados e suas respectivas taxas de crescimento, a eficiência das infraestruturas de transporte e de telecomunicação, a maior ou menor presença de pessoal qualificado, as oportunidades de investimento (presença de empresas que podem ser adquiridas, fraca concorrência local etc.) ou ainda a existência de todo um tecido de PMI-PME locais (subcontratadas, fornecedores, prestadores de serviço etc.) capazes de satisfazer às exigências das externalidades (Michalet, 1999).

Os quatro círculos concêntricos da geografia do risco em matéria de investimento internacional

O confronto desses diferentes parâmetros pelas empresas obedece, portanto, a uma lógica de "prudência", em que a identificação do risco, sua avaliação e sua aceitação relativa desempenham um papel crucial na decisão final e na estratégia escolhida. Essa lógica bastante seletiva, para não dizer excludente, liga-se muito claramente aos mapas dos IDE que, fazendo o contraponto, baseiam-se notavelmente na percepção dos riscos econômico-políticos pelas empresas. Assim, quatro grupos de países podem ser colocados em evidência.

– O grupo dos países da tríade

Os fluxos de IDE mais volumosos dirigem-se primeiramente aos países da tríade (Estados Unidos, União Europeia e Japão, em menor grau), para retomar a expressão agora famosa de Kenichi Ohmae. O fluxo cruzado é quase simétrico entre os Estados Unidos e a Europa ocidental, mas assimétrico entre o Japão e seus grandes parceiros. Esses países são certamente os principais beneficiários e organizadores da globalização; são também aqueles em que o fator de risco é de longe o menor, como testemunha sua excelente classificação em termos de risco-país. Eles possuem em comum a antiguidade de sua industrialização, sua superioridade tecnológica e científica, a excelência da formação de mão de obra, ou ainda a extensão de seus mercados. Apesar de certas diferenças, as empresas estrangeiras sentem-se à vontade nesses países. No caso da União Europeia, a atração exercida sobre as empresas é ainda ampliada pelo maior mercado do planeta, criado após a assinatura do ato único de 1986 (livre circulação de bens, capitais e pessoas) e, enfim, pela troca no local das moedas nacionais por uma moeda única, o euro, a qual é notadamente muito apreciada pelas empresas implantadas nessa zona, uma vez que se encontram ao abrigo de desvalorizações competitivas anteriormente aplicadas pelos países vizinhos.

– *O grupo dos "países emergentes"*

Em torno do primeiro círculo gravita o pequeno grupo dos "países emergentes", expressão forjada nos anos 1990 para melhor identificar um grupo composto por uma quinzena de países em via de desenvolvimento e pela Europa do leste, que, incontestavelmente, soube aproveitar a dinâmica engendrada pela globalização da economia (Bost, 2002). Eles se distinguem daqueles que estavam estagnados ou regrediam — os "Estados menos avançados" em particular. De fato, os emergentes tornam-se singulares pela decolagem firme de sua indústria e sua participação crescente no fluxo de trocas mundiais, a ponto de figurarem como sérios concorrentes para os países industrializados em numerosos segmentos industriais. Notadamente, eles são cada vez mais temidos em razão de sua capacidade de produzir e exportar bens manufaturados de forte valor agregado e de concorrer diretamente com os países industrializados (o economista Pierre-Noël Giraud fala nesse ponto de "países com baixo salário e de capacidade tecnológica"). O nível de formação da mão de obra está, além disso, em constante progressão, enquanto o patamar das remunerações permanece reduzido. Em razão desse fato, o entusiasmo dos investidores dos países industrializados por esses países emergentes (a China em primeiro lugar, convidada a tornar-se a "fábrica do planeta" nos próximos vinte anos) pode ser interpretado como uma maneira de se prevenir contra o risco que eles representam em termos de concorrência. Ao se implantarem diretamente nesses países, as empresas dos países industrializados conservam de fato suas posições e até mesmo as reforçam, graças aos custos de produção mais baixos (principalmente salários, sobretudo se seus concorrentes ainda não transferiram toda ou parte de sua produção para eles). Adivinha-se facilmente que o risco de concorrência hoje representado por esses países emergentes ultrapassa largamente o contexto isolado das empresas e coloca muito claramente a questão crucial da manutenção nos países industrializados de linhas de produção completas e, portanto, do emprego. A maior parte desses países se localiza na Ásia oriental (China, Coreia do Sul, Hong Kong, Índia, Indonésia, Malásia, Filipinas, Cingapura, Tailândia), na América Latina (Argentina, Brasil, Chile, México) e na Europa oriental (Polônia, Rússia). Em contrapartida, o continente africano conta com apenas um — e modesto — país emergente (África do Sul). Muito diferentes por sua população, sua história, sua cultura ou sua estratégia de desenvolvimento, esses países não apresentam um menor número de características comuns: crescimento econômico frequentemente maior que o dos países industrializados, reais capacidades industriais e tecnológicas sustentadas por um tecido de empresas locais de alta performance, mercados de consumo frequentemente importantes em razão do rápido desenvolvimento de uma classe média ativa, uma mão de obra numerosa e bem formada nos setores de ponta; enfim, uma política econômica favorável à abertura para o exterior (conversibilidade das moedas nacionais, abertura aos investimentos estrangeiros, adesão à Organização Mundial do Comércio, privatizações etc.). No quadro da nova divisão internacional do trabalho, esses países têm sabido em particular se transformar em locais privilegiados de acolhida para receber industriais provenientes de países industrializados (indústria têxtil e do vestuário, calçados, brinquedos, eletrônica, eletrodomésticos etc.), especialmente em razão da criação de zonas francas industriais.

Muito atentos às expectativas das empresas estrangeiras — que lhes trazem capitais, tecnologias, técnicas e mercados de exportação —, esses países emergentes têm, notadamente e de maneira considerável, aplainado as dificuldades em matéria de meio ambiente dos negócios a fim de oferecer ótimas condições de investimento. O risco-país apresentado por eles é geralmente pequeno, às vezes muito pequeno (caso, por exemplo, de Cingapura), com algumas poucas exceções (Argentina, após sua crise). Não é de se espantar, portanto, que esses países abocanhem sozinhos cerca de 90% do total dos fluxos de investimentos diretos fora da tríade, tendo a China, além disso, se transformado, em 2002, no primeiro país do mundo em recebimento de IDE, à frente dos Estados Unidos. Esses países emergentes estão de fato entre os raros que agora podem atender aos parâmetros de pesquisas das empresas tais como os descritos anteriormente. Vai longe o tempo em que alguns Estados impunham às empresas suas exigências em matéria de abertura de capital, de percentual de pessoal estrangeiro (em nome da preferência nacional) e de integração nacional (percentual da produção local em relação ao que era importado na forma de componentes, peças específicas etc.) ou, ainda, de transferência de sítios industriais. De igual modo, a nacionalização de filiais estrangeiras (frequentemente sem indenização), muito comum nos anos 1960-1970 no mundo em desenvolvimento, não são senão uma má recordação e têm pouca chance de voltar a ocorrer, tendo-se em conta a mudança de contexto geopolítico mundial (fim da Guerra Fria), a afirmação do modelo liberal em escala planetária e as necessidades imperiosas de investimentos estrangeiros para compensar a fraqueza do empresariado local.

Por outro lado, a dependência dos países emergentes em relação aos investimentos provenientes de países industrializados coloca-os em uma situação muito desconfortável. De fato, há o risco de eles conhecerem, por sua vez, transferências de filiais estrangeiras neles instaladas se as condições de investimento não mais se revelarem satisfatórias (fenômeno conhecido por "mudança em cascata"). A política do tapete vermelho reduz consideravelmente a margem de manobra desses países em relação às expectativas das grandes empresas que, estando em uma posição de força inédita, frequentemente aproveitam para fazer do destino de suas instalações um leilão entre as opções de investimento em competição e assim obter vantagens ainda mais proficuas em termos fiscais, de isenção de taxas, de empréstimos a taxas modificadas, de redução de certas tarifas (eletricidade, água etc.) ou ainda de localização preferencial.

De forma geral, se por um lado fator de risco se reduziu consideravelmente para as empresas estrangeiras (elas qualificam abertamente esses países emergentes de "bons" ou "excelentes" riscos), por outro, ele não desapareceu completamente. Assim se passa muito particularmente com a área financeira. Lembre-se que o próprio termo *país emergente* nada mais é que uma derivação semântica surgida na segunda metade dos anos 1990 a partir da expressão *marketing* de "mercado emergente", criada por financistas dos países industrializados para promover as bolsas de valores recém-surgidas e então consideradas muito arriscadas por seu caráter "exótico" (a lembrança das nacionalizações "selvagens" estava ainda nas mentes). Os investidores dos países industrializados responderam maciçamente a essas ofertas em razão de sua grande rentabilidade comparativamente às oportunidades de negócio nos países industrializados. Consequentemente, os fluxos de carteira (investimentos que correspondem a mais de 10% do capital de uma empresa estrangeira) de IDE conheceram uma formidável revoada em direção a esses países ao longo dos anos 1990. Mas se os lucros foram frequentemente efetivos, as decepções foram igualmente numerosas (e não raro ainda continuam a sê-lo), como para lembrar que o ato de investir é sempre acompanhado da contrapartida do perigo de ver seus capitais derreterem como a neve no sol. O risco de depreciação dos ativos explica a forte volatilidade de investimentos que se dirigem a esses países emergentes, principalmente no que concerne aos investimentos de carteira. Esses países estão, portanto, à mercê do pânico mais ou menos cíclico dos investidores (os movimentos financeiros têm sempre a tendência de amplificar de maneira exagerada os fenômenos conjunturais), os quais dificilmente são antecipados e se traduzem por uma retirada brutal de capitais (caso da crise asiática de 1997) e pelo retorno às praças menos rentáveis, mas mais seguras.

– *O grupo dos países intermediários*

Em um terceiro círculo se reúne uma plêiade de países considerados intermediários (Egito, Marrocos, Turquia, Peru etc.) ligados de maneira bem menos intensa que os precedentes à globalização da economia. Eles não têm uma menor aspiração de integrarem-se um dia ao círculo dos países emergentes, principalmente por meio da melhoria de sua política de atratividade em relação aos investidores estrangeiros e pela diversificação de sua economia. O risco-país desses Estados é maior do que o dos emergentes, o que, juntamente com as oportunidades de investimento menos interessantes, constitui um forte obstáculo para a obtenção de investimentos estrangeiros, como testemunha a relativa debilidade dos capitais que a eles se dirigem.

– *O grupo dos países menos avançados*

O quarto e último círculo reagrupa os 49 países menos avançados (PMA), cuja lista não cessa de aumentar desde 1971. Desprovidos de tudo, com frequência gravemente endividados, não tendo senão produtos primários agrícolas e minerais para exportar, esses PMA são pouco atrativos e representam um grande risco-país para aqueles que neles se aventurarem. A atitude geral dos investidores em relação a eles parece marcada pelo *wait and see*, como se sempre houvesse tempo de ir, diferentemente do que acontece com os países emergentes, onde a efervescência dos IDE parece significar que se as firmas não se instalarem mais ou menos rápido os melhores lugares podem ser tomados pela concorrência. Assim esses países parecem ter sido deixados de lado pela globalização. Quase totalmente esquecidos pelos investidores estrangeiros, esses PMA são particularmente tributários de suas moratórias e da ajuda internacional para o desenvolvimento.

O risco real de agravamento das desigualdades entre os países industrializados

Nos países industrializados, os anos 1950-1970 foram marcados pela redução das desigualdades entre os mais ricos e os mais pobres, bem como pelo desenvolvimento espetacular das classes médias. Um movimento inverso parece, entretanto, se desenvolver desde meados dos anos 1980. De fato, novos fatores começam a pesar de maneira inquietante no funcionamento do mercado de mão de obra dos países desenvolvidos: a nova divisão internacional do trabalho nascida de novas estratégias das empresas; as transferências industriais em proveito dos países de baixos salários; o fechamento de fábricas; a liberalização acelerada das trocas e a participação crescente dos países do terceiro mundo. Esses fatores explicam em boa medida o crescimento do desemprego nos países desenvolvidos, sua manutenção em níveis elevados, o desaparecimento de um grande número de postos de trabalho (especialmente os menos qualificados), o aumento da categoria dos sem-renda e também daqueles que apesar de ter um emprego em tempo parcial são incapazes de pagar um aluguel e atender às suas necessidades (caso notadamente dos Estados Unidos). Essa evolução é agora percebida com clareza por uma grande fração da opinião pública (sobretudo entre os mais diretamente ameaçados), que vê na globalização da economia a causa de todos os males e antes uma marca de regressão social que de progresso.

Compreende-se melhor a partir de agora os desafios consideráveis a que são confrontados os países industrializados em matéria de formação profissional, único remédio verdadeiramente eficaz contra as consequências sociais da globalização e o risco de desestabilização — desde que estejam inscritos ao longo do tempo e no contexto de políticas firmes e fortes.

Referências bibliográficas

BOST F. (2002), « La localisation des activités économiques », *in* Charvet J.-P. et Sivignon M., *Géographie humaine. Questions et enjeux du monde contemporain*, Paris, Armand Colin, coll. « U », 2002, p . 221-254.

CARROUÉ L. (2002), *Géographie de la mondialisation*. Paris, Armand Colin, coll. « U ».

LEMAIRE J.-P. (1997), *Stratégies d'internationalisation. Développement international de l'entreprise*, Paris, Dunod.

MAROIS B. (1990), *Le risque-pays*, Paris, PUF, coll. « Que sais-je ? ».

MICHALET C.-A. (2002), *La séduction des nations. Ou comment attirer les investissements*, Paris, Économica.

MUCCHIELLI J.-L. (1998), *Multinationales et mondialisation*, Paris, Seuil.

OS RISCOS SOCIAIS

Apesar dos formidáveis progressos técnicos efetuados ao longo de um século, as sociedades contemporâneas continuam a ser confrontadas com situações perigosas. Como os grupos sociais das épocas passadas, elas sofrem e engendram riscos. Paradoxalmente, com a concentração das populações e a intensificação das atividades a probabilidade dos perigos se manifestarem parece crescer hoje, ainda que os sistemas de proteção sejam cada vez mais sofisticados.

As origens das catástrofes – cujas causas e consequências convêm elucidar para que melhor se conheçam os riscos incorridos pelo homem – são múltiplas e frequentemente interdependentes. Uma primeira abordagem mostra que as cadeias causais que as produzem se tornam mais complexas com o tempo e com o crescimento econômico, e que o território é diretamente afetado como suporte dos riscos e lugar maior de interações.

Sob a designação de perigos que pesam sobre as sociedades, e mais particularmente sobre as urbanas, examinaremos em especial os riscos de delinquência e de criminalidade, os associados ao uso da droga, os ligados às ideologias totalitárias, à guerra e ao terrorismo, quer esses riscos se relacionem a áreas inteiras delimitadas por zonas-tampão e de contornos bastante fluidos ou a espaços específicos cujas fronteiras são conhecidas com precisão.

Os riscos sociais implicam uma pluralidade de atores e resultam da combinação de um grande número de variáveis, particularmente difíceis de serem consideradas ao mesmo tempo. Para descrevê-los e contribuir para a formulação de políticas de prevenção, o geógrafo é interpelado em primeiro plano, mas ele deve se situar no encontro de várias especialidades: geografia física e humana, evidentemente, mas também, e de maneira não exclusiva, na intersecção dos ensinamentos da história, das ciências políticas, do direito e da psicossociologia.

Nesse capítulo, em um primeiro momento, nos dedicaremos a definir o "risco social"; depois, centraremos nosso foco nos riscos relacionados às violências sociais e à insegurança, cujo crescimento nas grandes aglomerações urbanas não cessa de ser ressaltado pelas mídias e pelos políticos. Descreveremos paralelamente, mas sem visar à exaustividade, as consequências sociais dos riscos. Enfim, evocaremos, mediante alguns exemplos, os riscos relacionados às ideologias totalitárias, à guerra e ao terrorismo, mas sem entrar no detalhe de um debate que ultrapassa largamente as competências do geógrafo.

O "risco social": do que se está falando?

Uma expressão fluida fundada em duas noções extensivas

A própria expressão "risco social" deve ser esclarecida, pois reúne duas noções cujas definições são muito extensivas e mal determinadas do ponto de vista dos fins almejados. Além disso, não existe teoria do "risco social" que permita colocar no plano dos conceitos a associação desses dois termos e precisar sua significação de maneira racional.

De maneira geral, a polissemia muito vasta da expressão permite qualificar de "risco social" a maior parte dos riscos, quer nos atenhamos às suas causas sociais, quer atentemos para suas consequências humanas. No limite, todo acontecimento provocado por uma sociedade ou que a afete diretamente cria potencialidades novas, às quais invariavelmente se ligam riscos específicos, que poderiam ser qualificados de "sociais"; em suma, toda mudança é fator de risco na medida em que cria uma situação nova à qual os homens devem se adaptar.

Em uma primeira abordagem, definimos o risco como a possibilidade de um acontecimento catastrófico para a coletividade humana ou, mais exatamente, como a probabilidade de ocorrência de um acontecimento cujas consequências poderiam ser nefastas para a sociedade, essa considerada na sua totalidade ou somente em um de seus componentes. O risco pode resultar de uma situação aleatória que permite "probabilizar" a ocorrência do acontecimento. Mas ele pode também depender de uma pluralidade de fatores cuja associação é completamente imprevisível e não deixa lugar a nenhum cálculo probabilístico.

Os pesquisadores, os geógrafos em particular, geralmente consideram que o risco resulta do encontro entre uma álea e uma vulnerabilidade, com aquela designando a probabilidade de ocorrência de um fenômeno (Dauphiné, 2001). Mas a própria álea depende da intensidade do fenômeno, da sua duração, da sua frequência e do aspecto considerado. Atribuir-lhe uma probabilidade particular seria muito imprudente, pois as séries de que dispõem os cientistas são com frequência muito curtas para serem verdadeiramente pertinentes. Além disso, as distribuições estatísticas das variáveis que permitem os cálculos da álea quase nunca são estáveis no intervalo considerado. Elas evoluem com o tempo e devem obrigatoriamente conduzir a novas simulações; daí a incerteza radical que se pode substituir à visão probabilística.

De qual "social" estamos falando?

Quanto ao "social", não há definição unívoca. Ele se relaciona de maneira muito vaga a tudo o que diz respeito à "sociedade", isto é, a uma coletividade humana enfocada como identidade específica ou como conjunto de grupos organizados, eles próprios frequentemente chamados de "sociedades", dando lugar, assim, a numerosas ambiguidades. Esses grupos evoluíram no tempo e progressivamente se diferenciaram segundo seu grau de complexidade e sua capacidade técnica. Entretanto, os pesquisadores das ciências sociais, aí compreendidos os antropólogos, não construíram indicadores pertinentes capazes de revelar, no funcionamento ou na estrutura social, onde está a fronteira entre o simples e o complexo. Se as sociedades ditas primitivas estão fundadas em laços de parentesco e se perpetuam de maneira imutável, as sociedades ditas desenvolvidas — sobre as quais nos deteremos aqui — são evolutivas, levadas pelo movimento da história, e nelas as relações de classes e as classificações segundo o nível de renda superam as relações de parentesco (Bonte, Izard, 1991).

Pode-se ver que a dificuldade para abordar o "social" decorre do fato de a palavra poder designar tanto o todo quanto a parte. Antes de entrar em um debate sobre a sociedade, é importante também que se saiba a qual concepção de (social) se faz referência. Por convenção, colocaremos como hipótese a unidade do social ao postular, como Durkheim, que a sociedade deve ser considerada um todo e que a solidariedade é seu fundamento (Durkheim, 1895). Consequentemente, diremos que há "risco social" quando o "viver em conjunto" estiver sujeito a uma série de ameaças identificadas de forma mais ou menos clara ou, dito de outra forma, quando a coesão social estiver ameaçada. Nesse sentido, o suicídio analisado por Durkhein surge, ao mesmo tempo, como um fato social e como um risco social.

No lado oposto, numerosos autores anglo-saxões, filiados à tradição weberiana, valorizam o indivíduo e distinguem claramente a vulnerabilidade individual da vulnerabilidade social. No plano psicológico, a vulnerabilidade individual depende principalmente da latitude na qual o indivíduo se posiciona entre a possibilidade de sucesso e de fracasso. No plano geográfico, a vulnerabilidade individual é determinada por um conjunto de dados objetivos que dependem do local onde o indivíduo se encontra em relação à origem do risco: em um apartamento situado no térreo, na proximidade de uma ferrovia ou de um grande conjunto habitacional considerado perigoso, em uma fronteira política ou religiosa ferozmente disputada (como em Belfast, na Irlanda do Norte) etc.

A vulnerabilidade social, em contrapartida, não dependeria diretamente da distância da coletividade em relação à origem do perigo. Ela estaria relacionada a critérios de morfologia social aplicáveis a grupos organizados que, de alguma forma, "constituem sociedade": habitantes de uma mesma cidade, moradores de um bairro, veranistas de uma estação balneária. Esses critérios podem ser, por exemplo, a densidade da população, a juventude dos habitantes, as categorias socioprofissionais dos ativos, as atividades econômicas dos adultos, a taxa de desemprego daqueles que têm menos de 25 anos, a qualidade da moradia. Poder-se-ia dizer, então, que os riscos diferem segundo a especificidade dos grupos sociais considerados. Cada entidade humana estaria, assim, sujeita a riscos que dependem de sua morfologia própria e que engendrariam, do mesmo modo, os riscos que deram origem aos demais.

Enfim, é importante lembrar que as áleas sociais que produzem a catástrofe dificilmente são apreendidas pelas teorias probabilísticas e que seu conhecimento permanece muito aproximativo. Por exemplo, é difícil distinguir, em uma cidade sensível, a parcela das redes mafiosas internas das relações exteriores que influem sobre os habitantes no desencadeamento de um tumulto.

Riscos sociais exógenos e riscos sociais endógenos

Para simplificar, distinguiremos dois tipos de riscos que pesam sobre as sociedades humanas, os exógenos e os endógenos. Os primeiros estão relacionados aos elementos naturais e, mais amplamente, às ameaças externas capazes de afetar as sociedades humanas (terremotos, inundações, secas, epidemias, doenças de animais, guerras de conquista etc.) e são suportados por elas. Os últimos estão diretamente relacionados ao produto das sociedades: geralmente associados ao crescimento urbano, à industrialização, às formas de povoamento e à densidade excessiva de alguns bairros, podem ser decorrentes também de uma administração urbana deficiente. Por exemplo, quando os modos democráticos de regulação institucional falham em um estado, a ausência de autoridade central e a perda de controle pelas autoridades locais podem engendrar uma forte insegurança e conduzir a um aumento do número de agressões.

Em todos os casos, a busca pelas causas dos riscos sociais é uma operação delicada. Superpopulação, proximidade de modos culturais antagônicos em locais já estigmatizados, mediocridade do urbanismo, má qualidade das construções concorrem, por exemplo, para a divisão espacial da cidade em bairros segregados. Essas formas segregacionistas são estimuladas pelas políticas de povoamento, pela insuficiência de atenção por parte dos setores responsáveis e pela insegurança, ela própria ligada ao tráfico de drogas, à corrupção e à ausência dos serviços públicos.

Geralmente, a fragmentação do espaço surge ao mesmo tempo como causa e resultante de desigualdades sociais, as quais são produtoras de riscos que se manifestam em um prazo mais ou menos longo. A intensidade da vulnerabilidade social ante os riscos frequentemente varia em função dessas desigualdades. Em geral, quando a catástrofe sobrevém, as populações mais frágeis, as de menor mobilidade e cujo nível de vida está mais debilitado são as mais afetadas. É o caso, por exemplo, das crianças, das mulheres, dos idosos, dos doentes e dos pobres, que frequentemente são de origem estrangeira nos bairros de habitações sociais.

O risco não é a catástrofe

Como quer que seja, nem o risco social nem o natural devem ser confundidos com a catástrofe. Toda a abordagem científica nesse domínio conduz à distinção clara do que é potencial — isto é, o que pode ou não acontecer — do que é real. O risco se inscreve na ordem das probabilidades; ele não se concretiza obrigatoriamente em uma catástrofe ecológica nem em um drama humano; ele pertence, portanto, ao domínio das representações. Em contrapartida, o acontecimento catastrófico é diretamente materializável e dá conta de uma realidade: crime, guerra, epidemia, tempestade, inundação, cataclismo, flagelo.

A dimensão espacial permite igualmente que o risco seja distinguido da catástrofe. Se o setor geográfico sujeito ao risco é amplo, o espaço realmente tocado pela catástrofe é em geral bastante reduzido. Por exemplo, o risco de assalto à mão armada pode abranger avenidas inteiras em Paris, embora apenas um pequeno trecho de uma avenida particular seja regularmente afetado por esse tipo de delinquência. Do mesmo modo, o risco de tumultos urbanos pode envolver a totalidade de uma grande área periférica, apesar de o próprio tumulto não afetar, por exemplo, senão uma praça cercada por cinco ou seis imóveis na cidade, como se constatou em Mas-du-Taureau (Vaulx-en-Velin) em outubro de 1990. Nesse sentido, a geografia dos riscos é areolar, ao passo que a das catástrofes é factual e pontual, ao menos no domínio social que nos diz respeito aqui.

A insegurança urbana como risco social maior

Hoje, a segurança urbana constitui um elemento essencial do que se pode chamar "normalidade urbana". Na França, os sistemas de proteção segmentados por categoria profissional (funcionários administrativos, mineiros, empregados das estradas de ferro etc.), foram implantados no entreguerras. O decreto de 4 de outubro de 1945, que criou a Seguridade Social, modificou as coisas e deu tranquilidade aos indivíduos no que se refere aos riscos da vida, pessoais, os ligados ao trabalho e à vida em coletividade (que qualificamos às vezes de "sociais"): doença, acidente do trabalho, velhice etc. Mas as reivindicações por uma maior seguridade e, por extensão, por todas as formas de proteção e de segurança se ampliaram hoje. A insegurança urbana, vivida como um risco social maior, é uma das causas principais dessa nova demanda.

O sentimento de insegurança

Os assistentes sociais observam que o aumento do sentimento de insegurança é um sintoma significativo da deterioração da qualidade de vida dos habitantes. Tal crescimento depende não somente da criminalidade real, mas também das representações construídas a partir do estigma conferido a certas categorias da população e da rotulação de certos territórios: ruas consideradas perigosas, becos, grandes áreas periféricas, subúrbios "com problemas" etc. Uma pesquisa realizada pela Sofres (Sociedade Francesa de Estudos e Sondagens), em março de 1999, mostrou que 74% dos franceses julgam que a insegurança é "muito preocupante", até mesmo "extremamente preocupante", embora apenas 13% façam o mesmo juízo sobre seu bairro. O efeito de ampliação produzido pela midiatização de atos criminosos explica muito provavelmente a defasagem entre a insegurança sentida e a sofrida localmente. Talvez o discurso sobre a progressão do crime e da delinquência seja parte do patrimônio comum das gerações antigas que é superado pelas novas... Entretanto, o agravamento da violência é realmente uma realidade desde os anos 1980-1990. Não podemos reduzi-la a uma mera fantasia de segurança. Aqui e acolá, uma série de manifestações contra insegurança testemunham a exasperação crescente das populações. Em novembro de 1998, 12 mil pessoas assinaram uma petição encaminhada ao primeiro-ministro da França "pelo direito de viver em segurança".

O problema da mensuração da delinquência

A medição da delinquência é uma questão extremamente complexa que não pode ser ignorada em razão do seu peso na mídia, do seu impacto sobre o sentimento de insegurança e, mais amplamente, sobre a análise dos riscos sociais. Além disso, ela interroga diretamente o geógrafo que tem necessidade de números confiáveis para construir e interpretar de modo adequado os mapas da criminalidade.

Inicialmente, se nos ativermos aos números do Ministério do Interior da França produzidos desde os anos 1950, observaremos uma redução contínua da criminalidade e da delinquência até o início dos anos 1970.

Depois, constata-se uma alta progressiva até 2001, com alguns intervalos, é verdade. Os fatos que levaram ao registro de uma reclamação legal pelos serviços de polícia e da gendarmaria* alcançavam sozinhos pouco mais de 4 milhões de ocorrências em 2001, ao passo que em 1971 totalizavam 1 milhão e 289 mil. Em 2002, sempre segundo o Ministério do Interior, 4.113.882 crimes e delitos foram cometidos e registrados, ou seja, um aumento de 1,28% em relação a 2001 e de 7,69% em relação a 2000. Dois terços das infrações são constituídas por roubos, incluindo receptação. O resto se divide em infrações econômicas e financeiras (8,6%), crimes e delitos contra as pessoas (7,4%) e "outras infrações", entre as quais os crimes relacionados às drogas (23%). O levantamento estatístico marca o retorno de tendência após as eleições de abril de 2002, mesmo que essa mudança seja às vezes atribuída à simples retomada de atividades policiais.

É precisamente nessas estatísticas do Ministério do Interior que devemos nos deter, pois elas não são únicas, apesar de serem motivo para posicionamentos ambíguos sobre o crescimento "exponencial" da violência e sobre a correlação entre a delinquência e os obstáculos físicos e sociais existente em um território. Inicialmente, os dados relativos apenas às áreas difíceis são muito raros. Eles frequentemente estão misturados aos dos bairros ou das comunas onde se situam. Em seguida, levam-se em conta apenas os fatos e as reclamações formalmente registradas, o que de fato exclui uma parte importante dos delitos. Os casos dos imigrantes ilegais, dos que ocupam clandestinamente os imóveis e dos "sem-teto" são examinados com um interesse muito variado, de acordo com as delegacias, e raramente entram nas estatísticas.

É preciso saber também que ao lado das estatísticas policiais, que são as mais conhecidas, existem duas outras fontes principais de aferição da delinquência: as estatísticas do judiciário, que medem a atividade do Ministério Público e das varas da justiça, e as pesquisas realizadas junto às vítimas, hoje conhecidas como "pesquisas de vitimização". No entanto, nenhuma dessas estatísticas dá uma visão global nem fornece um "número exato" da delinquência. Deve-se compreender que existe uma defasagem entre a reclamação e a qualificação penal do ato. Desse ponto de vista,

* N.T.: A gendarmaria é uma corporação militar que, na França, tem a missão de zelar pela ordem e segurança públicas.

as estatísticas sobre as atividades dos promotores, se fossem tratadas regularmente pelos serviços competentes, deveriam ser mais confiáveis. Elas poderiam permitir a distinção entre "criminalidade aparente", isto é, tudo o que é registrado na entrada do sistema penal, e "criminalidade legal", isto é, o que foi finalmente apreciado pelo juiz.

Os números do Ministério do Interior medem inicialmente a atividade dos serviços e não consideram senão os casos encaminhados pela polícia e pela gendarmaria ao promotor. Os fatos que são conhecidos, mas se encontram nas mãos dos delegados, escapam a essa contabilidade, o mesmo se passando com as infrações das estradas ou as contravenções que são excluídas por escolhas metodológicas (Aubusson de Caverly, 2002). Com frequência, as variações de um ano para outro traduzem simplesmente uma modificação dos registros do judiciário. Nessas condições, o estabelecimento de uma geografia da delinquência a partir dos dados da polícia parece problemático de alguma forma. Entretanto, pode ser útil trabalhar com esses números para se ter uma ideia das principais características das demandas encaminhadas aos serviços de polícia em matéria de segurança, e para saber quais são as prioridades em termos de respostas (pessoas acusadas, casos elucidados etc.).

Enfim, as pesquisas que partem da opinião das vítimas estão longe de serem negligenciáveis, uma vez que dão um enfoque bastante diferente da delinquência. Elas se baseiam em questionários que são submetidos a amostras representativas da população, como as que alimentam as pesquisas sobre as condições de vida das famílias e que desde 1996 permitem estudar anualmente a evolução dos indicadores sociais padronizados no conjunto da União Europeia. Nos últimos levantamentos, as pessoas que foram consideradas agredidas responderam "sim" à seguinte questão: "o senhor foi vítima de uma agressão ou ato de violência ao longo dos últimos anos (as datas são precisadas), realizados inclusive por pessoas que o senhor conhece?". No total, os resultados obtidos junto às vítimas são bem superiores aos divulgados pelas estatísticas administrativas. Observa-se, entretanto, que a taxa de declaração à polícia varia consideravelmente de acordo com os fatos em questão. As agressões são bem menos registradas que os roubos de bens segurados (veículos, residências, objetos diversos etc.). Alguns eventos, de fato, podem permanecer ignorados ao passo que outros entram diretamente nas categorias legais precisas (violência familiar, agressões sofridas no local de trabalho etc.).

Para terminar, não se pode esquecer que, do ponto de vista técnico, as convenções para cálculo são simplificadoras e as unidades de medida utilizadas nem sempre são as mesmas: se a polícia conta as pessoas ou os fatos (um fato por infração ou por procedimento, ou por vítima...), a justiça conta casos, pessoas ou infrações confirmadas (um indivíduo pode ser contado várias vezes no mesmo ano) ao passo que as pesquisas de vitimização contam os fatos por vítima.

Consequentemente, a simplificação que reduz a delinquência a um número ou a uma simples taxa se torna da ordem da demagogia se nos apoiarmos apenas sobre esse dado para denunciar a insegurança em um espaço geográfico particular. As análises sérias devem levar em conta não somente a diversidade de fontes e os tipos de delinquência, mas também o ponto de vista dos atores locais.

As incivilidades como atos delituosos?

Na quantificação estatística e na cartografia da delinquência, a questão do sentimento de insegurança e a das incivilidades a ele associadas se tornam um problema central. Até 1991, os números mostrariam que os atos de delinquência efetivamente registrados, sobretudo os atentados a bens, ocorriam, na maioria dos casos, em bairros ricos, ao passo que o sentimento de insegurança era claramente maior em alguns grandes conjuntos habitacionais da periferia, onde o número de registros de queixas era bem menor. Em suma, tudo se passava como se houvesse uma desvinculação intolerável entre os sentimentos experimentados pelos habitantes e os números produzidos pela Administração. O fato é que muitos atos que provocavam ressentimentos na população se produziam nos grandes conjuntos habitacionais sem que fossem registrados pelas estatísticas penais. Trata-se, em geral, de ameaças difusas que são fortemente sentidas pelos habitantes de mais idade, pelas crianças ou pelas mães de família: ocupação do *hall* do imóvel, barulhos intempestivos, cuspe, pichações, grafites, acúmulo de lixo, movimentação de bandos acompanhados de cães... Trata-se tanto de comportamentos que perturbam os hábitos quanto de rituais que fundam a interação social na cidade. Como na época esses atos não eram penalizados, eles acabavam denominados muito vagamente de "incivilidades". Alain Bauer e Xavier Raufer os reduzem a "um comportamento invasor e provocador, fonte de perturbações e de exasperações na vida das cidades" (PUF, 1999). De fato, se nos remetermos à etimologia, a palavra designa a não observância das convenções de um grupo social, por exemplo, a educação ou o respeito ao ambiente. Mas não estamos mais no século XVIII; a gama de fatos e comportamentos designados pelo vocábulo "incivilidades" recobre hoje quatro categorias: os modos em que se dão as relações (do mutismo ao insulto); os atos de vandalismo e de sujeira (esvaziamento de extintores, pichações...); o abandono de objetos em não importa qual local e, enfim, os conflitos latentes ou declarados (relativos à ocupação do espaço, ao barulho, aos odores, ao lançamento de dejetos...). Essas incivilidades têm por característica maior o fato de se desenvolverem no espaço coletivo: elas transmitem aos habitantes dos bairros em questão uma imagem deplorável deles próprios e testemunham a fraca consideração dos políticos por seus administrados. Elas constituem um atentado à ideia de um "mundo comum" e levam a crer que a coabitação é impossível. Notemos, entretanto, que em razão de uma nova lei sobre insegurança cotidiana, dois jovens de uma cidade de Roubaix foram condenados a um mês de prisão em julho de 2003 por terem impedido a circulação no *hall* de um imóvel.

A vida em comum não pode se estabelecer de fato a não ser em uma base de civilidade partilhada, de acordo com os códigos e as formas de relacionamento aceitos por todos. Mas entrar em acordo sobre esses pontos constitui um verdadeiro desafio para setores em que as formas de exclusão são mais pronunciadas ou nos quais as oposições são as mais marcadas. De maneira mais global, com a parte de provocação que elas comportam, as incivilidades dão conta da interpenetração do social e do penal e da dificuldade dos jovens para distinguir o que pertence à moral e o que pertence à lei. Para responder adequadamente a essas questões, convém, portanto, encontrar soluções coletivas e ajustar os papéis dos profissionais designados: assistente social, educador, policial, professor. Paradoxalmente, as incivilidades têm alguma coisa de salutar: ao colocar em xeque as fronteiras profissionais, elas obrigam a repensar a posição de cada ator na cidade. Elas provocam também a redefinição das políticas de segurança. O exemplo da pacificação de Nova York nos anos 1990 mostra que é preciso começar por atacar as desordens locais, os pequenos delitos e a corrupção da polícia para restaurar a confiança da população nas instituições.

Os territórios da insegurança em questão

A geografia da insegurança se mostra complexa e frequentemente enganosa quando se observam as dificuldades de medição e a multiplicidade das interpretações relativas às incivilidades. Antes de qualquer coisa, convém lembrar que a construção da insegurança contemporânea a partir da periferia e das "metrópoles" constitui uma questão estritamente urbana, o que é um exagero em vista das dificuldades surgidas em numerosas pequenas cidades da França. Em seguida, as diferenças territoriais surgidas a partir dos dados do Ministério do Interior destacam em geral, como já foi visto, mais a atividade dos serviços de polícia que a delinquência real. Além disso, as estatísticas locais devem ser relacionadas aos setores administrativos sob jurisdição dos comissariados, sendo que os limites desses territórios não se confundem, necessariamente, com os das comunas nem com os dos bairros sensíveis. Enfim, os mapas da criminalidade e da delinquência colocam em evidência os territórios onde acontecem os atos delituosos ou onde as reclamações foram feitas, mas estas não estão necessariamente relacionadas ao local de residência dos criminosos e dos delinquentes. Como os atos delituosos são frequentemente transferidos de acordo com os itinerários que dependem das redes de transporte, não se obtém senão uma visão muito parcial e razoavelmente truncada da localização da insegurança. Ao final, as lógicas de zoneamento propostas pelos comissariados e pelos assistentes sociais devem ser vistos com cuidado, mesmo que a natureza crônica do tráfico de drogas, por exemplo, possa marcar profundamente alguns bairros e estigmatizá-los perante a opinião pública durante muito tempo.

De fato, não se pode limitar a criminalidade e a delinquência a alguns bairros específicos, nem a algumas categorias de indivíduos (jovens fora da escola ou desempregados de origem estrangeira, por exemplo). As pesquisas em psicossociologia indicam, além disso, que todo grupo social pode produzir indivíduos marginalizados e que qualquer território da cidade pode ser afetado em um momento ou outro, mesmo que um feixe de causas – dentre as quais se encontra, no primeiro plano, o acúmulo de problemas socioeconômicos – marque mais especificamente alguns bairros populares de certos grupos da população.

Construir uma cartografia colocando em evidência as zonas de risco a partir de um indicador sintético que reúna diversas patologias sociais (taxa de delinquência, taxa de desemprego, retardo escolar das crianças na entrada no segundo grau, endividamento das famílias, inadimplência de aluguéis etc.) pode parecer o preâmbulo necessário a qualquer política de prevenção eficaz. No entanto, isso levanta questões temíveis, em particular as de ordem ética relacionadas à classificação dos espaços. O zoneamento pode ter efeitos de estigmatização particularmente devastadores, que conduzem ao aumento das patologias sociais em razão da etiquetagem dos grupos.

A noção de patologia social é em si mesma muito discutível; ela recobre aspectos diferentes segundo os atores do bairro (municipalidades, associações, assistentes sociais, educadores mantenedores, policiais...). Em seguida, ela é insuficiente, pois depende de um cruzamento com indicadores especificamente espaciais que expressem o encravamento das zonas consideradas: distanciamento do centro, ausência de equipamentos, existência de linhas de ruptura praticamente intransponíveis no interior do bairro, como vias férreas, autoeestradas, linhas de trens urbanos, redes de alta-tensão.

De modo geral, a localização das inseguranças urbanas convida a uma reflexão sobre as formas de divisão espacial da cidade. A expressão "bairro sensível", utilizada para designar as zonas em risco analisadas no contexto das políticas da cidade, é muito discutível. A princípio, o termo bairro é frequentemente abusivo; ele foi forjado por simplificações sucessivas por aqueles que iniciaram a política de "desenvolvimento social dos bairros" no início dos anos 1980. Em seguida, o conceito de "sensibilidade" não pôde ser aplicado adequadamente a um setor geográfico.

Talvez a insegurança possa afetar toda uma metrópole, mas está longe de ser sistemática; trata-se mais frequentemente de um grupo de imóveis, de um simples imóvel, até mesmo de uma única escadaria. A insegurança pode também afetar uma parte do centro da cidade ou um trecho de uma rua particularmente movimentada. Nas grandes aglomerações, as queixas mostram que os locais de passagem onde se concentra temporariamente uma parcela importante da população são os mais afetados. O caso do Champs-Élysées e dos grandes bulevares de Paris ou da rua da República, em Lyon, são significativos desse ponto de vista. De igual modo, as plataformas intermodais – que reúnem estações de trem, de metrô, de ônibus, centro comerciais como os que existem em La Défence, na região metropolitana de Paris, ou no Châtelet, a mais movimentada estação de trens urbanos e de metrô da capital francesa, ou na Part-Dieu, em Lyon –, são locais privilegiados para o roubo à mão armada durante o dia e agressões durante o período noturno. As vítimas são principalmente os passageiros e os visitantes que vêm do exterior.

Os transportes coletivos também podem ser muito afetados, tanto os veículos quanto as estações. Eles estão sujeitos a diversos atos de vandalismo do mesmo modo que as escadarias ou os muros dos imóveis na cidade. Como meios de locomoção dos passageiros, eles podem também integrar o conjunto de agressões cuja gravidade varia conforme o horário.

Enfim, se alguns locais específicos são catalogados como "de risco" em decorrência de sua localização ou de sua função, não se pode mais abrir mão de um estudo sobre os processos de difusão. Os riscos de roubo ou de agressão se difundem espacialmente para além das ruas centrais ou dos setores estigmatizados: por exemplo, os conjuntos habitacionais que se situam na proximidade das metrópoles sensíveis são regularmente visados. Além disso, os transportes públicos asseguram, quando existem, a abertura do bairro para seu entorno, permitindo que delinquentes ampliem seu raio de ação para bem além das fronteiras das cidades tradicionalmente repertoriadas. A polícia constatou que os roubos são mais frequentes nos arredores de uma estação de metrô ou de trens urbanos situados em uma linha direta que leva ao local de residência dos delinquentes, qualquer que seja a distância.

Ao final, as imprecisões na contabilização e na localização das ocorrências convidam à prudência em matéria de classificação. Designar uma zona como *de risco* é colocá-la em evidência e indiretamente denunciar seus moradores. Consequentemente, pode-se ser tentado a colocá-los à parte para que não influenciem outros segmentos da sociedade por efeito de contiguidade. O sociólogo americano Becker mostrou que o ato não é desviante em si mesmo, mas que assume essa natureza ao ser classificado como tal (Becker, 1985). O autor também mostrou que a classificação pode modificar profundamente a vida do delinquente. Extrapolando, a etiquetagem dos bairros "sensíveis" surge como meio de controle social, assim como a classificação de certas populações como "desviantes". Ao final, desigualdade social, classificação e divisão do território ligado às práticas de contabilização da delinquência se conjugam para dar à cidade uma imagem fragmentada e sancionar duramente situações provisórias suscitadas por um sistema de representações.

A ambígua noção de "violência urbana"

Ao associarmos o risco social ao delinquente potencial e à cidade, o vinculamos cada vez mais à probabilidade de "violências urbanas". Mas essa expressão, surgida na França nos anos 1980, está igualmente sujeita a várias interpretações. Ela pode recobrir tanto o tumulto que afeta uma cidade quanto as formas de delinquência individuais ou coletivas que se exprimem no interior de uma aglomeração urbana.

Para o que nos interessa, nos centraremos na definição de Sophie Body-Gendrot, cientista política e professora na Universidade de Paris IV – Sorbonne, para quem a expressão "violências urbanas" designa "ações pouco organizadas praticadas por jovens que agem coletivamente contra os bens e as pessoas que mantêm vínculos com as instituições nos bairros ditos sensíveis" (Body-Gendrot, 1998).

Observemos, entretanto, que a expressão "violência urbana" não existe em nenhum outro lugar da Europa nessa forma e que o trabalho estatístico nos países europeus não trata das violências urbanas, mas de fatos relacionados à delinquência individual. Os serviços sociais na Alemanha e na maior parte dos países do norte da Europa falam mais habitualmente de "violência e delinquência juvenil". As estatísticas do final dos anos 1990 mostrariam que nesse campo a Suécia, a Dinamarca, Alemanha e os Países Baixos foram os Estados que, após a Itália, registraram a maior alta. Encontraremos em seguida a Inglaterra, Austrália, França e Suíça. Já o fenômeno do "hooliganismo", que pode ser definido como um vandalismo de grupo, praticado particularmente nas competições esportivas, é muito mais presente na Inglaterra e nos países nórdicos do que na França. Deve-se notar, enfim, que o acompanhamento do grau de violência urbana por bairro, efetuado pelos serviços de polícia desde 1991, foi abandonado na França em 2001.

Uma longa história

Para registro, lembremos que a violência urbana tem numerosos antecedentes e que ela não é um fato exclusivamente contemporâneo, ainda que o vocábulo seja recente. Durante séculos e tendo em conta os incessantes fluxos de populações, as aglomerações urbanas concentraram o medo dos habitantes diante do desconhecido, em particular à noite. A marginalidade social que se desenvolveu com o crescimento urbano e que é mais visível na cidade que no campo está na origem de uma literatura muito rica que vem desde o fim da Idade Média. Para se convencer basta reler os poemas de François Villon. A conquista da segurança foi progressiva a partir do século XVIII, mas o lugar concedido aos apaches* no fim do século XIX e aos jovens rebeldes nos anos 1960 está aqui para lembrar as dificuldades dessa conquista.

* N.T.: No início do século XX, *apache* passou a designar, na França, os delinquentes das grandes cidades. Hoje, contudo, essa acepção caiu em desuso.

No jargão policial, a violência urbana surge no final da década de 1980 para designar um fenômeno novo que evoca uma série de exações cometidas abertamente por um grupo de jovens, de forma provocadora e com um forte impacto sobre a população. Essas exações provêm, em geral, de dois tipos de grupos: primeiramente, os espontâneos e efêmeros, formados por jovens que se entregam a atos delituosos relativamente isolados, senão a violências coletivas no interior de seus bairros, os quais mais frequentemente estão localizados à margem das aglomerações. Em segundo lugar, os bandos relativamente estruturados que se deslocam e se entregam a uma delinquência de depredação coletiva nos grandes centros comerciais ou nos transportes. Observe-se que essa violência urbana é cometida abertamente nos espaços públicos e que ela se apresenta mais ou menos de modo claro como um atentado à ordem pública. Se a maior parte de suas expressões são gratuitas (vandalismos, pilhagens, atos de vingança ou de ódio, rachas, degradação de pontos de ônibus ou de telefones públicos, apedrejamento de viaturas da polícia ou do corpo de bombeiros...), algumas visam, apesar de tudo, à apropriação dos bens de outrem: roubos com violência, saques, extorsões. Para medir o grau dessas violências urbanas, uma escala de uso interno foi estabelecida em 1991 pela seção "cidades e periferias" dos serviços de informação e dos setores de segurança no âmbito do Ministério do Interior (Bui-Trong, 1998).

As escalas das inseguranças urbanas e seus limites

A seção de informação dos serviços de segurança foi implantada após os tumultos de Vaulx-en-Velin (outubro de 1990) e de Sartrouville (março de 1991) para acompanhar uma série de bairros urbanos que se destacava pelas dificuldades econômicas e sociais e por seus "riscos" de delinquência, se assim podemos dizer. Para a polícia, tratava-se não apenas de avaliar os riscos locais de desgoverno das metrópoles, inicialmente, e seus potencias de mobilização anti-institucional, mas também de ter um instrumento que a auxiliasse na decisão a ser tomada para garantir a segurança pública. Uma escala de avaliação permitiu classificar esses bairros segundo as formas de insegurança que os afetam (Bui-Trong, 1993). Contudo, a escala não tem o rigor que se deve esperar das estatísticas penais clássicas, uma vez que apresenta apenas a visão da gendarmaria e das instituições policiais e leva em conta tanto os atos penalmente qualificáveis quanto as incivilidades identificadas como tais pelos policiais. Ela compreende oito níveis principais:

1° grau: vandalismo e delinquência em bandos;

2° grau: ataques furtivos, verbais ou gestuais contra a autoridade;

3° grau: agressões físicas contra os representantes da autoridade;

4° grau: manifestações e apedrejamento da polícia;

5° grau: agressões físicas contra os policiais;

6° grau: agravamento das agressões físicas e "jogos" mortais;

7° grau: pequenos distúrbios (saques e incêndios, coquetéis molotov);

8° grau: tumulto (frequentemente com repetição depois de duas ou três noites).

Até 2001, tudo se passava como se atribuíssemos uma nota a cada bairro ou um coeficiente de gravidade em função das formas de violência que lá ocorriam habitual ou ocasionalmente. Em 1991, para o primeiro ano de experimentação, os serviços da polícia classificaram 271 bairros no primeiro grau da escala, número que chegou a 486 em 1998. A quantidade de bairros acompanhados passou de 800 em 1991 para 1,5 mil em 2000. Entretanto, contrariamente ao que se acredita com frequência, a progressão não é linear. A cada ano, de 50 a 100 bairros são abandonados pelos serviços da polícia porque neles não se registrou nenhum fato delituoso maior. Há, portanto, sem dúvida nenhuma, situações que melhoram. Infelizmente, estas são pouco midiatizadas. O enquistamento da violência não é obrigatório.

Em 1996, contavam-se cerca de 130 bairros sujeitos a um grau de violência entre 3 e 6. O mapa a seguir (figura 21) permite localizar as aglomerações urbanas afetadas e o número de bairros envolvidos. Ele mostra que os incidentes mais graves não se concentram exclusivamente nas maiores cidades francesas. As pequenas, situadas no nordeste da França, são relativamente afetadas (Saint-Dizier, Bar-le-Duc, Charleville-Mézières), ao passo que as do oeste e do centro são poupadas.

A progressão dos bairros compreendidos entre o terceiro e o sexto grau de violência urbana foi praticamente contínua entre 1991 (40 bairros) e em 1998 (174 bairros), mas a melhoria das performances dos serviços deve evidentemente ser considerada nesse aumento. Em número, os serviços da polícia repertoriaram 3.018 formas de violência em 1992 e 15.791 em 1997. Essas últimas estão na origem da morte de quinze jovens em 1997, quando outros 1.973 foram feridos.

Figura 21

Os bairros da violência urbana

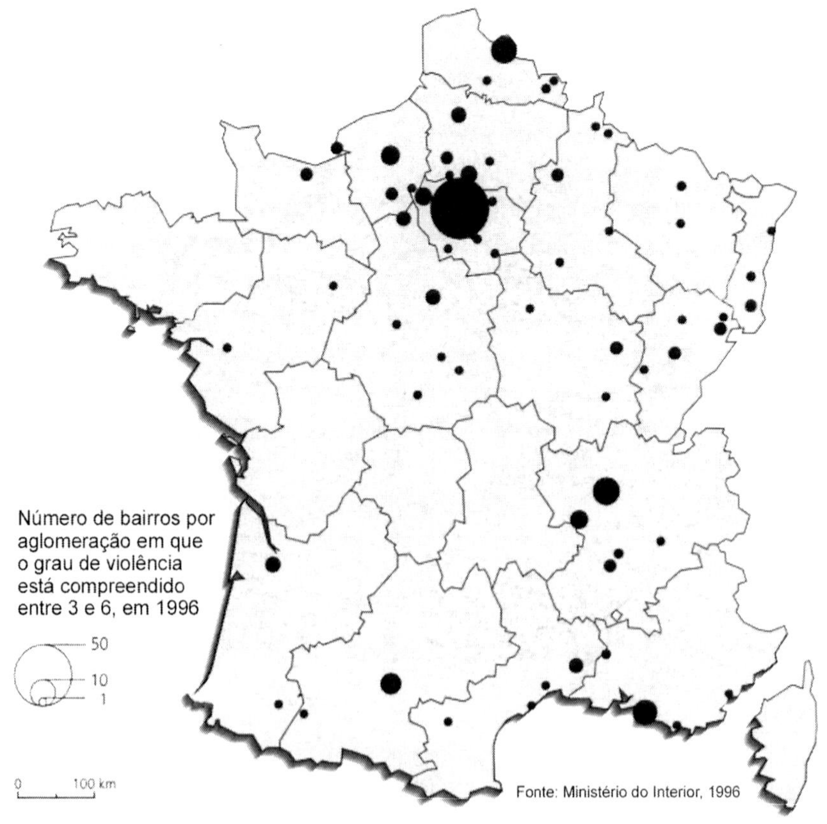

Forte: *Atlas de France*, volume 5, (Sociedade e Cultura), Reclus – La documentation française, 1997.

Duas "Franças" do ponto de vista da insegurança urbana

É difícil fazer uma abordagem sintética e conjunta das violências urbanas e da criminalidade. Entretanto, se colocarmos de lado a região parisiense, observa-se que uma dezena de departamentos do interior é particularmente atingida pela violência. Eles estão situados no vale do Sena e no corredor do Ródano, no litoral mediterrâneo e em algumas zonas fronteiriças. Mais precisamente, em 1997, os departamentos mais atingidos pela violência urbana eram Seine-Maritime (1.409 incidentes), Seine-Saint-Denis (1.263 incidentes), Ródano (1.144), Essonne (1.019), Nord (1.002) – esses cinco totalizam sozinhos 37% dos atos recenseados pelos serviços da polícia. Mas se nos ativermos às estatísticas dos crimes e delitos estabelecidas pela polícia, a hierarquia será diferente: os departamentos do Ródano, Seine-Saint-Denis e do Nord estão respectivamente no 11°, 12° e 13° lugares. Paris chega à frente, seguido pelos departamentos de Alpes Marítimos, Pirineus orientais, l'Hérault, Bouches-du Rhône e Var.

As aglomerações urbanas em que mais de 200 atos de "violência urbana" foram cometidos em 1997 são: Dreux (435), Toulouse (387), Le Havre (387), Estrasburgo (385), Ruão (366), Mulhouse (324), Corbeil-Essonne (313), Beauvais (272), Lyon (248), Saint-Étienne (243) Saint-Étienne du Rouvray (219) e Vénissieux (211).

Mudando a escala e considerando-se todo o território nacional, desenham-se duas "Franças": uma, do oeste, em que a violência urbana e a criminalidade estão pouco presentes, mesmo que algumas cidades sejam mais afetadas que outras, como Le Havre ou Nantes, e uma França do leste, em que a violência e a criminalidade são mais elevadas, mas com fortes disparidades. Polos de tensão maiores se desenham em particular no Nord-Pas-de-Calais (na aglomeração de Lille, por exemplo), na Alsácia (em Mulhouse e Estrasburgo, principalmente) e nas regiões de Île-de-France, Ródano-Alpes e PACA.*

Se nos ativermos às taxas de criminalidade por mil habitantes, estabelecida pelo Ministério do Interior por categoria de aglomeração, constataremos, simplificando, que são as cidades mais povoadas, situadas em sua maioria a oeste em uma linha que vai Le Havre a Perpignan, que têm a taxa de criminalidade mais elevada. As aglomerações que ganharam posições na hierarquia urbana em matéria de população após 1945 se situam, sobretudo, nas regiões PACA, Ródano-Alpes e Languedoc-Roussillon, mesmo que observemos exceções maiores com Rennes, Nantes, Pau ou Toulouse, por exemplo.

Em 1996, a taxa de criminalidade das cidades com mais de 250.000 habitantes era de 105 por 1.000; a das cidades entre 100.000 e 250.000 habitantes, de 82; e nas de 50.000 a 100.000 habitantes, de 75. As taxas mais elevadas eram observadas em Avinhão, Antibes (145 para as duas), Nîmes (128) e Montpellier. Mas as estatísticas sempre apresentam os locais em que acontecem as infrações e não os de residência dos infratores.

Na preocupação de focalizar as áreas sensíveis podem ser cometidos erros de avaliação. A classificação dos bairros resulta de uma visão relativamente rígida dos problemas ao passo que os atos delituosos podem se deslocar muito rapidamente. Os tráficos, por exemplo, são muito voláteis; variam de um dia para outro e de uma cidade para outra. Em seguida, é preciso reter que as taxas de criminalidade mais elevadas são observadas nos bairros centrais

* N.T.: PACA é abreviação de Provença-Alpes-Côte d'Azur, uma das 26 regiões administrativas da França.

das cidades ricas e nas zonas de passagem. O centro de Paris conhece muito mais atos de criminosos que os bairros mais afastados. As regiões centrais de Marselha, de Nice e de Cannes têm taxas de delinquência mais elevadas que os de suas periferias.

Essas observações levaram à adaptação das ferramentas de prevenção, sendo o Contrato Local de Segurança (CLS), cujo perímetro coincide em geral com o do Contrato da Cidade, o mais interessante. Surgido em 1997, o CLS privilegia a cidadania como eixo de prevenção, a proximidade como princípio de intervenção e a cooperação como modo de intervenção. A eficácia do contrato depende da qualidade da parceria entre as administrações, os serviços públicos e as empresas. Fundado sobre um diagnóstico de segurança estabelecido preliminarmente com todos os parceiros envolvidos, o CLS define as prioridades em matéria de prevenção, um plano de ação e os meios mobilizados por cada um.

Como pode ser visto no mapa elaborado em 2002 pela Delegação Interministerial para a Cidade (figura 22), a localização dos Contratos Locais de Segurança coincide, em linhas gerais, com a dos Contratos da Cidade, os quais designam eles próprios as aglomerações em que se situam os bairros sensíveis. Em 2002, 86% dos Contratos da Cidade eram afetados por um CLS em um total de 527 Contratos Locais de Segurança assinados em junho de 2001.

Os tráficos locais como risco social maior

Os tráficos locais e a economia subterrânea da droga afetam parte dos jovens e contribuem para desqualificar os bairros sensíveis. Às vezes substituem a esperança de promoção social por meio da escola e pela busca de um emprego regular. Se não ficarmos atentos, o conjunto desses tráficos pode conduzir à instalação de uma sociedade paralela e assim constituir um risco social maior. Definiremos aqui o tráfico como um ato de troca clandestino, ilegal por seu objeto (produtos roubados, droga...) ou pelas condições em que é executado (sonegação de contribuições fiscais e sociais, ausência de faturas etc.). O trabalho informal está relacionado ao tráfego a partir do momento em que constitui uma rede de troca de serviços ou que alimenta, com os bens produzidos, um comércio ilegal. Nesse sentido, o tráfico não representa senão um subconjunto da economia subterrânea: esta compreende ainda as atividades legais que não são registradas pela contabilidade nacional, como o trabalho doméstico. O tráfico é considerado "local" quando, em um território claramente delimitado, coloca em contato diferentes atores que se relacionam em razão de proximidade de vizinhança.

Nos bairros estudados (Vieillard-Baron, 2001), três atividades principais podem recobrir a noção de tráfico local: inicialmente, o "bico", em geral bem distante da intenção delinquente, caracterizado, sobretudo, pelos pequenos

Figura 22

Os contratos locais de segurança em 2002
A maior parte dos contratos locais de segurança situa-se em comunas que já têm um contrato de cidade. Essas comunas pertencem às zonas cobertas pela gendarmaria (no oeste e no centro mais particularmente) ou, mais frequentemente, a zonas cobertas pela polícia (Paris e aglomerações mais importantes). Em algumas comunas situadas nas periferias das grandes cidades, encontramos setores da gendarmaria e setores da polícia, mas uma grande reorganização está em curso desde 2002.

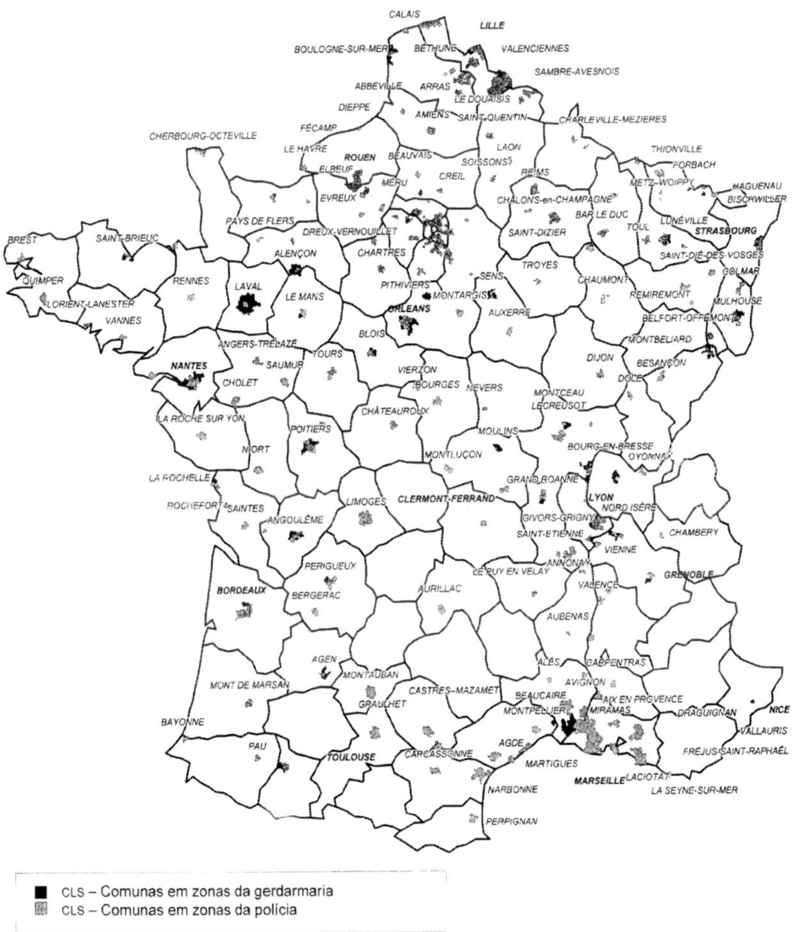

Apenas as comunas dos CLS com contratos da cidade estão representadas nesse mapa.

comércios de sobrevivência: venda em feiras livres ou de porta em porta e diversas formas de trabalho pontual sem registro em carteira (faxina em residências, consertos domésticos ou de automóveis etc.). Em seguida, o "trambique", que repousa sobre redes mais bem organizadas e oferece melhor remuneração (comércio de objetos roubados, de roupas, de telefones celulares, tráfico de maconha). Enfim, os tráficos de grande envergadura que compõem uma verdadeira economia paralela, sustentada por relações de força e por verdadeiras redes mafiosas (receptação de furtos e roubos, venda de drogas pesadas, saques de armazéns).

A maior parte dos contratos locais de segurança situa-se em comunas que já têm um contrato de cidade. Essas comunas pertencem às zonas cobertas pela gendarmaria (no oeste e no centro mais particularmente) ou, mais frequentemente, a zonas cobertas pela polícia (Paris e aglomerações mais importantes). Em algumas comunas situadas nas periferias das grandes cidades, encontram-se setores da gendarmaria e setores da polícia, mas uma grande reorganização está em curso desde 2002.

Não é preciso dizer que os poderes públicos fazem da luta contra esses tráficos o eixo central de sua política de segurança. Entretanto, o próprio conhecimento do fenômeno permanece muito incompleto. Não existe um local que centralize a informação sobre o assunto nem um estudo sintético. De fato, os agentes sociais, os inspetores do trabalho, os diretores de grandes estabelecimentos, os boatos nos bairros, constituem frequentemente a fonte de informação mais precisa, com todos os riscos que isso acarreta. Entretanto, a seção "cidade e periferia" dos setores de informação da polícia, que utiliza não somente as estatísticas dos serviços repressivos, mas também os testemunhos dos habitantes, elaborou uma escala diferente da utilizada para violências urbanas, com o objetivo de dar conta dos tipos de manifestação da economia subterrânea. Compreendendo seis categorias, essa escala foi elaborada a partir do tráfico de drogas em 1993, depois ampliada em 1998 para outras formas de economia subterrânea (roubos, receptação, tráfico de documentos falsos, prostituição etc.). Entre 1993 e 1998, observa-se uma estagnação, até mesmo uma regressão do número dos bairros em que se exercem pequenos tráficos locais. Para as categorias 1 e 2 reunidas, passou-se de 315 bairros afetados em 1993 para 289 em 1998. Em contrapartida, houve um aumento notável de bairros que se situam nas categorias 4, 5 e 6 (tráfico organizado com atravessadores e olheiros, local de aprovisionamento de heroína) e um endurecimento das formas locais de liderança de gangues, ao passo que em 1993 foram contados 105 bairros nessas categorias e em 1998 contaram-se 285.

O perigo dessa escala é focalizar unicamente os tráficos ao passo que a análise indica que nos bairros há frequentemente uma sobreposição entre economia legal e economia paralela, o que contradiz o princípio de uma sociedade de duas velocidades. O trambique está frequentemente associado a um estágio ou um a pequena atividade regular. O trabalho informal pode ser um trampolim para a reinserção econômica e social. A renda gerada pelo tráfico pode constituir um complemento importante ou contribuir para despesas familiares quando não há proibição para a introdução de recursos ilícitos.

Fluxos financeiros importantes

A semelhança dos resultados obtidos por diversas avaliações destaca a importância dos recursos financeiros gerados pelos tráficos locais. Em 1996, um relatório do CESDIP (Centro de Pesquisas Sociológicas sobre o Direito e as Instituições Penais), que analisou em nível nacional os "custos do crime", chegou a um montante compreendido entre 4,7 e 6,7 bilhões de francos para a cânabis, entre 8 e 12 milhões para a cocaína e entre 15 e 22 milhões para a heroína. No total, os fluxos financeiros produzidos pelo consumo de entorpecentes se situavam na época entre 28 e 41 bilhões de francos. O mesmo estudo estima em 17 bilhões de francos os prejuízos do trabalho informal e de 13 a 18 bilhões o prejuízo dos roubos nas lojas.

No nível local, as pesquisas são limitadas e excluem os tráficos relacionados à receptação e à venda de objetos roubados. O estudo realizado em 1993 pelas equipes de Michel Schiray estimava em 18 milhões de francos os recursos financeiros em circulação para o consumo da maconha e da heroína em um bairro sensível do oeste parisiense. Por mais significativa que seja a quantia, ela mal representa a metade da renda salarial mensal do bairro. De maneira mais geral, a amplitude dos benefícios reais gerados pelo tráfico não deve ser superestimada. A grande irregularidade dos fluxos de renda e o caráter aleatório das redes reorientam boa parte dos jovens que tentaram entrar no "tráfico" para instituições clássicas de busca de emprego e mesmo para estágios de inserção, apesar de estes serem mal remunerados. Isso não impede que os bicos e os trambiques, que parecem relativamente espontâneos, sejam marcados por uma grande capacidade de renovação em um quadro estritamente localizado. Quando alguns jovens são presos, eles são imediatamente substituídos no próprio bairro, segundo uma lógica de reprodução que parece constituir um "sistema".

Duzentos bairros de "potencial mafioso"...

O caso de setores em que os tráficos são organizados segundo um modelo completamente mafioso é raro na França continental; ele envolveria uma centena de bairros (categoria 6 da escala das manifestações da economia subterrânea). É difícil dizer se essas formas de organização são um simples epifenômeno destinado a desaparecer rapidamente ou, ao contrário, o prenúncio de desvios ao modo americano. Paralelamente, segundo um registro dos serviços de informação da polícia, datado de 1998, existiriam cerca de 200 bairros com "potencial mafioso" (categoria 4 e 5 na escala). Em 2002, a situação quase não tinham mudado. Logicamente, os tráficos estão relacionados às fortes densidades urbanas. As regiões que contam com maior número de bairros afetados pela economia subterrânea são as mais urbanizadas: inicialmente, Île-de-France com 120 bairros afetados em 1997; em seguida, Provença-Alpes-Côte d'Azur com 73 bairros e, enfim, Ródano-Alpes (52 bairros) e Nord-Pas-de-Calais (36 bairros).

Nos bairros mais atingidos, o uso da violência para controlar o mercado da droga expulsa as práticas coletivas de apropriação do espaço. Entretanto, segundo os serviços de informação da polícia, um terço dos bairros onde existe tráfico de droga é desprovido de violências urbanas. Globalmente, entre os 127 bairros em que a taxa de delinquência diminuiu entre 1993 e 1998, três quartos estão em locais em que os serviços da polícia observaram formas diversas de economia subterrânea. A esse respeito, citam-se frequentemente os grandes conjuntos habitacionais de Bosquets, em Montfermeil; de Franc-Moisin, em Saint Denis; os "4.000", em La Courneuve; de Clos-Saint-Lazare a Stains; de Orgemont a Épinay-sur-Seine; de Salvador-Allende a Villetaneuse, para não considerar apenas o departamento de Seine-Saint-Denis. Uma espécie de "paz social", ou, antes, de controle social, tende a se estabelecer: frequentemente ela está relacionada à rentabilidade do tráfico e à conivência tácita da população. Após terem sido classificados no grau 4 ou 5 da escala de violências urbanas, todos esses bairros estavam no grau 1 ou 2 da escala em 1998. Mas após o apaziguamento necessário à instalação dos tráficos, o desenvolvimento das atividades subterrâneas passou a ser acompanhado, em geral, de um grave recrudescimento da violência. A longo prazo, a correlação entre tráfico de drogas pesadas e violência urbana é inevitável.

Do conflito político ao risco social

Não é preciso dizer que os riscos sociais engendrados por conflitos violentos ou por lutas pelo poder, frequentemente desencadeados em nome de ideologias extremistas, não podem ser tratados aqui de maneira exaustiva. Qualquer análise nesse domínio ultrapassa largamente os domínios da geografia. Entretanto, a geopolítica abre algumas perspectivas para a análise dos riscos sociais naquilo que a liga ao estudo das tensões políticas em suas dimensões social e espacial, como as que foram vividas, por exemplo, no momento em que as fronteiras dos Estados europeus foram desenhadas. A geopolítica ressalta, em primeiro lugar, a pluralidade e a complexidade dos dados geográficos a serem levados em conta para a compreensão de tais riscos. Mostrar a distribuição das forças políticas no espaço e sua evolução por meio de mapas claros e sugestivos, ou destacar a expansão das ideologias políticas ou religiosas de acordo com os contextos geográficos e sociais, permite elucidar as representações que animam os protagonistas dos conflitos e, eventualmente, antecipar os efeitos nefastos que as ideologias podem ter sobre as populações. Na medida em que a geopolítica contribui para o estudo dos conflitos, guerras e terrorismos, e de seus efeitos (genocídios, catástrofes humanitárias, desastres ambientais), ela não pode estar ausente de uma reflexão sobre os riscos sociais.

Os riscos sociais engendrados pelas ideologias totalitárias

As ideologias totalitárias, as ditaduras, as discriminações sociais e raciais, frequentemente associadas, fizeram pesar sobre o século XX riscos maiores que conduziram a catástrofes mortais de dimensão planetária: conflitos mundiais, massacres organizados, genocídios... As guerras civis que frequentemente os precederam ou acompanharam foram igualmente dramáticas nas penínsulas Ibérica, Balcânica, Indiana ou Indochinesa, por exemplo. Os efeitos diretos ou indiretos desses conflitos sobre as populações civis e sobre o meio ambiente foram consideráveis. Homens e mulheres foram mortos aos milhões por causa de epidemias provocadas pelas carências sanitárias e pela miséria acumulada durante os meses de conflito. Campos foram devastados. Zonas urbanas completas, até mesmo cidades inteiras, como Varsóvia em 1944, foram destruídas, deixando seus habitantes na mais extrema penúria, quando não foram aniquilados.

Registremos que as guerras de 1914-18 e de 1939-45 foram verdadeiras hecatombes demográficas que hipotecaram pesadamente o futuro dos Estados europeus: 13 milhões de perdas militares na primeira guerra, mais de cinquenta milhões de mortos, civis e militares na segunda, pouco mais da metade na Europa.

Um retorno na história mostra que a guerra como resultado dramático de um "risco social", relacionado a uma ideologia totalitária capaz de provocar centenas de milhares de mortos, é uma invenção moderna. Com raras exceções, até o século XVIII as guerras não diziam respeito à nação, uma vez que, na maior parte do tempo, tinham a ver com querelas dinásticas. No contexto da pacificação dos costumes, elas aparecem para os nobres como um lenitivo legítimo à violência privada. A própria noção de "soldado-cidadão" não existe. São de fato guerras sem ideologia dirigidas por nobres e realizadas por tropas profissionais extremamente custosas para o soberano e que, portanto, deviam ser dirigidas de forma consequente. Seus objetivos são limitados e não envolvem o país na sua totalidade. Na época, os habitantes as viam mesmo com indiferença, quando eles não eram resgatados por elas e não sofriam dragonadas.* Estamos distantes das guerras mundiais que ensanguentaram o século XX. Estamos distantes das matanças maciças das épocas de Stalin e Mao.

Entretanto, a prática da escravidão e a colonização iniciada no século XVI fizeram pesar sobre povos inteiros perigos mortais, e as ideologias coloniais que as acompanharam, notadamente na África, América Latina e Ásia, podem ser consideradas totalitárias uma vez que impuseram uma visão unívoca do bem e do progresso social. Para os povos indígenas, os métodos utilizados na colonização se revelaram um risco social maior que levou à destruição dos equilíbrios tradicionais que presidiam sua organização social, quando não causaram o aniquilamento de sua cultura.

O genocídio como resultado de um risco social "total"?

O genocídio como resultado de conflitos multiétnicos ou de ideologias totalitárias surge como uma catástrofe incomensurável e quase inexprimível,

* N.T.: As dragonadas foram expedições realizadas pelo regimento dos dragões da França, que, sob as ordens de Luís XIV, perseguiram os protestantes (que deveriam ser protegidos por elas) para forçá-los a se converter ao catolicismo.

consequência de um risco social "total" uma vez que este resulta em um massacre programado de grupos humanos inteiros. Representando o mais grave dos crimes contra a humanidade, o genocídio é juridicamente identificado pela Convenção para a Prevenção e a Repressão do Crime de Genocídio adotado por unanimidade pela Assembleia Geral das Nações Unidas de 9 de dezembro de 1948. Mas foi a partir do estatuto de 8 de agosto de 1945 (criação do Tribunal de Nuremberg, convocado para julgar os grandes criminosos nazistas) que o crime contra a humanidade foi pela primeira vez claramente colocado em evidência ao lado de dois outros crimes maiores: o crime de guerra e o crime contra a paz. Em termos de direito internacional, entretanto, somente grupos nacionais, étnicos, raciais e religiosos são levados em conta na definição do genocídio. As comunidades econômicas, políticas e culturais estão excluídas.

Se as Nações Unidas reconheceram oficialmente três genocídios, a lista é certamente a maior; ela testemunha, em todo caso, o horror que presidiu desafortunados do século XX e resultou em matanças maciças: armênios, judeus, ciganos, kmers, tútsis, bósnios muçulmanos, albaneses do Kosovo... O primeiro genocídio registrado, o dos tútsis, massacrados a machadadas em Ruanda entre abril e julho de 1994, foi, contudo, longamente preparado sem suscitar nenhum interesse por parte da comunidade internacional, como se o risco não tivesse sido percebido em toda sua amplitude. Os sinais precursores passam frequentemente despercebidos ou são amenizados, talvez por falha de análise, por miopia completa ou ainda para preservar interesses, quaisquer que sejam.

De maneira geral, as guerras – que já são em si mesmas uma catástrofe – se apresentam como um risco social maior do ponto de vista dos efeitos provocados: deslocamentos maciços de populações civis fragilizadas; crises sanitárias que aumentam os riscos de epidemias (tuberculose ou cólera, por exemplo) e de pandemias, principalmente a partir da propagação do vírus da aids (HIV) em um contexto de banalização dos crimes sociais; degradações ambientais, que pesam sobre as vilas em razão da multiplicação de ações militares no solo e das poluições atmosféricas. A primeira Guerra do Golfo, em 1990, levou o Kuwait a um desastre ambiental que pode ser situado no nível das catástrofes de Bophal e de Chernobyl.

As aglomerações urbanas constituem focos multiplicadores dos efeitos produzidos pela guerra. Por exemplo, em 1994, no ex-Zaire, a cidade de Goma foi vítima de uma aterradora epidemia de diarreia infecciosa depois de receber um afluxo de oitocentos mil refugiados ruandeses em curtíssimo período de tempo. O resultado foi a morte de cinquenta mil pessoas em poucos dias. A difusão da aids foi acelerada depois das dezenas de milhares de estupros perpetrados por soldados infectados. Essa situação tem uma incidência forte quando do retorno à paz: relações sociais ficam gravemente deterioradas; a capacidade de produção é reduzida; a violência e a anarquia se desenvolvem. Os desastres se encadeiam como em uma espiral de horror (Baudouï, 2003).

Essas reações em cadeia podem igualmente ser provocadas pelas ações terroristas pontuais em um clima social e político particularmente tenso.

O terrorismo como risco político de consequências sociais incalculáveis

O terrorismo, que desempenha um papel novo no mundo desde o final dos anos 1960, não pode ser tratado globalmente nesse contexto, mas é importante que o discutamos, pois ele constitui um risco maior para as sociedades contemporâneas e um verdadeiro desafio para o geógrafo. Inicialmente, o terrorismo tem uma dimensão transnacional, que poderia inscrevê-lo na geografia das redes. Em seguida, adquire um caráter endêmico no nível local ao multiplicar os alvos e os terrenos de ação: o lugar dos atentados é praticamente imprevisível, o objetivo é frequentemente atingir o maior número possível de pessoas. Por fim, a violência das agressões e seu caráter cego esgotam as populações mais frágeis (que são tradicionalmente as que estão em risco) e fazem a ameaça recair sobre cada indivíduo. Em suma, a busca pelas causas convoca uma multidão de variáveis que interrogam tanto o direito quanto a história, a psicologia ou a geografia.

Para registro, lembraremos, entretanto, que a primeira importante onda de terrorismo com impacto sobre a Europa aconteceu no final do século XIX e foi suscitada por anarquistas violentos e por iluminados, particularmente na Rússia e na península Balcânica, que eram pagos para defender uma causa que frequentemente lhes escapava.

As diversas formas do terrorismo

Mas antes de tudo, é preciso lembrar que o terrorismo – como ação política violenta e ilegítima diante da violência supostamente legítima do Estado – recobre realidades muito diferentes. Se colocarmos de lado o caso paradoxal do terrorismo de Estado, que pode revelar-se temporário ou duradouro em nações não democráticas como a Líbia ou a Libéria, distinguiremos dois sistemas terroristas que se estruturam em organizações diferentes: a guerrilha e as ações violentas pontuais. Primeiramente, a guerrilha, que utiliza não somente métodos de extenuação, mas também atentados e diversas formas de sabotagem, se enraíza no terreno apoiando-se em uma base social forte. Os casos das guerrilhas levadas a cabo pelo Sendero Luminoso, no Peru, ou pelos curdos do PKK (Partido dos Trabalhadores do Curdistão), na Turquia, ou ainda pelos Tigres Tâmiles, no Sri Lanka, e que obrigam o exército a contraofensivas tanto rurais quanto urbanas são significativos desse ponto de vista. Em seguida, as ações pontuais constituem o modo de atuação de organizações especializadas que possuem meios mais limitados, que realizam recrutamentos junto a uma minoria da população. Sua base social pode variar no tempo, como no caso do Hamas ou da Jihad Islâmica, no Oriente Médio.

As atividades terroristas europeias, originárias de movimentos nacionalistas históricos, não representam senão uma fração da população dos territórios reivindicados, como o ETA (Euskadi Ta Askatasuna – Pátria Basca e Liberdade) ou o IRA (Exército Republicano Irlandês). São movimentos de minorias decididas a empregar meios radicais e que teceram redes importantes no mundo, as quais contribuem para seu financiamento, apesar de um descrédito político crescente. Os movimentos terroristas corsos são diferentes na medida em que descambaram em desvios mafiosos e em uma atomização forte, não representando senão uma parte ínfima da população da ilha.

No conjunto desses movimentos terroristas, os provenientes dos países do Oriente Médio e da África do norte recebem mais atenção por parte da mídia. Eles representam um risco particular para a França pelo fato desta ter participado da história colonial de uma parte desses Estados e manter nessa região interesses particulares.* Na Argélia, o terrorismo islâmico, cujos autores foram em parte treinados no Afeganistão, é sempre uma ameaça latente; ela toma a forma de uma barbárie intolerável mesmo que seja enfraquecida por um contra terrorismo de Estado particularmente brutal. Mas cometeríamos um erro se reduzíssemos o terrorismo a apenas esses Estados. A Caxemira indiana, por exemplo, conhece uma guerrilha (sustentada pelo Paquistão desde a divisão da Índia, em 1947), que realizou

* N.T.: É o caso, principalmente, da Tunísia, do Marrocos e da Argélia. Os dois primeiros foram protetorados franceses até 1956, quando obtiveram suas independências. A Argélia foi parte da França até 1962, quando, após vários anos de guerra, obteve sua independência.

numerosos atentados de caráter terrorista acompanhados do desejo paquistanês de internacionalização do conflito. E o que dizer da Indonésia e do Sri Lanka, onde a estratégia de terroristas consiste em levar a morte ao território do adversário? Em 12 de outubro de 2002, um atentado com um carro bomba provocado pela organização terrorista Jemmah Islâmica, que estaria ligada à rede Al-Qaeda de Osama bin Laden, fez cerca de 190 mortos e uma centena de desaparecidos ao destruir uma boate na ilha de Bali. De repente, o debate sobre a prioridade acordada pelos Estados Unidos ao alvo afegão e depois ao alvo iraquiano na luta contra o terrorismo internacional teve de ser repensado...

Em outubro de 2003, o terrorismo estava longe de ser erradicado; suas manifestações se ampliavam até mesmo no Iraque. Em todos os casos, o objetivo dos autores dos atentados é provocar um enfrentamento, radicalizando os antagonismos. Trata-se em um primeiro momento de desestabilizar regimes árabes que sustentam os Estados Unidos (Arábia Saudita, Jordânia, Egito...) e depois de promover sua queda sob a pressão dos movimentos islâmicos.

Os sequestros de avião e atentados suicidas como riscos maiores

Os sequestros de avião, disseminados após o desvio do voo da El-Al entre Roma e Tel-Aviv pela Organização para Libertação da Palestina (OLP), em julho de 1968, colocaram na frente da cena a questão palestina e o terrorismo internacional e assim expandiram a noção de risco social para o planeta inteiro. Mas o que caracteriza essas ações é o lugar reservado ao sacrifício pessoal de cada um dos membros da organização. Os novos candidatos, após terem rompido toda ligação com seus próximos, são doutrinados e formados em campos paramilitares e os mais motivados são selecionados para fazerem parte de comandos suicidas.

Mais próximos de nós, os atentados de 11 de setembro de 2001, que atingiram o coração dos Estados Unidos fazendo mais de três mil mortos, têm um valor simbólico sem precedentes. Mas eles não deixam de ser atos terroristas clássicos que transpõem a técnica dos atentados suicidas realizados com carros-bomba ou com cintos forrados de explosivos para a escala da potência destrutiva de um avião cheio de querosene. Com a mudança da dimensão, entretanto, podemos nos perguntar se não entramos em uma era de terrorismo de destruição de massa. Em todo caso, os chefes de Estado e as autoridades militares subestimaram largamente as possibilidades do terrorismo tradicional no momento em que este passou a integrar a fórmula dos atentados suicidas (Chaliand, 2002).

Já o atentado com gás sarin cometido pela seita Aum Shinrikyo no metrô de Tóquio, em março de 1995, parecia anunciar esse risco de aniquilamento maciço. Na época, o acontecimento causou a morte de 12 pessoas e intoxicou gravemente outras 5,5 mil. As investigações ulteriores da polícia levaram à descoberta de um estoque de 50 toneladas de gás sarin o qual poderia ter matado de 4 a 6 milhões de pessoas. A ameaça de tipo biológico surgida com o desejo de disseminar a doença do carbono (denominada Antrax em inglês) mediante o envio de um pó branco teve um impacto psicológico considerável no mundo, bem superior a seus efeitos diretos (4 mortos e duas dezenas de contaminações sérias), mas esse jogo com a psicologia das massas está precisamente no centro da ação terrorista.

Para terminar, é preciso lembrar que os riscos sociais associados ao terrorismo recobrem hoje um conjunto de redes cujas fileiras são conhecidas apenas parcialmente, apesar da intensificação das investigações dos serviços secretos americanos, asiáticos e europeus após o 11 de setembro de 2001. Ao final, a escalada mortal dos atentados constitui um obstáculo a todo processo de negociação e faz pesar uma ameaça insuportável sobre o mundo.

Alguns exemplos de Estados e situações urbanas sob risco

Riscos políticos, urbanos e sociais frequentemente se correspondem. Isso pode ser observado em escalas diversas por meio de alguns exemplos escolhidos no mundo inteiro.

Os Estados em risco

Certos países como a Colômbia, o Peru, o Iêmen, a Libéria ou Serra Leoa, cuja situação interna não está verdadeiramente estabilizada, podem deixar parte de suas populações indefesas diante da insegurança. Seus habitantes estão submetidos a riscos maiores na medida em que a guerra civil aí é latente ou declarada há vários anos e as formas de violência extrema são frequentes. Nesses locais, ações de guerrilha opõem regularmente forças controladas de uma forma desigual que se proclamam ora o exército ou correntes próximas do poder, ora movimentos de oposição de ideologia marxista ou anarquista.

Na Colômbia, por exemplo, os combates que opõem o Exército de Libertação Nacional (ELN) e, sobretudo, as Forças Armadas Revolucionárias da Colômbia (Farc) ao exército nacional e aos grupos ditos de "Autodefesa Unida da Colômbia" (AUC) fazem pesar riscos maiores sobre as populações civis: submissões forçadas, atentados cegos, incêndios, destruição de vilas inteiras... Os rebeldes ameaçam os políticos locais e os representantes do Estado. Em dezembro de 2002, mais de um terço dos prefeitos da Colômbia havia desertado de suas vilas. A população civil, sujeita ao fogo cruzado das guerrilhas e vítima da incapacidade do Estado, se vê frequentemente constrangida a fugir. A questão dos refugiados assumiu hoje uma dimensão nacional e os auxílios específicos são concedidos pelo Estado, pelas ONGs e por diversas organizações humanitárias. A própria definição de refugiado dada pela lei 387, votada pelo parlamento colombiano em julho de 1997, inscreve claramente esse debate na problemática dos riscos sociais:

> É considerado refugiado todo indivíduo que se viu forçado a migrar no interior do território nacional, abandonando seu domicílio e suas atividades econômicas habituais pelo fato de sua vida, sua integridade física, sua segurança ou liberdades pessoais terem se tornado vulneráveis ou se encontrarem diretamente ameaçadas em decorrência de uma das situações seguintes: conflito armado interno, problemas e tensões interiores, violência generalizada, violações maciças dos direitos humanos, infração ao direito internacional humanitário ou todas as outras circunstâncias que emanariam das situações anteriores e que poderiam alterar ou alteram de maneira drástica a ordem pública.

Assim, de 1985 a 2002, segundo o Observatório para os Direitos do Homem e para o Deslocamento (CODHES), 2,9 milhões de pessoas teriam sido "deslocadas" pela violência; 412 mil apenas em 2002. Apesar do crescimento da violência urbana, são sempre as aglomerações que nas representações coletivas oferecem os espaços de maior segurança. Nesses 15 últimos anos, mais de 50 mil pessoas chegaram dessa maneira a Bogotá, capital hoje povoada por mais de 7 milhões de habitantes. Em 2001, sob a pressão da insegurança, nada menos que 53 mil indivíduos teriam "migrado" para essa capital já superpovoada, saturada pela pobreza e exaurida pela criminalidade. Trata-se de uma população muito jovem (54% têm menos de 18 anos), caracterizada por um forte contingente feminino (58% de mulheres) e por uma origem majoritariamente rural. Hoje, os problemas de integração são tais (emprego, escolarização das crianças, acesso a serviços sociais etc.) que as novas políticas priorizam o retorno dos refugiados, mas sem ter realmente os meios de assegurar sua segurança.

Para registro, lembraremos que ainda em outubro de 1998 a guerrilha teria obtido do governo colombiano uma zona desmilitarizada de 42 mil km^2, denominada Canguan. Além disso, é preciso saber que os raptos de pessoas para obtenção de resgates substanciais que alimentem o terrorismo são moeda corrente. O relatório da Anistia Internacional de 1999 faz menção a mais de 1,8 mil sequestros efetuados em 1997. Desde essa data, têm ocorrido entre 2 mil e 3 mil sequestros e mais de 20 mil homicídios por ano sem que se consigam distinguir claramente os crimes de guerra dos crimes comuns. O caso de Ingrid Betancourt, ex-senadora e antiga candidata ecologista "anticorrupção" à eleição presidencial colombiana, detida como refém desde fevereiro de 2002, é significativo desse ponto de vista.

A Libéria, vítima das exações de seu presidente, que apoiou as facções rebeldes do Front Popular Unificado (RUF), conheceu uma verdadeira catástrofe humanitária entre 2002 e 2003. Já em maio de 2001, a Anistia Internacional denunciava "assassinatos, torturas e sequestros" no norte do país e pedia ao governo da Libéria e às tropas de oposição armadas baseadas na Guiné que "cessassem imediatamente o sequestro de mulheres, crianças e outros civis". Hoje, o cessar-fogo dificilmente é respeitado, mesmo com a demissão do presidente Charles Taylor em agosto de 2003. As escaramuças que opõem esporadicamente as forças governamentais aos rebeldes do LURD (Liberianos Unidos para a Reconciliação e a Democracia) causam numerosas perdas civis. Os bombardeios que persistiam no centro de Monrovia durante o verão de 2003, os combates na periferia e a presença de bandos de jovens adolescentes armados e drogados ameaçam permanentemente os habitantes. Como várias ONGs haviam sido obrigadas a deixar o país algumas semanas antes, o programa alimentar mundial não assumiria mais as operações de distribuição de alimento regularmente. Em agosto de 2003, segundo os responsáveis da Ação Contra a Fome (ACF), cerca de 300 mil pessoas padeciam a falta de alimentos e de cuidados básicos. Nessa época, era preciso somar aos habitantes de Monrovia cerca de 200 mil refugiados que teriam fugido dos combates e estavam alojados nos estádios, escolas ou igrejas sem acesso regular à água ou à alimentação... À guerra civil junta-se hoje toda uma gama de riscos a que estão sujeitos primeiramente os mais frágeis.

Mais amplamente, essas formas de violência e de terrorismo têm, sob o disfarce da reivindicação nacionalista e/ou democrática, a tendência de se autorregulamentar mesmo no interior do Estado por meio de um jogo de cumplicidade que, em geral, envolve os tráficos de armas e drogas, sem os quais esses movimentos não poderiam obter financiamentos à altura de suas sinistras ambições. Hoje, não se vê como seria possível colocar fim a essas formas de crime organizado a não ser mediante a intervenção da comunidade internacional, respaldada pelo direito de ingerência humanitária.

Em outro nível, certos países jogam com a iminência dos riscos exteriores que poderiam atingi-los para assegurar o apoio da comunidade internacional. É o que se pode ver no Oriente Médio.

Beirute ou a instrumentalização do risco político no centro da aglomeração

Após um longo período de ocupação otomana, durante a vigência do mandato confiado à França em 1920 pela Sociedade das Nações e após a independência definitivamente proclamada em 1943, a construção do Estado libanês se efetuou sob um risco considerável. E a guerra civil que ensanguentou Beirute, capital libanesa, durante 15 anos, de 1975 a 1990, destaca com clareza o peso político das aglomerações nos conflitos interiores. De fato, a probabilidade de uma guerra civil como risco político de consequências humanas dramáticas se fez presente no coração da aglomeração urbana desde a criação do Estado libanês, apesar de discursos ingênuos dos anos 1960 sobre a "Suíça do Oriente Médio". É preciso dizer que a sujeição imposta ao país pela variedade de comunidades constitutivas que o compõem (maronitas, ortodoxos, drusos, xiitas, sunitas etc.) atuou nesse sentido. Ainda hoje, a competição entre as comunidades, que presidiu a formação do país, o mantém em situação de instabilidade, mesmo após a terrível experiência da guerra civil.

Em termos políticos e para evitar o isolamento, o Líbano procurou se legitimar amplamente junto ao mundo árabe acolhendo cerca de cem mil palestinos em 1948. Se o país perdura ainda hoje como estado integral, é porque numerosos países consideram que ele constitui, enquanto entidade política, a solução mais aceitável diante do "risco palestino"...

Se a corda fica tensa diante do poderoso "aliado" sírio e sujeita a numerosas influências exteriores, o governo libanês atual (2003) parece encenar a fragilidade da nação para assegurar sua perenidade. Estado que se afirma como "vítima", o Líbano se estrutura, portanto, sobre uma pluralidade de riscos dentre os quais figuram com destaque os riscos "palestino" e "israelense", os quais conduzem, eles próprios, ao risco de enfrentamento armado.

Mais precisamente, a situação de "corpo estrangeiro" na qual os palestinos são colocados pelas autoridades governamentais e por boa parte da sociedade libanesa os constitui como risco social maior. Mas, ao mesmo tempo, a comunidade palestina do Líbano invoca sempre o provisório e as ameaças que pesam sobre sua permanência para justificar as reivindicações sobre sua terra. Mas o provisório persiste, apesar de tudo, há mais de cinquenta anos... Para essa comunidade, instalar-se definitivamente no Líbano e abandonar toda esperança de retorno seria trair a causa dos mártires. Em suma, o risco teria se tornado indispensável à sobrevivência do estado libanês.

A encenação da fragilidade realizada pelo Estado talvez permita que se passe ao largo de uma discussão franca sobre a situação da sociedade, não somente relativa às desigualdades sociais que se ampliam de maneira flagrante, mas também concernente à memória da guerra civil, às exações das milícias, à corrupção e às implicações urbanas das divisões comunitárias – como a fragmentação da capital em bairros armados. Sob certos pontos de vista, os palestinos se constituíram em bodes expiatórios: a eles é atribuída a maior parte dos riscos que pesam sobre o Estado e sobre a sociedade.

Esses artifícios que se desenvolvem em espiral poderiam aumentar com o tempo os riscos de toda natureza, evidentemente, com as populações civis mais modestas sendo as primeiras a serem afetadas. A inquietude é tanto maior na medida em que atualmente não existe no Líbano um governo realmente autônomo nem a gestão central dos riscos, a qual está fragmentada em normas de gestão variáveis. Particularmente em Beirute, contam-se diferentes polícias concorrentes: polícia de Estado, polícia municipal, milícias comunitárias, serviços de informação mais ou menos associados aos serviços sírios etc.

Istambul: do risco sísmico à reconstrução social?

A Turquia ilustra bem, apesar de tudo, o que podem ser riscos urbanos decorrentes de efeitos sociais causados por riscos naturais. O violento terremoto de magnitude 7,4 ocorrido em 17 de agosto de 1999 em Izmit, situada a 150 km ao sudeste de Istambul, fez entre 17 e 30 mil mortos – números oficiais. Os bairros populares mais modestos, construídos às pressas em violação às normas elementares de construção parassísmica, foram os mais afetados, refletindo o papel essencial das desigualdades sociais na exposição aos riscos naturais. Pode-se ver que a má-fé dos responsáveis pelas construções foi ao encontro das condições dos proprietários mais pobres, frequentemente sem instrução e sem meios de apresentar uma reclamação perante os tribunais. Entretanto, esse terremoto, que mobilizou a ajuda internacional e evidenciou ao mesmo tempo a incompetência das autoridades e a insuficiência dos meios de socorro nacionais, engendrou uma verdadeira conscientização da sociedade civil turca em relação às carências da prevenção.

Do combate aos efeitos sociais dos terremotos, frequentemente traduzido em termos de luta contra as desigualdades, muitos passaram à ideia de que era necessário um terremoto político. O discurso midiático propagou a eficácia da intervenção comum de todos os membros da sociedade contra o flagelo: vidas teriam sido salvas graças a um elã de solidariedade. Da mesma maneira, deveria ser possível reelaborar a Constituição do Estado turco em um espírito mais democrático e mais unitário se todos se dessem as mãos sem prevenções. Dito de outra forma, o risco sísmico que pesa sobre a Turquia, sobre Istambul em particular, com a ativação da falha geológica norte-anatoliana, deveria ser um meio de luta contra o risco social, este entendido tanto em termos políticos quanto em termos urbanos: risco de ditadura ou de revolta, tanto quanto de fragmentação urbana e de desigualdade. Nesse sentido, viu-se florescer uma multidão de associações de bairro e de proteção civil, mas também de "reconstrução moral", associações de vítimas e de auxílios às vítimas, por exemplo. As numerosas fundações já constituídas reafirmaram seu papel caritativo.

Em suma, a temática dos riscos urbanos na Turquia tornou-se uma maneira de questionar o "viver junto" da cidade e de atualizar a discussão sobre o Estado. Mas o discurso está longe da realidade! Os observadores notaram que muitas associações não eram espontâneas, mas tinham sido criadas pelas prefeituras, e que as fundações haviam paradoxalmente contribuído para reforçar as diferenças segundo as regras habituais pessoais de cada um. Em termos de urbanismo e de construção, o terremoto incontestavelmente acelerou a fragmentação da cidade.

A partir de 1999, as construções passaram a avançar em direção às periferias mais seguras de Istambul, em particular a oeste. Numerosas comunidades fechadas se formaram na direção do mar Negro, em Sanyer ou Kilyos, por exemplo, enquanto outros bairros de boa reputação eram desclassificados sob a alegação de que estavam diretamente expostos ao risco de terremoto. Além disso, o governo planeja construir em um setor protegido unidades-piloto de 25 mil habitantes, especialmente em Thrace, compreendendo um conjunto de serviços e de indústrias que eventualmente se beneficiarão de um estatuto de zonas francas. Se a expressão da fragmentação urbana tem um sentido, ela pode certamente ser aplicada a Istambul. Em 2002, havia mais de 220 comunidades fechadas e reservadas aos quadros e aos funcionários de primeiro escalão no oeste da cidade (Pérouse, 2001).

Finalmente, em nome da luta contra os terremotos e seus efeitos na sociedade, constituíram-se outros riscos sociais de um tipo novo, relacionados à aceleração da fragmentação urbana e à divisão social. Entretanto, esses novos riscos nem sempre são percebidos de forma clara. Na imprensa de Istambul, o discurso sobre o risco urbano é sempre relacionado ao discurso sobre a violência que coloca em evidência tanto as exações das minorias terroristas quanto as dos policiais e dos militares. Por exemplo, é dada prioridade ao enfrentamento das formas de terrorismo político relacionadas às oposições entre partidos e sindicatos; aos grupos "étnicos" que ameaçariam a Turquia (os afegãos, por exemplo); aos distúrbios de torcedores em manifestações esportivas; às brutalidades associadas à droga e ao tráfico de entorpecentes; à violência socioeconômica que se exprime sob a forma de agressões e de roubos e à violência jurídico-econômica que se manifesta pelo tráfico de clandestinos, pelo contrabando, pelos abusos nas horas de trabalho (Akan, 2001).

Em contrapartida, a imprensa não discute a discriminação social na contratação de trabalhadores, o estigma de certos bairros (por exemplo, os habitantes de Gazi, na periferia, são considerados indesejáveis) e permanece prudente sobre as grandes desigualdades sociais que pesam sobre a cidade. De certa maneira, a tendência tem sido priorizar a importância dos riscos naturais e, em particular, a urgência do risco sísmico para manter a ordem estabelecida, sempre com um discurso crítico. Em suma, o risco e a crise social que lhe sucedem se tornara uma espécie de instrumento político.

As favelas do Rio de Janeiro: da ilegitimidade urbana ao risco social

No Brasil, a cidade do Rio de Janeiro aparece um pouco como a vitrine do país, a caixa de ressonância amplificada de um estado gigantesco que em 2003 era povoado por 175 milhões de habitantes. Reunindo hoje mais de 10 milhões de indivíduos, a região metropolitana carioca acumula todas as formas de risco, tanto os sofridos quanto os engendrados localmente pelos habitantes. Esses riscos parecem tão mais temíveis na medida em que a cidade está encravada entre o mar e a montanha, e a justaposição social ressalta as desigualdades de renda. De fato, encontramos uma proximidade entre ricos e pobres muito maior do que em outras cidades brasileiras, tais como São Paulo ou Brasília, em que os desprovidos se amontoam em periferias longínquas.

As coerções físicas específicas da paisagem excepcional do Rio são evidentemente suportadas por seus moradores. Ao lado de terrenos planos disponíveis para a urbanização, situados geralmente em setores de deposição de sedimentos e entre afloramentos rochosos, se distinguem, de uma parte, os morros caracterizados por encostas muito íngremes, teoricamente impróprias para a urbanização, mas que servem de suporte para as principais favelas, e, de outra, terras baixas tão pantanosas que seriam igualmente declaradas inadequadas para a construção. Ao passo que em 1925 contavam-se 100 mil favelados, em 1991 o recenseamento indicou 545 favelas que agrupam 1,1 milhão habitantes, ou seja, cerca de 12% da população urbana.

Vista de fora, a favela — que inicialmente resulta de uma profunda injustiça social ao reunir populações muito modestas — parece acumular todos os tipos de obstáculos: físicos, sociais e jurídicos em particular; risco de desmoronamento de terreno tendo em conta a inclinação da encosta e a instabilidade do subsolo; existência de uma superpopulação criando riscos epidemiológicos; anarquia na produção do espaço urbano por falta de um plano de ocupação dos solos; congestionamento das vias pela insuficiência das infraestruturas coletivas; risco de expulsão dos habitantes relacionado à ausência de títulos de propriedade legalmente registrados; criminalidade associada à presença de bandos organizados que fazem a população correr risco de morte.

Certos números, frequentemente relacionados às favelas, embora digam respeito a toda a cidade, levam a crer em uma situação de pré-guerra civil: entre 1987 e 2001, 3.987 menores teriam sido mortos no Rio, ou seja, 8 vezes mais do que no conflito palestino-israelense durante o mesmo período (*Libération*, 18/08/2003). No mesmo jornal, Walter Salles, diretor do filme *Central do Brasil*, cita o controle de uma parte das favelas pelos narcotraficantes. Uma cultura do medo teria se instalado na cidade, levando os habitantes a desconfiar constantemente uns dos outros, a não mais parar nos sinais vermelhos por medo de roubos ou de sequestros, a construir barricadas em suas casas e a constituir redes muito fechadas. A própria polícia é objeto de suspeitas nessas trocas com os traficantes de droga ou nas intervenções armadas. A insegurança das favelas, difundida nos setores residenciais do centro, leva o Rio de Janeiro a aparecer progressivamente como uma *cidade partida*, segundo o título de um livro brasileiro. A periferia sul, em particular nos bairros mais ricos, tem a tendência de se esconder atrás de sistemas sofisticados de proteção, alimentando o discurso em moda da "fragmentação urbana".

Vista de dentro, a abordagem das favelas é frequentemente mais nuançada e elas se mostram, de fato, como bairros populares que correspondem às necessidades precisas da sociedade carioca e na qual alguns podem se dar por satisfeitos, vivendo com toda legalidade. Além disso, as favelas participam da vida política. A partir de 1945 foram criadas comissões de moradores, e a ação da igreja nos anos 1950-1960 se deu no sentido de um reconhecimento pelos favelados de seu espaço de moradia. Hoje, por meio de seus representantes, as favelas nutrem elos com outros bairros e constituem mesmo verdadeiros prêmios políticos nas eleições. A repressão contra o narcotráfico se acentua há cerca de dez anos. As ameaças constituídas pela expulsão de famílias ou a erradicação completa de setores ilegais tendem a se dissipar. Do ponto de vista jurídico, a constituição de 1988 facilitou a legalização das instalações precisando que o "direito à moradia" pode em certos casos suplantar o "direito à propriedade". É provável que o presidente Lula, eleito em 2002, e o novo governo apliquem mais amplamente que seus predecessores essas novas disposições constitucionais.*

Para utilizar um exemplo, a favela da Rocinha, por muito tempo considerada um bairro símbolo da falta de recursos e da miséria, se transformou completamente em vinte anos. Habitada hoje por cerca de 200 mil pessoas, ela constitui quase uma cidade inteira compreendendo uma pequena "burguesia" local e um conjunto de equipamentos coletivos: clubes de ginástica, cybercafés, lojas de fotografia, escolas privadas especializadas na aprendizagem de línguas estrangeiras, agências imobiliárias que alimentam o mercado informal ou semilegal etc. A normalização do bairro contribui inegavelmente para a segurança. É preciso dizer que a correta compreensão do interesse de uns e de outros poderia conduzir a longo prazo a uma redução da delinquência na zona

* N.R.T.: Apesar da criação do Ministério das Cidades, não foi possível identificar uma ação política claramente destinada às favelas no primeiro mandato (2003-2006) do presidente Lula, cuja reeleição em 2006 pode alterar esse quadro. Porém, programas como o Bolsa Família, que objetiva repassar recursos a famílias carentes, foi aplicado em áreas de baixa renda, como as favelas cariocas.

central do Rio. As populações cada vez mais bem instaladas fornecem emprego aos mais humildes e assim mantêm uma forma de elo social, mesmo que este permaneça assimétrico em razão da dependência vital à qual os mais pobres estão sujeitos. Hoje, as taxas de criminalidade mais elevadas estão relacionadas a setores periféricos e principalmente aos setores de loteamentos informais da zona norte do Rio.

Finalmente, no que se refere à aglomeração do Rio, nenhum estudo sério dos riscos pode ser concebido sem uma análise socioespacial fina, sem que se coloquem em evidência as desigualdades e sem uma reflexão sobre o tempo. Os riscos que são conhecidos a curto prazo pelas famílias quando se instalam sobre encostas muito íngremes, declaradas impróprias à construção (risco de desmoronamento do terreno, risco jurídico de expulsão, risco de mortalidade relacionada à insegurança), podem ser justificados se pensarmos a longo prazo. Muitas favelas são de fato aceitas e integradas à aglomeração, e seus habitantes podem se beneficiar de sua localização central para ter acesso ao emprego e aos serviços.

Conclusão: da gestão ao controle dos riscos sociais

Para concluir, evocaremos simplesmente algumas possibilidades de reflexão que ampliam o debate. Está fora de questão, no quadro estrito deste capítulo, discutir de maneira exaustiva o controle dos riscos sociais.

A princípio, em um plano filosófico, parece que o sentimento pessoal de risco incorrido questiona diretamente a liberdade do sujeito e sua capacidade de dominar o futuro. A preocupação com a organização de sua própria proteção em todos os níveis e em todas as circunstâncias tem origem em uma visão problemática do futuro. Mas será que se nos assegurarmos individualmente contra todos os riscos hoje imagináveis fortaleceremos nossa capacidade ulterior de viver em conjunto e de "nos relacionarmos" com os outros? A maneira como os homens analisam os riscos assumidos e como as sociedades os organizam se tornam componentes essenciais na modernidade (Beck, 1994). Além disso, são os princípios de solidariedade e de cidadania que devem ser discutidos, assim como a concepção geral de uma corresponsabilidade dos indivíduos como cidadãos do mundo diante dos perigos que os ameaçam. Dito de outra forma, a sociedade do risco questiona diretamente a democracia e a cidadania mundial.

Em matéria de gestão dos riscos naturais, tecnológicos ou sociais, constata-se que ao menos na Europa houve uma multiplicação dos atores que se sentem afetados em decorrência da ampliação da democracia local, da abertura europeia e do melhor conhecimento dos riscos planetários. Entre os atores, deve-se distinguir os habitantes, que são os primeiros afetados; as associações ou grupos de pressão, que são apenas parcialmente representativos; as empresas, que se implicam cada vez mais ou que são constrangidas a fazê-lo com a multiplicação das regulamentações; e, enfim, os governos dos estados, as administrações europeias e as agências mundiais. Tendo em conta a pluralidade dos atores implicados, a gestão dos riscos não pode ser colocada somente em termos técnicos ou estritamente securitários. Agora, essa gestão está inscrita na "era da negociação", era que às vezes qualificamos ingenuamente de "nova", mas que no decorrer da negociação coloca em evidência oposições manifestas entre os interesses particulares, que são substituídos pelas associações com estreita base local, e interesses gerais, que são defendidos pelo Estado ou pelas grandes associações de utilidade pública.

No que concerne mais especificamente aos riscos sociais, sua própria fórmula está longe de ser inocente. Os especialistas observam que o sentimento de insegurança está relacionado em grande parte ao "discurso" e ao risco de agressão mantidos pelas mídias e no meio ambiente do local de residência. Consequentemente, a explicitação da narrativa que acompanha o risco é capital para aqueles que procuram dominá-lo. Além disso, constata-se a partir de estudos sobre os setores sensíveis que o território publicamente declarado "de risco" depende mais do perímetro administrativo, que permite localizar os dados, que do território realmente sujeito ao risco. Para os riscos naturais, observa-se do mesmo modo que o território de risco assumido pelas autoridades é muitas vezes baseado no que é "possível" ou concebível para a negociação.

Enfim, as práticas mostram que na gestão dos riscos nos dirigimos para duas lógicas distintas que são às vezes consecutivas: inicialmente, um tratamento simbólico do risco sobre o território que seja aceitável por todas as partes para de alguma forma apaziguar os espíritos; em seguida, um tratamento pragmático por meio da negociação com as administrações locais e com as instituições que estão política e profissionalmente relacionadas ao território afetado. Entretanto, quando essas duas lógicas divergem muito, elas podem conduzir a uma ruptura da confiança em relação aos especialistas e aos poderes públicos.

As normas editadas para evitar as catástrofes, por mais necessárias que sejam, também contribuem para a "construção" do risco, mesmo que elas sejam quase sempre muito abstratas. É verdade que as concepções puramente normativas que se apoiam em princípios teóricos muito rígidos ainda estão em desacordo com a realidade. De fato, frequentemente existe um claro hiato entre os textos e sua aplicação. Além disso, em matéria de proteção contra os riscos naturais, vários exemplos mostram que as normas não se tornam verdadeiramente operacionais se de início não forem bastante negociadas. Dito de outra forma, é da participação dos habitantes na construção da norma para se proteger dos riscos e evitar a catástrofe que depende sua eficácia real. Em suma, é a negociação que torna possível o consenso em torno da norma e que permite entrar em um processo de aceitabilidade. Poder-se-ia facilmente transpor esses exemplos para os riscos sociais e mostrar que a luta contra a criminalidade não é eficaz a não ser na medida em que implica todos os atores afetados. É evidente que o risco não está somente relacionado ao próprio acontecimento objetivo, mas que ele depende também da maneira como as diferentes partes definem as situações de disfuncionalidade e intervêm para resolvê-las.

Se o direito e a sociologia das organizações permitem melhorar a abrangência das intervenções em caso de necessidade, a geografia, na suas dimensões sociais, físicas e políticas, não o permite menos, posto que fornece um quadro científico particularmente útil para levar ao estudo dos riscos sociais, esclarecer os fatores que os desencadeiam e determinar as condições que devem cercar a ação de urgência.

Referências bibliográficas

Akan I (2001), « Comment se construisent les discours sur le risque urbain à Istanbul ? », Séminaire du 26 février 2001 sur « Les risques urbains » dans le cadre de l'Institut français d'Études anatoliennes.

Aubusson de Cavarlay B. (2002), article, *in L'état de la France*, Paris, La Découverte.

Baudouï R. (2003), « Guerre et sociologie du risque », *Cahiers internationaux de Sociologie*, vol. CXIV.

Beck, U. (1994), « D'une théorie critique de la société vers la théorie d'une autocritique sociale », *Déviance et Société*, vol. 18, p. 333-344.

Bauer A. et Raufer X. (1999), *Violences et insécurité urbaines*, Paris, PUF, coll. « Que sais-je ? », n° 3421.

Becker H.S. (1985), *Outsiders. Études de sociologie de la déviance*, Paris, A.-M. Métaillé.

Body-Gendrot S. (1998), *Les villes face à l'insécurité*, Paris, Bayard Presse.

Bonte P., Izard M. (dir.) (1991), *Dictionnaire de l'ethnologie et de l'anthropologie*, Paris, PUF.

Bui-Trong L. (1993), « L'insécurité des quartiers sensibles : une échelle d'évaluation », *Les Cahiers de la Sécurité intérieure*, IHESI, n° 14.

Bui-Trong L. (1998), *Définition de la violence urbaine et repérage de ses diverses formes*, Renseignements généraux, note interne, 21/12/ 1998.

Chaliand G. (2002), *Figures et évolutions du terrorisme contemporain*, Paris, Universalia Encyclopaedia Universalis, p. 79-85.

Dauphiné A. (2001), *Risques et catastrophes*, Paris, Armand Colin, coll. « U ».

Durkheim E. (1895), *Les règles de la méthode sociologique*. Paris, PUF, coll « Quadrige » 1983, 21e édition.

Vieillard-Baron H. (2001), *Les banlieues, des singularités françaises aux réalités mondiales*, Paris, Hachette, coll. « Carré Géographie ».

BIBLIOGRAFIA

ACTES DU COLLOQUE INTERNATIONAL (2001), *Risques et territoires*, Vaulx-en-Velin. Lyon, ENTPE. (résumés des communications).

ANTOINE J.-M., DESSAILLY B. (1998), « Le risque naturel : l'élu et l'ingénieur dans les Pyrénées ariégeoises », *Revue de géographie alpine*, tome 86, n° 2.

ANSIDEI M., DUBOIS D. FLEURY D., MUNIER B. (1998), *Les risques urbains, acteurs, systèmes de préventio. Paris*, Anthropos.

BARRAQUES B., KALAORA B. (1999), « Risques, environnement, modernité », *Espaces et sociétés* (numéro spécial).

BAYET C., LE BOURHIS J.-P. (2000), « Le zonage comme instrument de gouvernement dans le cas des risques naturels », *Annales des Ponts et Chaussées*, n° 23.

BLANCHER Ph., PAQUIET P., ZAMPA Ch. (1991), « Industries chimiques et territoire : contraintes et opportunités de développement. *Revue de géographie de Lyon*, vol. 71, 1991 n° 1.

BLANCHER Ph., MARRIS C. (1998), Maîtrise des risques de l'urbanisation et risques industriels majeurs, *Plus*, n° 46.

BODY-GENDROT S. (1993), *Villes et violence. L'irruption de nouveaux acteurs*, Paris, PUF.

BODY-GENDROT S. (1998), *Les villes face à l'insécurié*, Paris, Bayard.

BOUSQUET R. (1999), *Insécurité : nouveaux risques*, Paris, L'Harmattan.

BOUYSSOU J. (1997), *Théorie générale du risque*, Paris, Economica.

CAILLE F. (1997), *Les instruments de la vertu. L'État, le citoyen et la figure du sauveteur en France. Construction sociale et usage politique de l'exemplarité morale, de la fin de l'Ancien régime à 1914*, thèse de science politique, Grenoble , IEP.

CHALINE C. (2002), *Les politiques de la ville*, Paris, PUF, coll. « Que sais-je ? », n° 3232.

CHARBONNEAU S. (1992), *La mission de l'impossible, la protection contre les risques naturels majeurs*, Paris, Économica.

CALLON M. (1998), « Des différentes formes de démocratie technique », *Annales des Mines*, n° 9.

CALLON M., LASCOUMES P., BARTHE Y. (2001), *Agir dans un monde incertain*, Paris, Le Seuil.

CHATEAURAYNAUD F., HELOU C., LEMIEUX C., TORNY D. (1997), *Alertes et prophéties. Les risques collectifs entre vigilance, controverse et critique*, Rapport au programme Risques collectifs et situations de crise du CNRS, 2 volumes.

DACUNHA-CASTELLE M. (2000), Les chemins de l'aléatoire, le hasard et le risque dans la société moderne, Paris, Flammarion, col. « Champs ».

DAUPHINE A. (2000), *Risques et catastrophes : observer, spatialiser, comprendre, gérer*. Paris, Armand Colin, coll. « U ».

DAGORNE A., DARS R. (1999), *Les risques naturels*, Paris, PUF, coll. « Que sais-je ? ».

DENIS H. (1998), *Comprendre et gérer les risques technologiques majeurs*, Montréal, Édition de l'École polytechnique de Montréal.

D'ERCOLE R. (1991), *Vulnérabilité des populations face au risque volcanique. Le cas de la région du volcan Cotopaxi (Équateur)*, thèse de doctorat, Genoble.

D'ERCOLE R., PIGEON P. (2000), L'évaluation du risque à l'échelle internationale. Méthodologie et application aux diagnostics préalables, aux actions de préparation et de prévention des catastrophes, *Cahiers savoisiens de géographie*, n° 1, université de Savoie.

DESCROP G., GALLAND J.-P. (1998), *Prévenir les risques : de quoi les experts sont-ils responsables?* La Tour d'Aigues, Éd. de l'Aube (un article de L. de Crécy sur l'histoire du risque en montagnes).

DE VANSSAY B. (1991), Les leçons tirées de l'expérience des P.E.R. pilotes, *in* Dourlens C., Galland J.-P., Theys J., Vidal-Naquet P.-A., *Conquête de la sécurité et gestion des risques*, Paris, L'Harmattan.

DE VANSSAY B.(1993), « Chronique d'un désastre annoncé à Vaison-la-Romaine », *Sécurité revue de Préventique*, n° 9.

DE VANSSAY B. (1997), *La prévention des risques naturels, rapport d'évaluation*. Paris, La Documentation française.

DOUGLAS M. (1987), « Les études de perception du risque. Un état de l'art » *in* Fabiani J.-L.,Theys J. (sous la dir. de), *La société vulnérable*, Paris, Presses de l'ENS.

DUBOIS-MAURY J. (2001), *Assurance et préventiond et risques. Risque naturels et technologiques*, Paris, Éditions techniques, Éd du Juris-classeur, fasc 2030.

DUBOIS-MAURY J., CHALINE C. (2002), *Les risques urbains*, Paris, Armand Colin, coll. « U ».

DUCLOS D. (1989), *La peur et le savoir. La société face à la science, la technique et leurs dangers*, Paris, Éd. La Découverte.

DUCLOS D. (1991), *L'homme face aux risques techniques*, Paris, L'Harmattan.

DUCLOS D. (1996), « Puisance et faiblesse du concept de risque », *L'année sociologique*, vol. 46, n° 2.

DUPUIS G. (1992), *Sécuriser les réseaux : mission impossible ? Les cahiers de la sécurité intérieure*, Paris, La Documentation française, n° 10.

DYER J. A (1984), « Monitoring drought for grazing land management », *J. Soil Water Conservation*, 39, 176-8.

EWALD F. (1986), *L'État* providence, Paris, Grasset.

EWALD F. (1993), « Philosophie de la précaution », *L'année sociologique*, vol. 46, n° 2.

FABIANI J.-L., THEYS J. (1987), *La société vulnérable. Évaluer et maîtriser les risques*, Paris, Presses de l'ENS (un article de Roqueplo P. « Les pluies acides » considérées comme « un accident au ralenti »).

FAVIER R., 2002 (dir.), *Les pouvoirs publics face aux risques naturels dans l'histoire*, Éd. de la Maison des sciences de l'homme, Alpes, Grenoble.

FLEURY D (sous la dir. de), *Les risques urbains. Acteurs, systèmes de prévention*, Paris, Anthropos.

FONTANILLE P. (1996), « La maîtrise de l'urbanisation autour des sites industriels à risques majeurs », *Revue de géographie de Lyon*, n° 1.

GABERT P., VAUDOUR J. (sous la dir. de) (1999), *Risques naturels*, Paris, Comité des travaux historiques et scientifiques

GALLAIS J. (1994), *Les tropiques, terres de risques et de violence*, Paris, Armand Colin.

GALLAND J.-P. (1998), Les responsabilités des experts et le principe de précaution in *Nature, Sciences et Société*, vol. 6, n° 1.

GIDDENS A., (1991), *Les conséquences de la modernité*, Paris, L'Harmattan.

GILARD O., GIVONE P. (1998), Modélisation de la vulnérabilité, la méthode inondabilité. *in* Decrop G., Galland J.-P., *Prévenir les risques : de quoi les experts sont-ils responsables* ? La Tour d'Aigues, Éd. de l'Aube.

GILBERT C. (1996), « Entre maîtrise et non maîtrise des risques collectifs : propositions pour des analyses politiques intermédiaires », Colloque de Fontevraud *Quel environnement au XXIe siècle ?*

GODARD O. (sous la dir. de) (1997), *Le principe de précaution dans la conduite des affaires humaines*, Paris, Éd. de la Maison des sciences de l'homme /Éd de l'INRA.

GODARD O. *et alii* (2002), *Traité des nouveaux risques*, Paris, Gallimard, coll. « Folio ».

KAPLAN R. (2000), *The coming anarchy*, New York, Random House.

KERVEN G.-Y., RUBISE P. (1991), *L'archipel du danger*, Paris, Économica.

KERVEN G.-Y. (1993), *La culture réseau*, Paris, Eska.

KERVEN G.-Y. (1995), *Éléménts fondamentaux des cyndiniques*, Paris, Économica.

LAGADEC P. (1981), *Le risque technologique majeur*, Montréal, Pergamon / Paris, Futuribles.

LAGADEC P. (1987), *La gestion des crises, outils de réflexion à l'usage des décideurs*, New York, Mc.Graw Hill.

LAGADEC P. (2000), *Ruptures créatrices*, Paris, Édition d'organisation.

LASCOUMES P. (1993), Construction sociale des risques et contrôle du vivant ? *Prevenir*, n° 24.

LACOUMES P. (1996), La précaution comme anticipation des risques résiduels et hybridation de la responsabilité. *L'année sociologique*, vol. 46, n° 2.

LEROY A, SIGNORET J.-P.(1992), *Le risque technologique*, Paris, PUF.

MARTIN J.-Y. (2002). *Développement durable ? Doctrines, pratiques, évaluations*, Paris, IRD.

MATTHIEU J.-L. (1995), *L'insécurité*, Paris, col. « Que sais-je ? ».

MICHEL-KERJAN E. (1999), « Risques à grande échelle dans les systèmes de réseau », *Cahiers du laboratoire d'Économétrie de l'École polytechnique*, n° 555

MITCHELL J.K. (1999), *Crucibles of hazard : mega cities and disasrters in transition*. Tokyo, United Nation University Press.

NOVEMBER V. (2000), *Les territoires du risque : le risque comme objet de réflexion géographique*, thèse de doctorat, université de Genève.

PERONI M. (1993), *Action publique et formes normales de l'accord public, Les raisons de l'action publique, entre expertise et débat*, Paris, CRESAL / L'Harmattan.

PERETTI-WATEL P. (2000), *Sociologie du risque*, Paris, Armand Colin.

PIGEON P. (1994), *Ville et environnement*, Paris, Nathan.

PIGEON P. (1998), « Représentation catastrophique du nrisque et vulnérabilité liée à la pression foncière touristique (Taconnaz, Les Houches, Chamonix) », *Revue de géographie alpine*, tome 86, n° 2.

POURTIER R. (2000), « Brazzaville dans la guerre : crise urbaine et crise politique », *Annales de géographie*, n° 611.

PROST A. (1994), « Les faits de santé au cours et décours des sécheresses », *Sécheresse*, vol. 1, n° 2., p. 40-47.

ROCHE S. (1998), *Sociologie politique de l'insécurité, violences urbaines, inégalités et globalisation*, Paris, PUF.

ROQUEPLO P. (1997), *Entre savoir et décision : l'expertise scientifique*, Paris, Éd. INRA.

ROOSE E. (1995, 1996, 1997, 1998), Bulletin annuel, Publications du Réseau Érosion, (Travaux sur le risque lié à l'érosion accélérée des sols) Paris, Publication ORSTOM puis IRD.

THEYS J. (sous la dir. de) (1991), *Environnement, science et politique*. tome 1, Paris, GERMES.

THEYS J. (1996), *L'expert contre le citoyen ? Le cas de l'environnement*, Centre de prospective de veille scientifique, Direction de la Recherche, Ministère de l'Équipement.

THEYS J., KALAORA B. (1992), *La terre outragée*, Paris, Éd. Autrement.

THOURET J.-C., D'ERCOLE R., DOLLFUS O., ASTÉ J.-P. (coord) (1994), Croissance urbaine et risques naturels dans les montagnes des pays en voie de développement, *Revue de géographjie alpine*, tome 82, n° 4.

VEYRET Y. (2001), *Géo-environnement*, Paris, Armand Colin.

VEYRET Y., (2001), *Géographie des risques naturels*, dossier de la *Documentation photographique*, Paris, La Documentation francaise.

VEYRET Y. (2001), « Risques et gestion de l'environnement », *in Les montagnes, discours et enjeux géographiques*, Paris, Sedes, coll. « DIEM ».

VIEILLARD-BARON H. (1994), *Les banlieues françaises ou le ghetto impossible*, La Tour d'Aigues, Éd. de l'Aube.

VIEILLARD-BARON H. (2000), « Quartiers sensibles et plitique de la ville : bilan d'une recherche », *L'Espace géographique*, n° 3

WIEVIORKA M. (1993), *Violences en France*. Seuil. Paris.

ZIMMERMANN E. (1996), De l'usage dee la cartographie dans l'appréhension des risques technologiques majeurs. Lyon, *Revue de géographie de Lyon*. n° 1.

A ORGANIZADORA

Yvette Veyret, uma das maiores autoridades mundiais sobre *riscos*, é professora de Geografia da Universidade de Paris x, Nanterre. Presidente do Comitê Nacional Francês de Geografia e autora de diversas publicações, entre elas *Geographic des risques naturels en France* (2004), *Geoenvironnement* (2004), *Geographie physique: milieux et environnement dans le systeme terre* (com J.-P. Vigneau, 2002) e *L'homme et l'environnement* (com P. Pech, 1993).